JN033731

シリーズ **現代の天文学** ［第2版補訂版］ **第2巻**

宇宙論 I——宇宙のはじまり

佐藤勝彦・二間瀬敏史［編］

日本評論社

現在の宇宙 138 億年

ダークエネルギー時代

宇宙の晴れ上がり 38 万年

熱いビッグバン宇宙の始まり

インフレーション

多重発生する宇宙

時間

□絵1　量子じょうご（宇宙の歴史の模式図, p.17）
一説では無数の宇宙が無という量子状態から生まれ, その一部はインフレーションを起こし巨大な宇宙へと進化する. インフレーション終了後, インフラトンのエネルギーは解放され, 宇宙は過熱され熱いビッグバン宇宙が始まる. その38万年後, 宇宙は冷えて水素原子やヘリウム原子ができ宇宙は晴れ上がる. その後, 構造形成が進み銀河が生まれ, 現在に至る

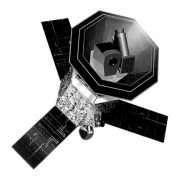

口絵2　宇宙のはじまりを解き明かす観測衛星

（上）LiteBIRD. 宇宙初期のインフレーション期などで生成された重力波による宇宙マイクロ波背景放射の偏光を観測するために日本が計画している観測衛星. 2028年の打ち上げを目指している（ISAS/JAXA）

（中）DECIGO（p.221参照）. インフレーション期に生成される重力波の直接検出を目指して計画中の日本の宇宙重力波望遠鏡. 1000 km離れた3基の衛星で干渉計をつくり0.1 Hz前後の周波数帯で10^{-23}から10^{-24}の精度を目指す. 掲載の画像は, DECIGOの前哨衛星B-DECIGOの想像図（絵：佐藤修一氏）

（下）LISA. 欧州宇宙機構が計画中の宇宙重力波望遠鏡. 数百万km離れた3つの衛星を結んで干渉計をつくり, MHz帯の重力波検出を目指す（NASA）

シリーズ第2版刊行によせて

　本シリーズの第1巻が刊行されて10年が経過しましたが，この間も天文学の
めざましい発展は続きました．2015年9月14日に，アメリカの重力波望遠鏡
LIGOによってブラックホール同士の合体から発せられた重力波が検出されまし
た．これによって人類は，電磁波とニュートリノなどの粒子に加えて，宇宙を観
測する第三の手段を獲得しました．太陽系外惑星の探査も進み，今や太陽以外の
恒星の周りを回る3500個を越す惑星が知られています．生物の住む惑星はもと
より究極の夢である高等文明の探査さえ人類の視野に入ろうとしています．観測
された最遠方の銀河の距離は134億光年へと伸びました．宇宙の年齢は138億
年ですから，この銀河はビッグバンからわずか4億年後の宇宙にあるのです．ま
た，身近な太陽系の探査でも，冥王星の表面に見られる複数の若い地形や土星の
衛星エンケラドス表面からの水の噴き出しなど，驚きの発見が相次いでいます．

　さまざまな最先端の観測装置の建設も盛んでした．チリのアタカマ高原にある
日本（東アジア），アメリカ，ヨーロッパの三極が運用する電波干渉計アルマ
（ALMA）と，銀河系の星全体の1%にあたる10億個の星の位置を精密に測る
ヨーロッパのGaia衛星が観測を始めています．今後に向けても，我が国の重力
波望遠鏡KAGRA，口径30mの望遠鏡TMT，長波長帯の電波干渉計SKA，
ハッブル宇宙望遠鏡の後継機JWSTなどの建設が始まっています．

　このような天文学の発展を反映させるべく，日本天文学会の事業として，本シ
リーズの第2版化を行うことになりました．第1巻から始めて適切な巻から順
次全17巻を2版化して行く予定です．「新版シリーズ現代の天文学」が多くの
方々に宇宙への夢を育む座右の教科書として使っていただければ幸いです．

2017年1月

日本天文学会第2版化WG　岡村定矩・茂山俊和

シリーズ刊行によせて

　近年めざましい勢いで発展している天文学は，多くの人々の関心を集めています．これは，観測技術の進歩によって，人類の見ることができる宇宙が大きく広がったためです．宇宙の果てに向かう努力は，ついに129億光年彼方の銀河にまでたどり着きました．この銀河は，ビッグバンからわずか8億年後の姿を見せています．2006年8月に，冥王星を惑星とは異なる天体に分類する「惑星の定義」が国際天文学連合で採択されたのも，太陽系の外縁部の様子が次第に明らかになったことによるものです．

　このような時期に，日本天文学会の創立100周年記念出版事業として，天文学のすべての分野を網羅する教科書「シリーズ現代の天文学」を刊行できることは大きな喜びです．

　このシリーズでは，第一線の研究者が，天文学の基礎を解説するとともに，みずからの体験を含めた最新の研究成果を語ります．できれば意欲のある高校生にも読んでいただきたいと考え，平易な文章で記述することを心がけました．特にシリーズの導入となる第1巻は，天文学を，宇宙－地球－人間という観点から俯瞰して，世界の成り立ちとその中での人類の位置づけを明らかにすることを目指しています．本編である第2－第17巻では，宇宙から太陽まで多岐にわたる天文学の研究対象，研究に必要な基礎知識，天体現象のシミュレーションの基礎と応用，およびさまざまな波長での観測技術が解説されています．

　このシリーズは，「天文学の教科書を出してほしい」という趣旨で，篤志家から日本天文学会に寄せられたご寄付によって可能となりました．このご厚意に深く感謝申し上げるとともに，多くの方々がこのシリーズにより，生き生きとした天文学の「現在」にふれ，宇宙への夢を育んでいただくことを願っています．

2006年11月

編集委員長　岡 村 定 矩

はじめに

　私たちの住む宇宙は果てしなく無限に広がっているのだろうか？ それとも有限で果てがあるのだろうか？ 果てがあるならその向こうはどうなっているのだろうか？ また，この宇宙は無限の過去から存在しているのだろうか？ それとも有限の過去に始まったのだろうか？ 始まりがあったとするなら，宇宙はどのように始まったのだろうか？ そして銀河や，星々で満たされている現在の豊かな宇宙構造はどのように造られてきたのだろうか？ また，そもそも始まりがあるなら，その前はどうなっているのだろうか？

　これらの素朴な疑問は宇宙に思いをはせるとき誰もが抱く疑問であり，人類の歴史が始まった頃から，ずっと問い続けられている疑問でもある．このような疑問を科学的に研究する分野は「宇宙論」と呼ばれており，この現代の天文学シリーズの第 2 巻と第 3 巻であつかわれる．

　第 3 巻がおもに観測に基づいた宇宙の進化をあつかうのに対し，この第 2 巻『宇宙論 I—宇宙のはじまり』は，宇宙の始まりや物理学の理論に基づいた理論をおもにあつかう構成となっていて，おもにビッグバンから約 38 万年後までの初期宇宙を紹介する．宇宙の初期に遡ると，物質は究極の構成要素に分解されるので，初期宇宙で起こる現象は，素粒子物理学の理解なくしては進展しない．初期宇宙の研究が素粒子論とも呼ばれるゆえんである．

　本巻第 1 章にも述べられているように素粒子論的宇宙論の創始者は林忠四郎であり，また 1980 年以降の素粒子論的宇宙論の発展でも，インフレーション理論やバリオン数生成などで日本人研究者の寄与が大きい．

　一方，第 3 巻で紹介されるビッグバン後 38 万年以降の宇宙の研究は，おもにいろいろな観測と理論的予想との比較検討という方法がとられるので，観測的宇宙論と呼ばれる．日本においても銀河の 2 点相関関数の先駆的研究があり，またすばる望遠鏡が本格的に観測を開始した 2000 年以降，原始銀河の発見や大規模構造の形成などで目覚しい業績がある．第 3 巻ではこの観測的宇宙論について解説するが，第 2 巻では個々の観測についてではなく，その理論的基礎に重点を

おいて解説する．個々の観測，特に日本でなされた観測的研究については第 4 巻，第 5 巻で詳しく触れる．

　現代の科学的な宇宙論は，「宇宙は熱い火の玉として生まれ，膨張・冷却する過程で，銀河や星が生まれ今日の豊かな宇宙の姿が形成された」とするビッグバン理論である．さらに，素粒子物理学の進歩に伴って進展した素粒子論的宇宙論によって，「宇宙は "無" の状態から量子重力的効果によって生まれた．その量子宇宙は，インフレーションと呼ばれる急激な膨張を始めた．その急激な膨張が終わるころ宇宙は激しく加熱され，火の玉宇宙になった．またインフレーション中の量子ゆらぎがこの急激な膨張によって引き伸ばされ，今日の宇宙の構造の "種" となった」という宇宙創生のシナリオを描き出している．宇宙背景放射観測衛星，COBE や WMAP や Planck によって，インフレーション理論の予言どおりのゆらぎも観測され，宇宙創生のシナリオは大きく観測から支持を受けている．Planck のデータを一般相対性理論や物理学の理論を駆使した解析によって，宇宙の年齢が 138 億年であるという結果も得られている．アインシュタインの最初の相対性理論の論文（1905 年）から 100 年余で，私たちは宇宙の創生から今日に至る宇宙の進化を大筋で理解したのである．

　第 1 章，宇宙論入門では，宇宙論の歴史や，現在の宇宙の成り立ち，宇宙の階層構造を紹介する．またビッグバン宇宙での物質の進化も簡潔に紹介する．ビッグバン理論はアインシュタインの相対性理論に基づいた理論である．

　第 2 章，相対論的宇宙論では，宇宙膨張の解をはじめビッグバン理論の基本的枠組みとなる式や課題を紹介する．

　第 3 章では，熱い初期宇宙の中で起こる素粒子反応，特にニュートリノや暗黒物質候補の反応を紹介する．

　第 4 章では，G. ガモフがビッグバンモデルを提唱する動機となった宇宙初期での元素合成の理論，その元素組成の観測との比較等を紹介する．

　インフレーション理論など今日のパラダイムとなっている初期宇宙の理論は，この自然世界の運動を支配している基本的力を統一する理論，統一理論の刺激によって提唱されたものである．第 5 章では，素粒子の標準理論やそれを越える試みとして超対称性理論や大統一理論の紹介につづき，それらの理論に基づいて真

空の相転移，バリオン数問題，ダークマター，ダークエネルギー問題などを紹介する．インフレーション理論は現代宇宙論の最大の成果であり，第 6 章で詳しく紹介する．

　第 7 章では量子論的に宇宙の創生や進化を議論する量子宇宙論を紹介する．近年興味あるテーマは，私たちの宇宙は高い次元の空間に浮かぶ "膜宇宙" であるとする理論である．この新しい展開についても紹介する．

　このように本書は，宇宙論，特に宇宙の創生など宇宙初期についてその基礎から新たな発展までを系統的に紹介したものである．著者はいずれも現在この分野において第一線で活躍している研究者であり，この本を教科書として使う学生を念頭において執筆されている．この分野に興味をもち学ぼうとする学生の皆さん，また宇宙論の解説書から一歩踏み込んできちんと学びたいと考えておられる方々にもぜひ読んでいただきたい．また宇宙論は天文学の枠組みをあたえるものでもある．銀河や星の誕生進化など多様な天体現象もビッグバン宇宙全体の進化と切り離して考えることはできない．個別の天体や多様な天体現象に興味を持ち，天文学を学ぼうとしている方々にも，その基礎として読んでいただきたい．この本が広く読まれ，多くの方々のビッグバン宇宙の理解に寄与できるならば幸いである．

2007 年 11 月

佐 藤 勝 彦・二 間 瀬 敏 史

［第 2 版にあたって］

　初版が出版されて 4 年となる．本書は大学，大学院で初期宇宙を学ぶ標準的教科書として定着してきたといえるであろう．本書の内容は教科書として基本的内容を解説したもので，細かな研究の進展によるものではないが，インフレーション宇宙論の章については観測・理論両面において近年特に進展が著しいので大幅な改訂をおこなった．多くの読者がインフレーション理論をより深く理解できるようになったものと考えている．

2012 年 3 月

佐 藤 勝 彦・二 間 瀬 敏 史

［第2版補訂版にあたって］

　初版が出版されて14年となる．本書は大学，大学院で初期宇宙を学ぶ標準的教科書として定着してきたといえるであろう．第2版においては，第6章インフレーション宇宙論について観測・理論両面において特に進展が著しかったので大幅な改定を行った．今回の補訂版では全章にわたって，最近の進展を反映するため小規模であるが改定を行った．

　2021年10月

佐 藤 勝 彦・二 間 瀬 敏 史

第**I**章

宇宙論入門

　現代宇宙論の大枠は，宇宙が超高温，超高密度状態から爆発的に始まったというビッグバンモデルである．この章では，第2巻，第3巻の導入として現代宇宙論がどのようにして確立してきたのか，そして後の章の準備として「はじめに」に述べた宇宙論研究の2つのアプローチ，素粒子論的宇宙論と観測的宇宙論について概略を述べる．なお第1巻1, 2, 3章も参照すると良い．こちらは初心者向けにわかりやすく書かれているので参照することをお勧めする．

1.1　現代宇宙論の歴史

　遠くへ行くとこの世界はどうなっているのだろうか？この世界には果てがあるのだろうか？この世界はずっと今のような世界だったのだろうか？この世界には始まりがあったのだろうか？始まりがあるのなら，終わりもあるのだろうか？この問いかけは世界の神話や民話に見られるように人類の歴史が始まったころから問いかけられていた疑問である．

　第1巻1章に紹介されているように人類はこの自然世界を観察し次第にみずからの住んでいる世界の認識を広げていったのである．我々の住んでいる大地は丸い玉，地球という天体であることを知り，その地球も太陽の周りを周回している8個の惑星の一つに過ぎないことを知り，また太陽も2000億個の恒星の集まり

である銀河系の一つのありふれた恒星に過ぎないことを知ったのである．さらに20世紀はじめには，大きなスケールでは宇宙は銀河が基本構成要素であり，この銀河が無数に広がっている世界，つまり銀河宇宙であることを知ったのである．

しかし，この銀河宇宙が単純に無限に広がっているとすると，夜空は無限に輝いているはずだという矛盾が生じる．当たり前と考えている「夜空は暗い」ことを説明できない．これは「オルバースのパラドックス」として知られている．簡単化してすべての銀河の光度は同じであるとし，その個数密度は空間的に一様としよう．地上での個々の銀河の見かけの明るさは地球とその銀河の距離 R の逆2乗に比例し暗くなる．しかし距離 R にある銀河の個数は距離 R の2乗に比例し増大する．両者をかけたものが距離 R にある銀河からの寄与であるが，この二つの距離依存性が互いに相殺して距離によらない数値，定数となる．夜空の明るさはこの定数をゼロから無限大の距離まで積分することによって得られるので，当然無限大となる．

このパラドックスは，それを明確な形で指摘したドイツの眼科医オルバースの名前で呼ばれている．すぐ思いつく安易な解決法として，「宇宙空間にはダスト[*1]があり，光を吸収するために遠方からは光がやってこないからだ」と考えることができる．しかし吸収された光は，ダストをあたためる．そして吸収した波長とは異なるが，ダストは吸収したのと同じ量のエネルギーを放射する．したがってダストの吸収によってはこの矛盾は解決されないのである．

よく知られているように「オルバースのパラドックス」は宇宙の年齢が有限であり宇宙が膨張していることにより解決される．宇宙膨張によって遠方からやってくる光は波長が長くなる．つまり赤方偏移（2.3節参照）によってやってくる電磁波のエネルギーは小さくなる．また時間が有限であることにより積分範囲も有限になるからである．素朴な「夜空はなぜ暗いのか」という疑問は，有限の過去に宇宙が始まり膨張していることを，驚くことに宇宙膨張の直接の発見以前に示唆していたのである．

天体が空間的に一様に分布した宇宙の描像は，天体を銀河ではなく星とする考えであったが，ニュートンの時代から存在していた．一様に天体が分布しているなら個々の天体に働く重力はすべての方向から一様に働くため相殺され，宇宙は

[*1] 固体の微粒子．光を吸収する．

重力的につりあった状態として存在できると考えられていた．しかしこの系は明らかに密度ゆらぎに対して不安定である．それは，ある部分の密度が何らかの原因で高くなれば，周りから物質を重力によって集めることになりそこはさらに高密度になる．したがって，ニュートン力学では，一様に天体が分布した静的宇宙は不安定で現在の宇宙を説明できない．

1.1.1　相対論的宇宙論の誕生

　あらゆる物的存在すべてを包含する宇宙全体を理論的に議論することができるようになったのは，アインシュタインによって一般相対性理論が構築されてからである．1917年，アインシュタインは一般相対性理論の完成直後，この理論が宇宙全体を取り扱うことのできる理論であることをただちに認識し，宇宙のモデルを作ろうと考えた．アインシュタインは簡単のため宇宙の物質分布や時空の計量は一様等方であるという「宇宙原理」を採用した．宇宙は凸凹もなく，また特別な方向もないという単純化である．空間の構造としては3次元の球面，つまり宇宙の大きさは有限で，どの方向に進んでもいつか出発点に反対の方向から帰ってくるモデルである．次元は1次元低いがちょうど2次元球面である地球表面と同じである．

　また当時の常識に従って宇宙は永遠不変でなければならないと考え，アインシュタインは時間的変化のない静的モデルを作ろうとした．しかし，アインシュタイン方程式を解いてみると，はじめ静止していても宇宙は収縮しつぶれてしまうのである．万有引力とも呼ばれるように重力はすべての物質に引力として働くので，宇宙の物質は互いに重力で引き合って互いの距離を短くしようとするのである．

　そこでアインシュタインは宇宙の空間が互いに反発し押し広げる効果を持つ「宇宙定数」を自分の方程式に導入した．宇宙定数の値を微調節し，重力と宇宙定数による宇宙斥力をうまく釣り合わせたのである．この膨張も収縮もしない静的なモデルは，アインシュタインの静止宇宙モデルとして知られている．宇宙定数は，その効果が，宇宙論的な何億光年というスケールでは現れるが，地球上や太陽系，銀河の力学や運動には影響がないような小さな値に調節された．

図 **1.1**　アインシュタイン（Albert Einstein, 1879–1955）と
ルメートル（Georges Lemaître, 1894–1966），ルベン新大学博
物館所蔵.

　一方，オランダの天文学者ドジッター（W. de Sitter）は，宇宙定数だけが存在し物質が存在しない，つまり無視できるほど物質量が少ない宇宙のモデルを作った．このドジッター宇宙モデルでは，遠方の天体からやってくる光は遠くの天体ほど大きく赤方偏移することがわかった．宇宙斥力として働く宇宙定数によって，宇宙が指数関数的に膨張しているモデルであるが，発表当時は使われた座標系のためにむしろ静的な宇宙モデルと考えられてしまい，宇宙が膨張しているとは認識されていなかった．

　1922 年，ロシアのフリードマン（A. Friedmann）は，宇宙定数を含まない元来のアインシュタイン方程式を素直に解き，宇宙が膨張したり収縮したりする解を発見し，ドイツの学術誌，*Zeitschrift für Physik* に発表した．この論文のレフェリーであったアインシュタインは当初この論文は計算を間違えていると判断し，すぐには掲載されなかった．しかし，後に計算を誤っているのは自分であることを認めこの論文は掲載された．今日の宇宙の標準的モデルであるフリードマン宇宙モデルである．しかし，アインシュタインは宇宙膨張を受け入れたのでも，静止宇宙モデルを放棄したのでもなかった．

　1927 年，ベルギーの神父，ルメートル（G. Lemaître）が宇宙定数の入ったアインシュタイン方程式を解き，今日ルメートル宇宙モデルと呼ばれているモデルを発表した．このモデルは，当然膨張宇宙モデルであるが，アインシュタインはその解の数学的正しさは認めるものの，物理的に意味のある解とは認めなかった．アインシュタインはルメートルからこの解について説明を受けたとき，「あなたの計算は間違ってないだろうが，そんな解を信じるあなたの物理的見識はまったく忌まわしい」[*2]と突き放したというのである．後に述べるように，現在の宇宙にはダークエネルギー（暗黒エネルギー）[*3]が満ちていると考えられている．ダークエネルギーが時間的に変化しないものならば，数学的には宇宙定数が存在する場合と同じである．ルメートル宇宙モデルは，現在の宇宙を最も適切に記述する宇宙モデルである．

　1929 年，アメリカの天文学者ハッブル（E. Hubble）によって宇宙が膨張して

[*2] Your calculation is correct, but your physical insight is abominable.

[*3] 英語の dark energy には暗黒エネルギーという訳語が使われることも多いが，本巻ではダークエネルギーを用いる．

いることが発見された．遠方の銀河ほど速い速度で我々の銀河系から遠ざかっていることが発見されたのである．この宇宙の膨張則は，今日ハッブル–ルメートルの法則と呼ばれている．ルメートルの名前が含まれているのは，ハッブルがこの法則を発表する前に理論家であるルメートルがハッブルなどの観測データを用いてこの法則を見つけ，1927 年の論文で記していたからである．近傍の多数の銀河（当時は星雲と呼ばれていた）を観測すると高速度で遠ざかっていることは，1913 年，アメリカの天文学者スライファー（V. Slipher）によって発見されていた．これらの星雲のスペクトルを測定すると赤方偏移していたのである．赤方偏移は，ドップラー効果によるものと考えられ，その赤方偏移の度合いから，それらの銀河は $1000\,\mathrm{km\,s^{-1}}$ を超えるような高速度で遠ざかっていることがわかったのである．しかし，天文学の最も基本的な量である距離の測定は，銀河系の大きさほどに遠方になると，困難な観測量であった．

　ハッブルは 20 年ほど前に発見されていたセファイド[*4]の周期と絶対光度の間にある関係を用いて距離を測定した．距離を測定したい銀河の中にまずセファイドをみつけ，その周期を測定する．次に変光の周期が長いものは明るく，短いものは暗いという簡単な関係，周期–（絶対）光度関係を用いてそのセファイドの絶対光度を推定するのである．セファイドの絶対光度がわかると見かけの光度は距離の 2 乗に従って暗くなるという関係を用いて，距離を測定する[*5]．1924 年，ハッブルはこの方法で距離を測定することにより，はじめてアンドロメダ銀河までの距離が銀河系の大きさをはるかに越えていることを示し，銀河系外の天体であることを明らかにしたのである．

　ハッブルは観測した銀河の距離 d とドップラー効果で求められた後退速度 v との関係をグラフに描き，両者が比例関係，$v = Hd$ にあることを示した．比例定数 H はハッブル定数（あるいは，ハッブルパラメータ）と呼ばれ，宇宙膨張の速さを示す．ハッブルの描いたグラフには 30 個に満たない銀河のデータが記されているが，ばらつきも大きくこれから直線の比例関係が統計的に正しく導かれるのかという疑問が呈されることもある．しかし，誤差の大きさに

[*4] セファイドは変光星の一種で，ケフェウス座 δ 型変光星とも呼ばれる．

[*5] 真の明るさがわかっていて，見かけの明るさを測定して距離を決める用途に用いられる天体を標準光源と呼ぶ（第 4 巻 6.2 節参照）．

図 **1.2**　フリードマン（Alexander Friedmann, 1888–1925）．

もかかわらずはっきりと宇宙膨張を示したものといえよう．また，ハッブルの
推定したハッブル定数は $530\,\mathrm{km\,s^{-1}\,Mpc^{-1}}$ である．これは今日の値，$67 \sim 74$
$\mathrm{km\,s^{-1}\,Mpc^{-1}}$ と比べると約 7 倍大きい．これは同じような変光特性を示す変光
星にはセファイドとこと座 RR 型変光星[*6]の 2 種類があり，周期 –（絶対）光度
関係はそれぞれ異なる．当時は区別がつかず，大きく値が異なるのはこれらを混
同していたことによる．

　しかし，これらの限界があったにもかかわらず宇宙膨張の発見は，単に天文学
的発見を越えて人間の世界観にも影響を与えるものであった．宇宙が膨張してい
ることは，宇宙は永遠不変な存在ではなく，有限の過去に宇宙が始まったことを
示しているからである．アインシュタインは，ハッブルの宇宙膨張の発見により
宇宙定数を導入して導いたみずからの静的な宇宙モデルを放棄し，フリードマン
の膨張宇宙モデルを受け入れることになった．アインシュタインの語った言葉，
「宇宙定数の導入は人生最大の不覚だった」[*7]は有名である．

[*6] RR ライリともよばれる．

[*7] Introduction of Cosmological constant was the biggest blunder in my life.

1.1.2　ビッグバン宇宙モデル

　宇宙は有限の過去から始まったのなら，宇宙はいかに始まったのだろう，と考えるのは当然である．ルメートルは膨張宇宙モデルに基づき最初に宇宙の始まりを考えた一人である．ルメートルは，宇宙のすべての原子が圧縮されて一つの原始原子（primeval atom）から始まったと考え，膨張とともに分裂し，今日の構造ができあがったと考えた．1931 年には「量子力学の視点からの宇宙創生」という論文も書いている．彼の研究は先駆的ではあったが，時期尚早であった．宇宙の初期を研究するには，物質の高密度の状態を知らなければならず，そのためには原子核物理学，素粒子物理学の進歩が不可欠である．

　1946 年，ガモフ（G. Gamow）は当時の最先端科学である原子核物理に基づいて宇宙は熱い火の玉として生まれたという宇宙のモデルを提唱した．相対性理論に基づくフリードマンの膨張宇宙モデルや，宇宙定数の入ったアインシュタイン方程式の解であるルメートルの宇宙モデルは熱や温度など考えない冷たい宇宙モデルである．このモデルで考えるならば，宇宙の初期では宇宙のすべての原子の原子核が合体した状態から始まることになる．そしてこの始原的原子核が分裂し，分裂破片が宇宙を構成する原子の核になるというシナリオが描かれる．当然，分裂で生成される原子核は 1 核子あたりの結合エネルギーが大きい鉄近傍の原子核が主になると予想される．

　しかし現在の宇宙を構成する元素は重量比であらっぽく言えば，最も簡単な構成の水素が 73%，ヘリウムが 24%，その他の元素の合計は 3%程度である．現在の宇宙における元素の量を説明するためには大量の水素，つまり最も単純な核子一個の原子核を核反応を起こさずに残さなければならない．ガモフは宇宙の初期が高温ならば，宇宙初期におこる核反応で現在の宇宙の元素組成を説明できるのではないかと考えた．高温のためほとんどの核子は結合したとしても熱運動によって分解され重元素[8]になることはできない．温度が十分下がったときにはすでに宇宙の密度は低くなってしまっており，もはや核反応は起こらない．さらに1948 年ガモフは，アルファー（R. Alpher），ベーテ（H.A. Bethe）との共著論

---

[8] 天文学では一般に水素とヘリウムより重い（原子番号が大きい）元素を重元素という．ただし，場合によって，ホウ素以上の重い元素あるいは炭素以上の重い元素を指す場合もある．また化学における定義とは異なるが，重元素を金属とよぶこともある．

文で宇宙のすべての元素は火の玉宇宙初期の合成によって説明できるとする理論を提唱した．今日，著者の頭文字をとって $\alpha\beta\gamma$-理論と呼ばれている．しかし，その研究は大筋について語ったものであり，定量的な評価は十分されたものではなかった．

1950 年，林忠四郎は宇宙初期において元素合成の進行を決める重要な値，陽子と中性子の個数比は弱い相互作用によるニュートリノ，電子，陽電子の反応によって決まることを指摘し，その値をもとめた．こうして素粒子論的宇宙論という分野を世界に先駆けて切り開いたのである．その後アルファーや多くの研究者によって実験で求められた核反応率を使って宇宙初期の元素合成の研究が進められた．その結果，宇宙初期の火の玉の中で合成されるのは，水素，重水素，ヘリウムそしてリチウムのみでそれらより重い元素は合成されないことが明らかとなった．

1957 年，バービッジ（M.E. Burbidge），バービッジ（G.R. Burbidge），ファウラー（W.A. Fowler）およびホイル（F. Hoyle）の系統的な研究によって炭素，窒素，酸素などを含めて残りの元素は星の中での核融合反応で合成されることが明らかになった．宇宙に存在する元素の起源を宇宙初期の合成で一挙に説明しょうとするガモフ等の夢は実現しなかったが，水素，ヘリウム等軽元素の宇宙組成比を説明するためには宇宙は熱い火の玉から始まらなければならないことが明らかになったのである．

このような宇宙が熱い火の玉で始まったとする理論は，ビッグバン理論と呼ばれている．これはこの理論の反対論者であるホイルがイギリス，BBC の番組でいかにも安っぽい理論だと揶揄するために使った言葉（big bang）が，提唱者であるガモフなどに火の玉宇宙モデルに適した良い名前として受け入れられたからである．

ビッグバン理論は，提唱後多くの研究者にただちに受け入れられたわけではない．アインシュタインが当初信じていたように，宇宙は永遠不変であるという信念をもっていた科学者は決して少なくはなかった．ハッブルの発見した宇宙膨張を認めるならば，宇宙に始まりがあると考えるのが素直な考えであるが，宇宙の膨張を受け入れても，永遠不変な宇宙のモデルは作ることができる．宇宙は膨張するとそれだけ物質の密度は減少するはずであるが，ちょうど宇宙膨張による密

図 1.3　ガモフ（George Gamow, 1904–1968）．ビッグバン宇宙モデルの提唱者．現在宇宙に存在している元素の起源を説明するためには，宇宙は高温の火の玉で始まらなければならないことを示した．

度の減少を補うだけ物質が新たに真空の中から生まれてくるとすれば，永遠不変なモデルを作ることができる．ホイルはこのような定常宇宙論のモデルの提唱者の一人であった．定常宇宙論は次に述べる宇宙マイクロ波背景放射の発見まで有力な宇宙のモデルであったのである．

　ガモフ等のビッグバン理論の最も大きい予言は，現在の宇宙にプランク分布をしたマイクロ波の背景放射が存在するという予言である．熱い火の玉で始まったとすると宇宙は熱分布をした放射が満ちていたはずである．その光子の波長は宇宙が大きくなるにつれて，比例して長くなる．熱放射はプランク分布を保ったまま波長の長い方へと赤方偏移するのである．アルファーとハーマン（R. Herman），またガモフは現在の軽元素の存在量から，現在の宇宙の背景放射の温度はそれぞれ 5 K, 7 K と推定したのである．

　1965 年，ベル研究所のペンジャス（A. Penzias）とウイルソン（R. Wilson）は通信衛星の研究の中で偶然この宇宙マイクロ波背景放射を発見した．彼らは測定した波長 7.3 cm での電波の強度からその温度を 3.5 K と求めた．引き続いておこなわれた気球や飛行機での観測，また人工衛星での観測によりこの宇宙マイ

クロ波背景放射は，きわめて高い精度でプランク分布をしたスペクトルを持ち，その温度は $2.725 \pm 0.002\,\mathrm{K}$ と求められている．ガモフ等の予言の数値のおよそ半分の値であるが，物理学の法則に従って予言された宇宙マイクロ波背景放射がたしかに存在し，その値も予言値の半分程度であったことは，物理学が宇宙全体に普遍的な法則であることを示すものといえよう．

　ビッグバン理論においては，観測されている軽元素の存在量を理論的なビッグバン元素合成の理論と比較することによって，宇宙の平均的な物質密度の値を予言できる．それは陽子や中性子などの物質密度が高いと核反応が進み質量の大きい原子核がより多く作られるからである．4章で詳しく議論されているように水素，重水素，ヘリウム，そしてリチウムなどの軽元素の観測が進み，また中性子の寿命や軽元素の核反応率が精密に測定され，理論の精度が向上したことによって，現在の宇宙における平均物質密度は宇宙の曲率がゼロとなる臨界密度の数パーセントでなければならないことがわかっている．ここでの物質密度とはダークマター（暗黒物質）[*9]などを含まない陽子や中性子などのバリオンの質量密度である．

　このようにビッグバンモデルは相対論と原子核物理学という物理学に基づき提唱された理論であるが，火の玉の名残である宇宙マイクロ波背景放射の発見によって現在の科学的宇宙論の標準モデルとなったのである．

1.1.3　素粒子論的宇宙論

　1965年のペンジャスとウイルソンによる宇宙マイクロ波背景放射の発見によって，ビッグバン理論は揺るぎない宇宙の進化の理論となったが，重要な謎，未解決の問題も残されていた．

　第1はきわめて原理的な問題，宇宙はなぜ火の玉として始まったかという問題である．ガモフは前の節で示したように，観測されている現在の元素の起源を説明するには，宇宙は火の玉として始まらなければ困るということを示したのであり，なぜ火の玉として生まれたかを示したわけではない．

　第2は地平線問題である．宇宙開闢の瞬間，つまり宇宙時刻ゼロにある場所

[*9] 英語の dark matter には，暗黒物質という訳語が使われる場合も多いが，本巻ではダークマターを用いる．

を出発した光が，時刻 t までに直進し到達できる距離はその時刻での粒子的地平線，もしくは簡単に地平線（ホライズン）と呼ばれる．つまり地平線とはその時刻において因果関係を持つことのできる最大距離である．2 章に詳しく議論されるように，宇宙マイクロ波背景放射は 10 万分の 1 の精度で空間的に一様である．本巻 3.9 節および第 3 巻で示されるように，宇宙背景放射は宇宙の時刻，38万年頃，温度が約 3000 K 頃の宇宙の姿を現しているものである．これより初期の宇宙は電離しており，光は電離ガス中の自由電子との散乱により物質と結合していた．しかし，この時刻に物質は中性化し，宇宙は透明となり光は直進するようになる．この宇宙が透明になることは「宇宙の晴れ上がり」と呼ばれている．現在観測している宇宙マイクロ波背景放射は，この時刻の 3000 K の放射が赤方偏移したものである．宇宙背景放射はこの時刻の地平線の大きさを遙かに越えてほとんど一様なのである．まだ一度も因果関係を持ったことのない宇宙の領域が同じ状態にあるというのは，ビッグバン理論の大きな謎である．これが地平線問題である．

　第 3 は平坦性問題である．一般相対論に基づいてビッグバン理論は構築されているが，宇宙の曲率がきわめて微小に正ならばその曲率はますます正に曲がり，また負ならばますます負に曲がる性質を持っている．現在の宇宙は曲率がほぼゼロであることが観測によって示されているが（第 3 巻参照），そのためには宇宙の初期に曲率 0 にきわめて近くなるような微調整が必要である．ビッグバンモデルではこのような不自然な微調整がおこなわれなければならないという問題が，平坦性問題である．

　第 4 の問題が宇宙における構造の起源の問題である．現在の宇宙には銀河，銀河の集団である銀河団，銀河団の集団である超銀河団などさまざまな構造が存在している．ビッグバン理論では，宇宙の構造は初期に存在した微小な密度ゆらぎ，つまり空間的な物質密度の凸凹が重力による効果で次第に成長し，現在の宇宙の多様な階層構造が作られたと考えられている．観測されている階層構造のパワースペクトル（波長ごとの密度ゆらぎの振幅の大きさ）は，ハリソン–ゼルドビッチスペクトルと呼ばれるある特定の形を初期条件として設定することで説明できるが，ビッグバン理論の枠内ではこのスペクトルの起源も説明できない．どのように宇宙初期に密度ゆらぎが生成され，しかもそれがハリソン–ゼルドビッ

チスペクトルになったのか，まったく不明なのである．

　第5の問題は，宇宙における物質と反物質の非対称性問題である．素粒子物理学で示されているように，物理学の法則は物質，反物質に対して対称である．物理学の法則が対称なのに，なぜ現実の宇宙ではこの宇宙は物質宇宙なのかという疑問である．5章に詳しく解説されているように，1980年頃から力の統一理論に基づいた初期宇宙の理論的研究が飛躍的に進んだ．まず当時大きく進んだ強い力，弱い力，電磁力を統一する理論である大統一理論に基づき物質と反物質の非対称性起源の研究がなされた．この問題はバリオン数生成問題ともいわれる．陽子や中性子などの物質粒子は正のバリオン数を持つ．一方それらの反物質粒子，反陽子，反中性子は負のバリオン数を持つ．本来これらの粒子が宇宙初期に対称に生成されるならば宇宙のバリオン数は，ちょうどゼロである．したがって物質・反物質非対称性問題は，いかに宇宙のバリオン数を正にするか，つまりバリオン数を生成するかという問題なのである．大統一理論はバリオン数が保存しない反応を含んでいるので，この理論からバリオン数生成が可能と思われたのである．5章に示されているように，バリオン数非保存の反応が存在してもバリオン数生成が単純にすぐ行われるわけではない．さらに，CP対称性[*10]が破れていること，また宇宙で反応が起こるとき非熱平衡であることが必要である．驚くことに，サハロフ（A. Saharov）は大統一理論が提唱されるより前の1967年，バリオン数が生成されるこの3条件を求めていたのである．

　大統一理論は，ゲージ場[*11]の対称性が自発的に破れることにより三つの力を統一する理論である．超伝導の類推から容易に推測できるが，温度が10^{16} GeVより高い状態ではゲージ場の対称性は完全に回復している．この状態から温度が10^{16} GeVより降下すると真空の相転移が起こりゲージ対称性が破れ，強い力と電弱力に枝分かれを起こす．温度がさらに10^2 GeV以下に下がると電弱力は電磁力と弱い力へと枝分かれを起こす真空の相転移を担っているのは，ゲージ対称性を破るヒッグス粒子である．このヒッグス粒子は2012年，セルン（欧州合同原子核研究機構）の加速器実験で発見され，宇宙初期に実際に真空の相転移が起こったことが確実となった．このように力の統一理論は，あたかも生物の進化の

　[*10] 電荷の符号を変える変換Cと空間反転Pをあわせた変換に対する対称性．

　[*11] 場に対してある種の変換（ゲージ変換）をしても観測量に変化のない場の理論．

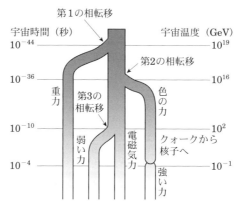

図 **1.4** 力の進化図.

ように基本的な力が進化枝分かれをするという描像を示しているのである（図1.4 参照）.

　大統一理論は，相転移前の宇宙は巨大な真空のエネルギーを持っていることを示唆している. 1980 年頃，佐藤勝彦やグース（A.H. Guth）はこの相転移が1次の相転移であるならば，この真空のエネルギーが及ぼす斥力によって宇宙は指数関数的急膨張をすることを示した. 宇宙は急激な断熱膨張のため急冷されるが，1 次相転移が終了するとき解放される潜熱によって宇宙は相転移前の温度に近くまで加熱される宇宙モデルを提唱した. グースの巧みな命名に従って今日このモデルはインフレーション宇宙モデルと呼ばれている. なお，スタロビンスキー（A. A. Starobinsky）はグースや佐藤の論文の寸前に，アインシュタインの相対性理論を変形すれば特異点なしで宇宙が始まるモデルを提唱し，このモデルでは初期宇宙は指数関数的急膨張をすることを示している. 今日このモデルもインフレーションモデルの一種として知られている.

　6 章に詳しく解説されているように，インフレーションモデルは上に記した第1 から第4 までの宇宙論の重要問題を解くものである. 現在インフレーションモデルは，初期宇宙の標準的理論となっている. また大統一理論から導かれたオリジナルインフレーションモデルの欠点を改良する新しいインフレーションの理論が次々と提案されている. 現在そのモデルの数を正確に数えるのは難しい. イン

フレーションモデルを導く出発となった力の統一理論も多様となり，インフレーションを起こす場もヒッグス場とは限らなくなり真空のエネルギーを担いインフレーションを引き起こす場は総称してインフラトンと呼ばれている．

インフレーションモデルの興味深い示唆は，宇宙がインフレーションの過程でたくさん生まれることである．佐藤らやリンデ（A.D. Linde）が示したように，宇宙でインフレーションが進むとき，因果関係もない異なった場所で同じように進むとは考えられない．ある場所では早く，ある場所では遅く，というように非一様に進む．大きなスケールでは宇宙は凸凹となり，膨張が早く急激に起こった領域は元の宇宙から因果関係が切れた "子供" 宇宙となる．さらにこの子宇宙の中でもインフレーションが進行するので，そこからさらに "孫" 宇宙が作られる．さらにこのプロセスは次から次へと続くので無限の宇宙が生まれることになる．ビレンキン（A. Vilenkin）等は，因果関係がない十分遠方の場所で相転移が始まれば，それらの相転移が起こった場所，"泡" 領域はそれぞれ独立した宇宙とするモデルを提唱している．近ければこの宇宙は合体するので因果関係がないわけではないが十分遠方にあれば以後永遠に因果関係はない．

インフレーションモデルは，このように宇宙論の重要問題を解く．また一つの宇宙が存在すれば，それが分岐し因果関係の切れた宇宙が無限に生まれる可能性も示しているが，より根源的な最初の宇宙の創生については何も予言しない．1983 年，インフレーション理論が提唱されてしばらくたった頃，宇宙は "無" の状態から創生されたというモデルがビレンキンによって提唱された．無からの創生という考えは昔から宗教神話などで主張されていたことである．存在を別の存在によって説明しても説明にならないことは論理的にも自明であり，そう考えれば "無に" 存在の起源を求めなければならい．ビレンキンはそれを科学の言葉で語ったのである．

宇宙とは物質が満ちた時空多様体のことである．ビレンキンのいう "無" とは，したがって単に物質が存在しないという意味ではなく，その入れ物である時空——時間空間——も存在しない状態である．ビレンキンはこの "無" の状態から量子重力効果によりきわめて小さいが，しかし真空のエネルギーが高い状態にあるミニ時空がトンネル効果により作られるモデルを示したのである．量子宇宙は大きさゼロの状態からトンネルをくぐって出てくるまで，虚数の時間で膨張し

てゆく．トンネルから出たところで実時間となり，インフレーション宇宙へとつながるのである．

ハートル（J. Hartle）とホーキング（S. Hawking）は，ビレンキンの「無からの創生」理論の直後，時空のシュレデインガー方程式というべきウィーラー–ドゥイット方程式に基礎をおいて「宇宙の無境界仮説」を提唱した（7章参照）．従来の宇宙膨張の解，フリードマン宇宙モデルでは宇宙は時空の特異点，つまり時空の果て（境界，あるいは特異点）から始まっているとした．彼らは特異点なしに宇宙は始まるべきであると考え，これを果てがないということで「宇宙の無境界仮説」と呼んだのである．虚数時間で宇宙が始まることにより特異点なしに宇宙は始まる．7章で詳しく解説されているように宇宙の波動関数の境界条件が異なる点を除けば，基本的にはビレンキンの無からの創生と同じような宇宙創生の描像となる．しかし時空の量子論である量子重力理論は未完であり，量子論的宇宙の創生論ができあがっているわけではない．量子宇宙論は超ひも理論などの発展により，今後進展すると期待されている．

1.1.4　観測的的宇宙論の進展

このように，1980年頃大きく進んだ素粒子論的宇宙論により，標準ビッグバン宇宙モデルが抱えていた根本的問題が解決されることが示されたが，これはあくまでも理論であり何ら観測的強い根拠があったわけではない．それどころか，宇宙が平坦と予言するインフレーション理論は，初期の段階では観測に矛盾すると見なされていた．

インフレーション理論が提唱された1980年代はじめの段階では，宇宙の物質密度は宇宙を平坦にする臨界密度の数パーセント程度で，平坦にする密度には遙かに及ばないと考えられていたのである．しかし，インフレーション理論の提唱と期を同じくして，ダークマターの存在がクローズアップされてきた．1964年頃からダークマターの存在は銀河の回転速度から推定される銀河の質量が，可視光の観測で予想される銀河の恒星の質量よりはるかに大きいことから，ルービン（V. Rubin）などによって認識され始めていた．定量的なダークマターの量の観測結果が累積し，銀河の周りのみならず銀河団にもダークマターが充満することがわかってきたのである．しかし，1990年はじめにはダークマターの量は通常

未来 ——

現在 138 億年 ——

宇宙の晴れ上がり ——
38 万年

ビッグバン
真空の相転移が終了 ——
インフレーション

10^{-36} 秒 ——

「無」からの宇宙の誕生 ——

時間

図 1.5　"無" からの宇宙創生とインフレーション（口絵 1 参
照）．量子重力的な効果により生まれたミクロな宇宙は，急激な
指数関数的膨張，インフレーションによってマクロな宇宙とな
る．急激な膨張が終わる頃真空のエネルギーは解放され宇宙は
火の玉宇宙（ビッグバン）となる．同時にインフレーション時代
の真空の量子的ゆらぎはインフレーションによって引き延ばさ
れ，宇宙の構造の種が仕込まれる．宇宙が冷却膨張する過程で
ゆらぎは次第に成長し，銀河や銀河団に成長する．きわめて遠
方の超新星の観測などから現在の宇宙も加速度的膨張をしてい
ることが示唆されている．

の物質に比べると，臨界密度の 3 割程度であり，やはり観測的にはインフレーション理論は観測に矛盾するのではないかと考えられてきた．

　一方宇宙の大構造の観測的研究が 1980 年代に大きく進んだ．1986 年，ゲラー（M. Geller）らは銀河団が何億光年も壁状に連なった大きな構造を発見した．さらにそれらがつながった蜂の巣のような構造をしていることがわかってきた．一方，蜂の巣の辺に囲まれた領域は銀河が極端に少なくボイド（超空洞）と呼ばれる．このような宇宙の構造をさらに明らかにするためにさまざまな宇宙の地図作りのプロジェクトがはじまった．その最も代表的なスローンデジタルスカイサーベイ（SDSS）は 1998 年から始まり，20 億光年の遠方までの宇宙の大構造の地図ができあがっている．

　1989 年, 宇宙背景放射を子細に観測する人工衛星, COBE（COsmic Background Explorer）がアメリカ，NASA によって打ち上げられた．COBE 衛星に搭載された遠赤外絶対分光計（FIRAS）によって，マイクロ波宇宙背景放射が温度 2.725 ± 0.002 K のほぼ完璧なプランク分布をした熱放射であることが初めて明らかにされた．さらにもう一つの装置，差分マイクロ波放射器（DMR）は背景放射の強度の方向分布にきわめてわずかではあるが，ゆらぎが存在することを示した．DMR の空間的分解能は 10 度角程度であるが，背景放射が出された宇宙の誕生から 30 – 40 万年の頃の宇宙に物質密度のゆらぎがたしかに存在したことを示したのである．銀河や銀河団，超銀河団などの宇宙の大構造はこのゆらぎが次第に成長したものである．

　この発見は宇宙の大構造形成の研究者が待ち望んだものだったのであった．このゆらぎの振幅は $(1.1 \pm 0.2) \times 10^{-5}$ というきわめてわずかな値であるが，量子ゆらぎが引き伸ばされたものとするインフレーション理論の予言とよく一致する．力の統一理論からの帰結として提唱されたインフレーション理論は観測から強い支持を得たのである．COBE 衛星の成果は天文学の歴史に残る大きな成果であり，2006 年度のノーベル物理学賞が COBE 衛星の責任者であり FIRAS の代表者であるマザー（J. Mather）と，DMR の代表者であるスムート（G. Smoot）に授与された．

　NASA は 1990 年，宇宙の膨張率を決めるハッブル定数を正確に求め，宇宙の年齢を求めることを主要目的の一つとして高度約 600 km の地球周回軌道上に口

図 **1.6** マザー（John Mather）とスムート（George Smoot）．
COBE 衛星による宇宙背景放射の研究により 2006 年度ノーベ
ル物理学賞を受賞．

径 2.4 メートルのハッブル宇宙望遠鏡を打ち上げた．セファイドを標準光源とし
て距離を測定する旧来の手法をおもに用いて，1998 年にはハッブル定数が誤差
10% でおよそ $72\,\mathrm{km\,s^{-1}\,Mpc^{-1}}$ であることが示された．一方，Ia 型超新星がど
れも最大光度がほぼ一定であることから，これを標準光源として Ia 型超新星の
出現した銀河までの距離が推定できる．

　1998 年，超新星を用いた遠方のハッブル定数の測定から，宇宙の膨張は時間
的に加速されているという観測結果がパーミュッタ（S. Perlmutter）をリーダ
とする超新星宇宙論プロジェクトチームと，シュミット（B.P. Schmidt）をリー
ダとする高赤方偏移超新星探査チームによって独立に示された．いずれのグルー
プも，加速膨張は真空のエネルギーが及ぼす斥力が原因とすると，現在の真空の
エネルギーは臨界密度のおよそ 7 割にもなることを示したのである．この値と
ハッブル望遠鏡による観測から得られたハッブル定数を組み合わせると，現在の
宇宙の年齢はおよそ 137 億年と求められた．また，COBE 衛星によって測定さ
れた宇宙の構造の種である「密度ゆらぎ」のデータを初期値とし，宇宙の構造形
成がいかに進むかの計算機シミュレーションがおこなわれた．その結果，真空の
エネルギーが臨界密度のおよそ 7 割であるなら，現在の宇宙の姿を再現できるこ

とも示されている.

　真空のエネルギーの存在は，数学的にはアインシュタイン方程式に宇宙定数が存在することと同値であり，アインシュタインの宇宙定数は，本人が不要だと取り消したにもかかわらず復活したのである．宇宙定数に対応する真空のエネルギーはそのエネルギー密度が一定で，時間とともに変化することはない．現在宇宙を満たしている真空のエネルギーは，エネルギー密度が時間変化する可能性も考え，より一般的な名前，ダークエネルギーと呼ばれている.

　NASA は 2001 年，COBE の後継機である WMAP 衛星を打ち上げた．また ESA（ヨーロッパ宇宙機構）は 2009 年，Planck 衛星を打ち上げてより精密な観測を行った．WMAP 衛星, Planck 衛星はそれぞれ COBE 衛星のおよそ 30 倍の，またおよそ 60 倍の空間分解能を持つ衛星であるが，その観測結果はさらに一段とインフレーション理論を支持するものであった．第 3 巻で詳しく紹介されるように，インフレーション理論の予言どおり，宇宙はきわめて平坦に近いこと，背景放射のゆらぎは細かなゆらぎに至るまで量子ゆらぎに起源を持つものと一致していることが示された.

　さら Planck 衛星などのより高い精度の豊富なデータをアインシュタイン方程式に基づき解析することにより，宇宙におけるエネルギーの割合は，およそ，通常の物質が 5%，ダークマターが 25%，ダークエネルギーが 70% を占めることも示された．宇宙の年齢も同様にして，138 億年という値が得られている.

　アインシュタインの相対論から，およそ 100 年たった時点で，宇宙の誕生から現在に至る統一的宇宙の進化像を人類は描くことに成功したのである．さらにこの宇宙進化像を肉付けするであろう多くの観測計画も進んでいる．また 21 世紀，人類は重力波という新たな観測手段を得た．2015 年，アメリカンのレーザー干渉計を用いた重力波望遠鏡 LIGO は，太陽質量の約 36 倍と約 29 倍の 2 つのブラックホールからなる連星系の衝突・合体現象から放射された重力波を検出した．その後もブラックホール連星系の合体からの重力波検出は続いており，中性子星連星合体からの重力波も検出されている．当初，LIGO だけだった重力波望遠鏡もヨーロッパの VIRGO や日本の KAGRA も参加した．近い将来，インドにも LIGO クラスの重力波望遠鏡が設置される予定で，2020 年代後半には距離 300 Mpc，赤方偏移 $z = 1$（宇宙年齢約 60 億年）程度までの中性子星連星

系の衝突による重力波が観測されるであろう．2030年代には干渉計のアーム長が10kmクラスの次世代の重力波望遠鏡が計画されており$z = 10$（宇宙年齢約4.9億年）までの中性子星連星系からの重力波検出が可能になり，それを標準光源として宇宙論への応用がなされることが期待される．

インフレーション理論は，急膨張時代に量子ゆらぎによって物質の密度ゆらぎが生成されるのと同じように，時空のゆらぎ，重力波も生成されることを予言している．この重力波は原始重力波と呼ばれているが，これが観測されればインフレーション理論の大きな検証ともなる．この原始重力波は宇宙膨張によって波長が引き延ばされ，現在の宇宙ではきわめて長波長の重力波となっている．これを，三つの人工衛星間でレーザー光をやりとりする宇宙空間干渉計によって観測しようという計画も提案されている．一方，より安価で素早くこの原始重力波の痕跡を宇宙背景放射の偏光観測により発見しようという計画も世界で数多く実施されている．21世紀中には，COBE衛星が宇宙開闢38万年ころの宇宙の地図を描いたように，重力波によってインフレーションの起こった頃の姿が描かれると夢見ることもできるかも知れない．

しかし，この宇宙論の大きな成功にもかかわらず，残された大きな謎はダークマター，ダークエネルギーの正体が皆目わからないことである．我々は，我々の住んでいるこの宇宙を構成する物質の95%が何であるかをまったく知らないのである．ダークマター候補としては超対称性理論が予言するニュートラリーノをはじめとして各種の素粒子が考えられている．その直接検出を目指す実験も行われている．2008年から稼働を開始する世界最大の加速器，ラージハドロンコライダー（LHC）[*12]から何らかの示唆が得られると期待されている．

一方，後の章や第3巻で子細に議論されるように，ダークエネルギーに関しては，その値が理論物理学的に予想されるおよその数値であるプランクエネルギー密度と比べると，およそ120桁小さいという「小さすぎる問題」や，その値がなぜ現在の臨界密度に近いのかという「偶然性問題」などがある．1989年，ワインバーグ（S. Weinberg）はこれらの問題は「人間原理」の立場で説明される可能性を示唆している．人間原理とは次のような考え方をいう．いろいろの物理定数や異なる物理法則を持つ宇宙が無限に存在するが，現在観測されているダーク

[*12] ジュネーブ郊外の欧州合同原子核研究機構（CERN）の加速器．

エネルギー密度をはるかに越えるような値を持つ “宇宙” では，早い時期に加速度的膨張が始まり宇宙の構造は十分形成されず知的生命体も生まれない．したがって認識主体である知的生命体は生まれず，その宇宙は存在しても認識されない．知的生命体が生まれるのは現在の値程度のダークエネルギー，もしくはそれ以下の値を持つ宇宙のみである．したがって認識される宇宙はすべて，そのような値のダークエネルギーを持つ宇宙である．

　しかし人間原理は，物理学の基本法則すべてが統一され，究極の理論ができたとき，ではなぜこの物質世界はこの法則に従って運動するのだろうか，またこの法則にある物理定数はなぜその値を取るのだろうかという究極の疑問に対して適用されるものである．本来科学的研究を通じて求められる物理量に対して，人間原理を適用することは研究の放棄である．

　ダークエネルギーは究極の法則に現れるような数値だとすれば，人間原理の適用は妥当であろうが，現在の段階では理論的，観測的研究を続けるべきものであろう．たとえばダークエネルギーの時間的変化や，空間的な非一様性の存在の可能性の検討が，そのような研究の第一歩であろう．赤方偏移の大きい遠方銀河の分布や，中性水素の出す波長 21 cm の電波輝線の観測でこの問題に迫ろうという計画もされている（第 3 巻参照）．また，7 章で議論されるように理論的にも多次元宇宙モデルの立場からダークエネルギーを，一般相対性理論を変更することによって説明しようという試みもある．ダークエネルギーの存在は宇宙論的意義以上に物理学の根幹にふれる問題である．科学は矛盾や謎を解くことによって進む．ダークエネルギー問題は，21 世紀に花開く新たな宇宙論，物理学への鍵なのかもしれない．

1.2　宇宙の階層構造

　前節で述べたように 1920 年代，ハッブルはアンドロメダ銀河が私たちの銀河系の外にある同じ規模の天体であること，そして遠方の銀河はその距離に比例した速度で私たちから遠ざかっていることを発見した．その後の観測で銀河系は約 2000 億個の恒星が半径約 5 万光年，厚さ約 3000 光年の薄い円盤状に分布していること，太陽がその中心から約 2 万 8000 光年のところにあって，約 2 億年で銀河中心のまわりを一周していることがわかってきた（銀河系の詳細は第 5 巻参

照のこと）．銀河系やアンドロメダ銀河のように円盤状の構造をもち，渦巻き模様が明瞭に見えるものを渦巻銀河という．それ以外にも，円盤状の構造を持つが渦巻き腕の見えない S0 銀河[*13]，明瞭な構造が見えない楕円体状の楕円銀河，あるいはその形状がさまざまで一定の規則性をもたない不規則銀河などさまざまな形状のものがある．こうして星は銀河という集団をつくって存在するのである．そして宇宙とは膨張している広大な空間にいろいろな形態の無数の銀河がばらまかれているという描像が生まれてきた．

　では銀河は空間にどのように分布し，どのように運動しているのであろうか？このような疑問の追求から宇宙には銀河団，超銀河団といった階層構造が存在することが明らかになってきた．ここで宇宙の階層構造について見てみよう．より詳しくは第 4 巻を参照されたい．

1.2.1 銀河から銀河団へ

　銀河の空間分布はすでに 1930 年代から興味をもたれ，実際に観測もされていた．空間における銀河分布を知るには，分光観測によってスペクトル観測を行い個々の銀河までの正確な距離を測定する必要がある．当時の望遠鏡では比較的近傍の少数の銀河に対してだけ距離の正確な測定が可能で，遠方の銀河に対しては天球上に射影された 2 次元的な分布だけで議論をしていた．この場合，距離が違う銀河でも同じ方向に見えることがあり，実際には遠く離れた銀河を近くにあって群がっていると認識することがある．それにもかかわらず 1930 年代すでにスイスの天文学者ツビッキー（F. Zwicky）は，銀河が集団（銀河団）として存在する傾向があることを示唆している．たとえば私たちの銀河系はアンドロメダ銀河や 40 個程度の小さな銀河と一緒に局所銀河群と呼ばれる群れを作っている．このように 50 個程度以下の銀河の小集団を銀河群という．彼はさらにかみのけ座方向にある，銀河系から約 100 Mpc 離れた銀河団（かみのけ座銀河団）における個々の銀河の運動の観測から，観測される全銀河の質量よりもはるかに大きな質量が銀河団の中に隠されていることを示唆している．当時，この質量は「行方不明の質量（missing mass）」と呼ばれたが，現在ではダークマターと呼ばれている．これがダークマターの存在を初めて示唆したものである．

[*13] エスゼロ銀河と発音する．レンズ状銀河ともよばれる．

　ここで宇宙論でよく使われる Mpc（メガパーセク）という単位について簡単に説明しておこう．pc とはパーセク（parsec）を表す記号である．1年間で地球が太陽の周りを一周すると星の見かけの位置は十分遠方の背景の星々に対して楕円形を描くように変化する．このとき楕円の長半径の角度がちょうど1秒角となるときの星の距離を 1 pc として定義する．1 pc は約 3.086×10^{16} m, 光年では約 3.26 光年に対応する．$1\,\mathrm{kpc} = 10^3\,\mathrm{pc}$, $1\,\mathrm{Mpc} = 10^6\,\mathrm{pc}$ である．銀河系の円盤の直径は約 30 kpc である．また $1\,\mathrm{Gpc} = 10^9\,\mathrm{pc}$ という単位も宇宙論ではよく使われる．現在の宇宙の観測可能な大きさは約 30 Gpc である．

1.2.2　銀河赤方偏移サーベイと大規模構造の発見

　さてツビッキーが示唆した銀河団の存在が普遍的なものかどうか，すなわち宇宙の広い範囲にわたっていくつも存在するものかどうかは，より遠方の多数の銀河に対して正確な距離を測定しなければならない．距離 d は，ハッブルの法則

$$cz = H_0 d \tag{1.1}$$

によって，赤方偏移 z（2章参照）を測定することで決定される．ここで，c は光速度，H_0 はハッブル定数である．ただし上の関係は赤方偏移 z が1に比べて十分小さいときに成り立ち，より一般的には宇宙モデルによって変わってくるが，いずれにしても赤方偏移が距離の指針であることには変わりがない．赤方偏移は銀河からの光を分光観測することで決定される．したがって多数の遠方銀河の分光観測を行う銀河の赤方偏移サーベイを行えばよいわけであるが，ことはそう簡単ではない．遠方の暗い銀河を分光するには多大な時間を要する．それを多数の銀河一つ一つについて行うには何年ものプロジェクトになるのである．

　図 1.7 は，1980 年代に行われたアメリカのハーバードスミソニアン天体物理学センターによる CfA サーベイの結果の一部である．扇型のかなめに我々の銀河系があって黒い点の一個一個が銀河である．この図には 15.5 等級よりも明るい銀河を描いてある．そもそもこのサーベイが行われたのは 1977 年頃に "うしかい座" の方向に，赤方偏移が $z = 0.04$–0.06 の間で銀河の数が極端に少ない "ボイド" と呼ばれる領域が発見されたからである．この領域は約 70 Mpc にもおよび，それまで知られていたどんな構造よりも大きかった．そこでこのような大構造が宇宙に普遍的に存在するのか，あるいはもっと大きな構造が存在するの

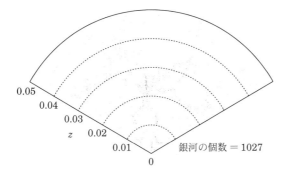

図 **1.7** CfA 銀河サーベイによる銀河地図．扇形の一辺は $z = 0.05$（約 200 Mpc）で，中心が我々の位置，黒い点が銀河の位置を表す．この図には 1027 個の銀河の位置が示されている（de Lapparent *et al.* 1986, *ApJL*, 302, L1 をもとに作成）．

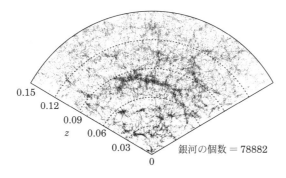

図 **1.8** SDSS によって得られた銀河地図．現在 $z < 0.15$ のもっとも完全な銀河地図で，この図には 78882 個の銀河の位置が示されている．

かを知る目的でサーベイが盛んに行われるようになったのである．CfA サーベイの結果，銀河がフィラメント状やウォール（壁）状に連なっていること，銀河団より大きな約 50 Mpc スケールの構造である銀河団の集団，超銀河団の存在が明瞭に浮かび上がってきた．このような 100 Mpc におよぶ銀河分布の構造を宇宙の大規模構造という．

しかし CfA サーベイは我々の銀河のまわりの宇宙の約 200 Mpc 程度の領域を観測したにすぎず，観測された大規模構造が宇宙全体にわたって存在するのか，さらに大きな構造が存在するのかという疑問に答えることはできない．そこで

1990 年頃からより大きな領域にわたる銀河赤方偏移サーベイが行われるように
なった．その一つはラスカンパナスサーベイである．これはアメリカが南米チリ
にあるラスカンパナス天文台の広視野をもった口径 2.5 m の望遠鏡で行なった
サーベイである．このサーベイでは北天と南天のそれぞれ三つの領域で限界等級
19 等程度，赤方偏移 z が 0.2 までの約 3 万個の銀河の 3 次元分布が求められた
（CfA サーベイは赤方偏移 $z \sim 0.05$ まで）．これは観測可能な宇宙の大きさの 5
分の 1 にまで及んでいる．また 1997 年から 2000 年にかけてイギリスとオース
トラリアの共同チームが 4 m 望遠鏡を用いて約 30 万個の銀河サーベイ（2dF 銀
河赤方偏移サーベイ）を行った．これらの観測から銀河分布は約 150 Mpc 程度
以下のスケールでは一様ではなく，超銀河団やそれらがつながった複雑な構造を
示しているが，それ以上のスケールでは一様であることが確からしくなった．

　さらに 2000 年には銀河サーベイの決定版といえるスローンデジタルスカイ
サーベイ（SDSS）が開始された．これはアメリカと日本が共同でアメリカの
ニューメキシコ州アパッチ・ポイントに直径 3 度という広視野の口径 2.5 m の専
用望遠鏡を設置して，全天の約 4 分の 1 の領域で 23 等級までの明るさをもつ全
天体を探し出し，その天体の天球上での位置と測光データを与えるプロジェクト
である．その中には 1 億個の銀河の位置と明るさ，100 万個の銀河の距離とスペ
クトル，10 万個のクェーサーの距離とスペクトルがあり，今後数十年以上にわ
たる観測的宇宙論の観測的な基礎を与えることが期待されている．

　これまでのサーベイが写真乾板で行われたのに対して，SDSS では CCD を用
いるため測光精度が大幅に向上し良質のデータを得ることができる．さらに従来
の写真乾板では天体からやってくる光の 2%足らずしか信号として有効に利用で
きないが，CCD は波長帯によっては約 80%程度にもなる．それによって望遠鏡
の口径はそのままでも遠方の銀河に対する分光観測が短時間にできるのである．
望遠鏡は 1998 年に完成したが本格的な観測は 2000 年に開始され，2008 年に観
測が終了した．多くの貴重なデータが出て，赤方偏移 z が 0.2 以下の宇宙の姿が
ほぼ明らかになってきた．たとえば図 1.8 は SDSS による銀河の 3 次元分布の
一例である．

1.2.3 CDM 構造形成シナリオ

これまでの銀河赤方偏移サーベイから，宇宙には小さなスケールの順に銀河（$\sim 50\,\mathrm{kpc}$），銀河群（$\sim 500\,\mathrm{kpc}$），銀河団（$\sim 5\,\mathrm{Mpc}$），超銀河団（$\sim 50\,\mathrm{Mpc}$），ボイド（$\sim 50\,\mathrm{Mpc}$）という階層構造の存在が明らかになった．このような階層構造とその形成をうまく説明するのが，冷たいダークマター（Cold Dark Matter，略して CDM）に基づく構造形成のシナリオである．第 3 巻で詳しく述べるように宇宙における構造形成には，ツビッキーがその存在を示唆したダークマターが必要である．ダークマターは宇宙の構造形成の時期にダークマター粒子の速度がほぼ光速度をもつか，それに比べて十分小さい，熱いダークマター（Hot Dark Matter，略して HDM）と CDM の 2 種類に分類される．ニュートリノは HDM である．CDM の候補はアキシオンや超対称性粒子などいくつか考えられているが，現在のところその正体は不明である．これらの候補の詳しい議論は 5 章でされる．銀河団中心部など Mpc 以下のスケールでの密度分布など CDM では説明の難しい観測結果もあり，HDM と CDM の中間の性質をもつ温かいダークマター（Warm Dark Matter，略して WDM）の可能性も検討されている．しかし観測結果がダークマターの性質が原因かバリオン物質の影響によるものかは確定的ではなく現在のところ CDM にとって代わるとは思われていない．

HDM による構造形成では，その大きな速度によって小さなスケールの密度ゆらぎが消されるので，まず超銀河団の元になるような大きな密度のゆらぎができ，それが銀河団，銀河群，銀河というように次々に小さな天体に分裂していくというシナリオが描ける．一方，CDM による構造形成では小さなスケールの密度ゆらぎが最初に成長するので，銀河の元になったより小さな天体から合体集合して銀河が，また銀河が集まって銀河群へ，さらに銀河群が集まって銀河団へ，そして銀河団が超銀河団へと集団化する，というように小さな天体から大きな天体へと構造形成がすすむ．SDSS などによる銀河分布の観測は，CDM による構造形成シナリオを支持していると考えられている．

実際には，銀河分布はダークマター分布を直接反映するものではない．ダークマターは宇宙の放射密度と物質密度が等しくなった時期（ビッグバン後約数千年）から成長できるが，銀河をつくるバリオン物質は放射の影響のため宇宙の晴れ上がり（ビッグバン後約 38 万年）の時期以降でしか成長できない．バリオン

物質の密度ゆらぎは晴れ上がり後，急速にダークマターの密度ゆらぎに追いつくように成長するが，星ができ，銀河ができる詳細は重力だけでは決まらない複雑な過程である（第3巻参照）．基本的にはダークマターの密度が高いところに銀河が形成されるが，その詳細は不明である．

　銀河分布とダークマター分布との関係をバイアス問題という．密度ゆらぎの振幅があまり大きくない線形成長の範囲では，バリオン物質の密度分布とダークマターの密度ゆらぎは比例関係にあるという線形バイアスが成り立つと考えられている．線形バイアスの場合には，銀河分布はダークマター分布を反映するので銀河分布の観測からダークマター分布のパワースペクトルが推定される．

1.2.4　ダークエネルギーの観測

　ダークマターと並んで現代宇宙論において正体不明の存在が宇宙の加速膨張の原因として想定されているダークエネルギーであるが，この観測的な研究にも大規模銀河サーベイの観測は重要な役割を果たしている．

　赤方偏移は距離の目安というだけでなく，より遠方の宇宙はより過去の宇宙なので，歴史の目安でもある．高赤方偏移銀河サーベイは過去の宇宙の姿の観測であるので，物質密度のパワースペクトルの進化が観測的に明らかになる．この進化は宇宙膨張の振る舞いに依存する．なぜなら構造形成の成長は自己重力と宇宙膨張とのかねあいできまるからである．宇宙膨張の様子はそれを支配している宇宙のエネルギー形態に依存している．宇宙に通常のバリオン物質とダークマターだけしか存在しないとすると，宇宙膨張の速度はだんだん遅くなっていく減速膨張であるが，すでに述べたように，最近の超新星の観測では現在の宇宙は逆に膨張速度がだんだん速くなる加速膨張をしていることが確からしくなってきた．この加速膨張を引き起こすエネルギーがダークエネルギーであり，その正体の解明は現代宇宙論の最重要課題の一つである．

　銀河サーベイを用いたダークエネルギーの観測として，バリオン音響振動（BAO＝Baryon Acoustic Oscillation）と宇宙シア（Cosmic Shear）が現在，実行中であり，また計画されている．バリオン音響振動とは晴れ上がり以前の宇宙における粗密波がダークマター，およびバリオン物質に引き起こす密度ゆらぎによって銀河の数密度分布に観測可能な周期的構造を与える現象である．この周期

は基本的にバリオン数と光子数の比によって一意的に決まり宇宙における絶対的なスケールを与える．このスケールをどんな角度で観測するかによって宇宙の大域的幾何学を決めることができる．しかし銀河分布の周期構造は非常に微小で，その有意な検出は莫大な銀河数の観測を必要とし，2005 年に SDSS のデータを用いて初めて検出された．その結果は WMAP の CMB 温度ゆらぎの観測から推定されていた宇宙定数のある平坦な宇宙モデル十矛盾しないものであった．大規模銀河サーベイの目的として BAO と同様に重要なのが宇宙シアである．宇宙の大規模構造による重力は，より遠方の銀河の観測される像に微小な歪みを引き起こす．この歪みは銀河本来の形状を知る方法がないので，1 つの銀河の形状を観測するだけでは何の情報ももたらさない．しかし莫大な数の銀河を測定することで，それらの組織的な歪みが観測可能になる．これが宇宙シアである．上にも述べたように大規模構造の進化は宇宙膨張に依存する．したがって宇宙シアの信号（背景銀河のゆがみの 2 点相関関数など）に影響を与えるのである．宇宙シアの検出も非常に困難で 2005 年に初めて成功した．銀河の観測宇宙シアは大規模構造の重力にだけ依存するためバイアス問題が存在しないという利点がある．

BAO と宇宙シアの観測は，すばる望遠鏡の超広視野主焦点カメラを用いて続けられており，現代の宇宙モデルの標準理論である ΛCDM モデルと矛盾しない結果が得られている．BAO と宇宙シアについては第 3 巻で触れられる．

以上のように宇宙の大規模構造の観測は，構造形成の解明のみならず，宇宙初期やダークエネルギーについての知見を与えてくれるであろう．

1.3 宇宙の物質史

現在の宇宙には 120 種類程度の多種多様な元素が存在する．この元素の規則性は 1863 年，イギリスのニューランズ（J. Newlands），1869 年，ロシアのメンデレーエフ（D. Mendeleev）によって発見され，その起源は，20 世紀に入って量子力学の発展によって明らかにされた．このような元素は宇宙の歴史の中でどのようにできたのだろう．この疑問がガモフをしてビッグバン理論を提唱させたことは 1.1 節で見た．ガモフの壮大な試みは，宇宙初期に水素とヘリウム，リチウムなどごく一部の軽元素をつくっただけで終ったが，物質の進化を宇宙の歴史の中でとらえるという精神は画期的なものであった．

　ここでは物質が宇宙初期からどのように進化して現在我々が観測している状態になったかについて概観しよう．その前にここでいう物質とは，私たちの体や星を作っている，陽子，中性子からできた原子核をもった物質，いわゆるバリオン物質のことである．ここでは電子などのレプトン物質は質量に対する寄与が小さいので無視する．宇宙にはバリオン物質ではない物質が大量に存在することがわかっている．その物質は電磁相互作用をせず通常の観測では見ることができないため，ダークマターと呼ばれる．3章や5章で見るようにダークマターは宇宙の初期にバリオン物質と相互作用を絶って，それ以降，重力相互作用を通して宇宙における構造形成に重要な役割を果たす．

1.3.1　宇宙と素粒子

　ビッグバン理論によれば，宇宙は超高温，超高密度状態から爆発的に始まり，その後の138億年の間膨張を続け，温度，密度を下げてきた．1気圧の下で水が摂氏100度で水蒸気になるように，また水素原子が10数万度で陽子と電子に電離するように，物質は環境の変化によって，その状態，存在形態を変える．宇宙膨張による温度，密度の変化という環境の変化によって物質は状態，存在形態を変えていくのである．3章で詳しく述べるが，宇宙年齢と温度との間には次のような簡単な関係がある．

$$T \sim \frac{1.52}{g_*^{1/4} t^{1/2} \, [\text{sec}]} \times 10^{10} \, \text{K} \tag{1.2}$$

ここで g_* は考えている温度 T で相対論的（$kT \gg mc^2$, k はボルツマン定数，m は粒子の質量）なすべての粒子の実効的全相対論的自由度数である．

　こうして宇宙の初期にいけばいくほど高温になり，あらゆる物質は高エネルギーの光子との衝突によって最終的にはその究極の構成要素である素粒子にまで分解されてしまう．したがって物質の歴史を探るには，素粒子とそれらの間に働く力を知る必要がある．このことを明らかにしたのは1950年の林忠四郎の研究であった．ガモフは宇宙初期に中性子のみがあり，それがベータ崩壊を起こして陽子ができ，その後，陽子と中性子との一連の核反応からすべての元素をつくろうとしたのだった．林は宇宙初期の高温状態では中性子と陽子は弱い相互作用によって熱平衡にあり，中性子数密度と陽子数密度との比が温度の関数として決ま

ることを示した．またこの研究は，現在の宇宙がマイクロ波背景放射で満たされているのと同じようにニュートリノ背景放射が存在することも予言する．

　また核子はクォークと呼ばれる素粒子から構成されている．したがって，宇宙のごく初期には物質はクォークとして存在し，ある温度に下がると，クォーク同士が結合し陽子や中性子が形成されるのである．核子からヘリウム原子核がつくられる温度が，重水素の結合エネルギーといった原子核物理の理解から決まるように，クォークから核子ができるときの温度は，クォーク同士に働く力（「強い力」と呼ばれる）の理解が必要になる．素粒子とその相互作用を研究する学問を素粒子論というが，初期宇宙の研究がしばしば素粒子論的宇宙論と呼ばれるのはそのためである．実際に1980年以降の宇宙論の発展は素粒子論の発展に負っている部分が少なくない．ここで後の章の準備もかねて，現在，素粒子の標準理論と呼ばれるものを簡単に紹介しておこう．

　物質の究極的な構成要素は，大きさをもたない点状の粒子で素粒子と呼ばれる．一般に素粒子は質量とスピンの値で分類され，スピンが半整数のものをフェルミオン，整数のものをボソンという．スピンというのは純粋に量子力学的な概念で，しいて古典的な対応を考えるとすると自転になる．

　各々の素粒子には対応する場が存在し，その場を量子化することで粒子描像がえられる．フェルミオンには，二つ以上の同種粒子が同時に同じ状態をとることができないというパウリの排他原理が働く．この結果スピン $1/2$ のフェルミオンであるクォークとレプトンが物質の構成要素となっているのである．クォークはアップ，ダウン，チャーム，ストレンジ，トップ，ボトム，レプトンは電子，電子ニュートリノ，ミューオン，ミューニュートリノ，タウ，タウニュートリノのそれぞれ6種類が存在する．これらをフレーバーという．クォークとレプトンのフレーバーの数が同じなのは偶然ではなく，2種類ずつペアになって3世代を形成している．アップとダウンクォーク，電子と電子ニュートリが第1世代，チャームとストレンジクォーク，ミューオンとミューニュートリノが第2世代，トップとボトムクォーク，タウとタウニュートリノが第3世代である．この順に質量スケールが大きくなっていく．

　現在の宇宙を作っているのは第1世代の粒子である．たとえば陽子はアップクォーク2個，ダウンクォーク1個からできており，中性子はアップクォーク1

表 1.1 クォークとレプトン.

レプトン

	粒子	質量（GeV）	電荷
第 1 世代	ν_e（電子ニュートリノ）	$< 2 \times 10^{-9}$	0
	e（電子）	5.11×10^{-4}	-1
第 2 世代	ν_μ（ミューニュートリノ）	$< 2 \times 10^{-9}$	0
	μ（ミューオン）	0.106	-1
第 3 世代	ν_τ（タウニュートリノ）	$< 2 \times 10^{-9}$	0
	τ（タウ）	1.7	-1

クォーク

	粒子	質量（GeV）	電荷
第 1 世代	u（アップ）	0.0019	2/3
	d（ダウン）	0.0044	$-1/3$
第 2 世代	c（チャーム）	1.32	2/3
	s（ストレンジ）	0.087	$-1/3$
第 3 世代	t（トップ）	172.7	2/3
	b（ボトム）	4.24	$-1/3$

個，ダウンクォーク 2 個からできている．このようにクォーク 3 個からできて
いる粒子をバリオンという．またクォークと反クォークからできている粒子をメ
ソンといい，バリオンとメソンを合わせてハドロンという．歴史的にはハドロン
は「強い」という意味のギリシャ語 hadros に由来する言葉で，強い相互作用を
する粒子を総称するのに用いられた．ちなみにバリオンは電子に比べて非常に重
たい質量をもっているので重たいという意味のギリシャ語 barys から，メソンは
パイ中間子など初期に予言されたものがバリオンと電子などのレプトン（軽粒
子）の中間の質量をもっているので中間子という意味で命名された．

　これらのフェルミオンの間にボソンがやり取りされて力が働く．たとえば電磁
気力は電荷を持った粒子間に質量 0，スピン 1 の光子がやりとりされて生じる．
重力と電磁気力は源からの距離の 2 乗に反比例して小さくなるという逆 2 乗則
が成立する．一方，弱い力と強い力の到達距離は 10^{-15} cm 程度と非常に短く，
20 世紀に入ってから認識された．弱い力は，100 GeV 程度の質量，スピン 1 の

表 1.2　ゲージボソンとヒッグス粒子.

強い力		
粒子	質量（GeV）	電荷
g（グルーオン）	0	0

弱い力		
粒子	質量（GeV）	電荷
$W^{\pm}$（W ボソン）	80.4	± 1
Z^0（Z ボソン）	91.2	0

電磁気力		
粒子	質量（GeV）	電荷
γ（光子）	0	0

ヒッグス		
粒子	質量（GeV）	電荷
H^0（ヒッグスボソン）	125	0

3 種類のウィークボソンがクォーク，レプトン間にやりとりされて生じるもの
で，クォークやレプトンのフレーバーを変える．強い力はクォークに対して働
く．クォークにはフレーバーのほか，各々が 3 種類の色（カラー）と呼ばれる量
子数をもっている．質量がゼロの 8 種類のグルーオンと呼ばれるボソンが色の
やりとりをすることでクォーク間の強い力が生じる.

　アインシュタインは生涯をかけて重力と電磁気力の統一理論を模索したが成功
しなかった．1967 年，ワインバーグ（S. Weinberg）とサラム（A. Salam）は，
100 GeV 程度以上のエネルギーで電磁気力と弱い力が（非可換）ゲージ理論と
いう枠組みの中で統一的に理解できることを示した．ゲージ理論とは，ゲージ変
換と呼ばれる場の変換に対して不変な理論である．電磁気の場合，この変換は荷
電粒子を表す場の位相をかえる変換である．ただしすべての粒子の位相を一斉に
同じ値だけ変えることは，単に位相の値を言い換えたにすぎないので物理的な意
味はない．したがってここで考える変換は，各粒子の位相をばらばらに変えると
いう変換である．このときこの各粒子の位相のずれを補正するようにベクトル粒
子[14]が各粒子間にやりとりされる．このベクトル粒子が光子である．位相の変

---

[14] スピンが 1 の粒子.

換は $e^{i\theta}$（θ は実数）と書け絶対値が1なので，1次元のユニタリー群 $U(1)$ の元と考えられ，電磁気学は $U(1)$ ゲージ理論と呼ばれる．

ワインバーグ–サラム理論の場合，ゲージ変換は場に対する $SU(2)_\mathrm{L} \times U(1)_\mathrm{Y}$ の元による変換になっているので，$SU(2)_\mathrm{L} \times U(1)_\mathrm{Y}$ ゲージ理論と呼ばれる．$SU(2)$ とは行列式の値が1の2行2列のユニタリー行列の作る群である．$SU(2)$ が作用するのは，第1世代に対しては，アップクォークとダウンクォークの組（正確にはそれらの左巻き成分．進行方向とスピンの方向がそろっている成分を右巻き，反対の成分を左巻きという）や電子と電子ニュートリノ（それらの左巻き成分）の組である．これらの組は弱いアイソスピンの二重項と呼ばれる．要するにクォーク（やレプトン）の左巻き成分はアイソスピンというある種の向きを持っていて，第1世代の場合アイソスピンが上向きの状態が左巻きアップクォーク（電子ニュートリノ），下向きの状態が左巻きダウンクォーク（電子の左巻き成分）になる．第2，第3世代についても同様である．$SU(2)$ に添字 L がついているのは，この変換が左巻き成分だけに作用するからである．一方，$U(1)_\mathrm{Y}$ はクォークとレプトンの右巻き，左巻き成分に作用し，その位相を変える．ただし，左巻き成分と右巻き成分でその位相の値が異なり，その違いを超電荷 Y（ハイパーチャージ）で区別するので，添字 Y をつけている．なぜ自然界で左巻き成分と右巻き成分にこのような違いがあるのかは，よくわかっていない．

この $SU(2)_\mathrm{L} \times U(1)_\mathrm{Y}$ 変換の元を時空の任意の関数としたとき理論を不変にするには，$SU(2)_\mathrm{L}$ に対して3個のベクトル場（$\mathrm{W}^0, \mathrm{W}^+, \mathrm{W}^-$），$U(1)_\mathrm{Y}$ に対して1個のベクトル場（B）を導入しなければならない．この計4個のゲージボソン[*15] によって媒介される力を電弱力という．

現在の宇宙では電磁気力だけがスピン1，質量0の光子（A）によって媒介されるので，光子をゲージボソンとする $U(1)$ 対称性だけが成り立っている．この $U(1)$ 対称性は電弱力の $SU(2)_\mathrm{L} \times U(1)_\mathrm{Y}$ 対称性の中の $U(1)_\mathrm{Y}$ とは異なる．したがって何らかの方法で電磁気力の $U(1)$ 対称性だけを残して $SU(2)_\mathrm{L} \times U(1)_\mathrm{Y}$ 対称性を破らなければならない．そのメカニズムが「自発的対称性の破れ」と呼ばれるものである．これは特殊な自己相互作用（ポテンシャル）をもったスピン0

[*15] ゲージ変換に対する理論の不変性を要求することによって導入されるベクトル場を一般にゲージボソンという．

のヒッグス粒子を導入して，ヒッグス粒子が空間に凝縮した状態をエネルギーの最低状態にする．この空間にびっしり詰まったヒッグス粒子と $SU(2)_L$ ゲージボソン三つのうちの二つ（$W^{\pm}$），および残りの一つ（W^0）と $U(1)_Y$ ゲージボソン（B）の適当な組み合わせ（Z）の計 3 個が相互作用をすることによって 100 GeV 程度の質量を獲得し，弱い力を媒介するウィークボソン（$W^{\pm}$, Z）となる．

一方，$SU(2)_L$ ゲージボソン（W^0）と $U(1)_Y$ ゲージボソン（B）の別の組み合わせはヒッグス粒子と相互作用することなしに質量 0 のまま残り光子（A）となったのである．自発的対称性の破れと呼ばれる理由は，ヒッグス粒子のもつポテンシャルの形は $SU(2)_L \times U(1)_Y$ 対称性を破るものではないが，自然界で実現される状態はそのポテンシャルによって決まる最低エネルギー状態の一つを偶発的にとり，その状態からみるとあたかも $SU(2)_L \times U(1)_Y$ 対称性が破れているように見えるからである．具体的な例は 5 章で見ることができる．

さらに 1970 年代前半には強い力も $SU(3)_c$ ゲージ理論として記述できることが明らかになった．これは各々のクォークの持っている三つのカラー（color）を混ぜる変換が $SU(3)$ の元であるからである．添字 c はカラーの意味である．クォークがカラーを交換するとき，その間にやりとりされる 8 種類のゲージ粒子をグルーオンという．このグルーオンで媒介される強い力は，クォーク同士が離れれば離れるほど力が強くなり，近づけば近づくほど弱くなる．この性質のおかげでクォークを単独で陽子や中性子から取り出すことができず（クォークの閉じ込め），また宇宙のごく初期（超高温，超高密度）はクォークが自由粒子として飛び回っている（漸近的自由）という単純な描像が正当化される．

こうして $SU(3)_c \times SU(2)_L \times U(1)_Y$ ゲージ理論が現在の素粒子の標準理論と呼ばれるものであるが，さらに重力を除いたすべての力を，部分群として $SU(3)_c \times SU(2)_L \times U(1)_Y$ を含む一つの群に基づいた非可換ゲージ理論の枠組みで統一する試み（大統一理論）が 1980 年代以降盛んに行われるようになった．驚くべきことに大統一理論では，クォークがレプトンに崩壊する過程が存在し，これまで安定だと考えられていた陽子が崩壊する現象が起こりえる．この崩壊の寿命は宇宙年齢よりはるかに長い 10^{30} 年以上であるが，物質はもはや絶対に安定ではないのである．

さて弱い力と電磁気力が統一されるのは，100 GeV 程度のエネルギーで起こ

り，これは宇宙の温度が約 10^{15} K，ビッグバンから約 10^{-10} 秒後に対応する．またもし大統一理論が実現されるとすれば，10^{16} GeV 程度，宇宙が約 10^{29} K，ビッグバンから約 10^{-36} 秒後のときである．5 章で述べられるように宇宙初期に実際に大統一理論が実現される超高温度になる可能性は低いが，1.1 節で述べたように大統一理論がインフレーション理論という初期宇宙についての画期的な提案をもたらしたことなどでもわかるように，物質の究極の姿を探る素粒子論の発展なくしては，宇宙初期の理解は得られないのである．

　また，素粒子の標準理論には，いくつかの不満な点があった．たとえば標準理論にはフェルミオンとヒッグス粒子の間の結合定数など 10 を超えるパラメータが存在し，それらの値を理論から決めることができない．なぜ世代が三つ存在するのかも答えられない．

　これらのことなどから大統一理論が追及されたが，大統一理論にもまた不満がある．ワインバーグ–サラム理論のエネルギースケール（10^2 GeV）と大統一理論，あるいは重力理論のエネルギースケール（10^{15} GeV, あるいは 10^{19} GeV）との極端な違いが説明できない．また大統一理論では重力は他の力と無関係になっている．これらのことから現在では重力も含めたすべての力の統一が研究されている．ここで重要な役割を果たすと考えられているのは，超対称性である．超対称性とは，ボソンとフェルミオンとの間の対称性で，ボソンとフェルミオンの入れ替えに対して対称になっている理論を超対称性理論という．もし超対称性が成立しているなら，たとえばスピン 1/2 のクォークにはスピン 0 のボソンであるスカラークォークが対応し，スピン 1 のゲージボソンに対してはスピン 1/2 のゲージーノと呼ばれるフェルミオンが対応するはずである．しかも対応するフェルミオンとボソンの質量は正確に等しくなっているはずである．しかしこれまでの実験では，電子やクォークなどの超対称性パートナーは発見されていない．これはもし超対称性が存在しても，超対称性が破れていて超対称性パートナーの質量は非常に重たくなっていると考えられている．しかし超対称性の破れのメカニズムはよくわかっていない．

　超対称性は現在の宇宙の成り立ちにも重要な役割を果たしている可能性がある．宇宙にはダークマターと呼ばれる電磁相互作用をしない未知の粒子が通常のバリオン物質の数倍程度存在する．第 3 巻で見るように宇宙における構造は，ま

ずダークマターの密度ゆらぎが成長して，その後バリオン物質が成長して形成される．ダークマターが存在しなければ宇宙には銀河は存在しないのである．現在，ダークマターの正体はわかっていないが，超対称性パートナーで電荷が中性のもののうち質量の最も軽い粒子や重力子の超対称性パートナーであるグラビティーノがダークマターの有力な候補と考えられている．この詳しい話は 5 章で扱われる．

　以上，クォークとレプトンを構造を持たない素粒子としてきたが，実はこれらの粒子よりも小さなスケールの基本構成要素があるという可能性もある．この可能性は，重力まで含めたすべての力の統一理論を追求する過程で現れてきた．統一理論として現在最も有望なものは，基本的構成要素が点粒子ではなく，1 次元の広がりをもったひもと考える超弦理論である．ここではこれについては触れないが，超対称性理論に基づく初期宇宙に関しては 5 章，超弦理論に基づく初期宇宙に関しては 7 章でふれる．

1.3.2　物質と反物質

　1928 年，イギリスの物理学者ディラック（P. Dirac）は，相対論的量子力学を構築する過程で粒子と反対符号の電荷をもち，粒子と出会うと消滅する反粒子の存在を予言した．初めディラックはこの反粒子を陽子と解釈しようとしたが，粒子と反粒子の質量は正確に同じになることがわかり，この解釈には無理があった．結局，電子と同質量，反対符号の電荷をもつ粒子が 1932 年，宇宙線の観測によって発見され，反粒子は陽電子と名づけられた．電子ばかりでなくあらゆる素粒子にはその反粒子が存在する（光子のように粒子と反粒子が同じ場合もある）．物理学の法則は粒子と反粒子についてほぼ対称になっていて，粒子からできた物質があれば反粒子からできた反物質が存在してはいけない理由はどこにも見当たらない．しかし私たちの観測する宇宙には反物質でできた星や銀河は存在しないと考えられている．なぜ宇宙には反物質は存在しないのだろう．宇宙の歴史のどこかで反物質が消え去って物質だけの宇宙ができあがったのである．素粒子論では物質（正確にはクォーク）には正のバリオン数，反物質（反クォーク）には負のバリオン数を割り当てる．したがって反物質の消滅は正のバリオン数の生成とも呼ばれる．

　宇宙の中で正のバリオン数が生成する条件は，1.1.3 節で述べたように 1967 年，ロシアの物理学者サハロフによって明らかにされた．この条件の詳細は 5 章で詳しく解説される．1970 年以降の素粒子論の発展は，宇宙初期にサハロフの 3 条件を満たす状況をもたらした．実際，1978 年，吉村太彦は大統一理論の枠内で宇宙で正のバリオン数が生成される可能性を指摘した．

　しかしインフレーション後の宇宙の再加熱で宇宙の温度は大統一理論が実現される温度までは上昇しないと考えられており，またたとえ大統一理論のエネルギースケールで正のバリオン数が生成したとしても，その後の過程でそれが消えてしまう．現在では電磁気力と弱い力が統一される頃に正のバリオン数が生成される現象が研究されている．この詳細は 5 章で詳しく説明される．もしこのシナリオが正しいとすると，ビッグバンから 10^{-10} 秒ころまでは宇宙には物質と反物質が同量存在したのである．そして物質の歴史は，この後から始まることになる．

1.3.3　バリオン物質の進化

　一般に気体が電離してイオンと電子が自由に飛び回っている状態をプラズマというが，反物質が消え去った後の宇宙もクォークとグルーオンが自由に飛び回っていて，クォークグルーオンプラズマと呼ばれる状態にあった．クォークとグルーオンは $SU(3)_\mathrm{c}$ ゲージ理論で記述される強い力を及ぼしあっているはずであるが，この力には漸近的自由といって，お互いの距離が近づけば近づくほど弱くなるという性質がある．宇宙初期の超高温かつ超高密度ではこの漸近的自由が実現されていて，クォークとグルーオンは自由粒子として飛び回っているのである．しかし宇宙膨張により温度と密度が下がってくると，クォークとグルーオンは強く結びつくようになる．そしてクォークは陽子や中性子，あるいは中間子といったハドロンの中に閉じ込められる．これをクォーク–ハドロン相転移といい，ビッグバンから 10 万分の 1 秒後，温度が数兆度のときに起こったと考えられている．この詳細は 3 章で説明される．

　クォーク–ハドロン相転移以降の宇宙は，ハドロンとして陽子，中性子といくつかの中間子，レプトンは電子，ミューオンとそれぞれの反粒子，3 種類のニュートリノと反ニュートリノが飛び回っていた．3 種類のニュートリノはビッグバン後 1 秒程度（温度百億度）までには物質との相互作用を絶って，以降物質

の進化とは無関係に宇宙ニュートリノ背景放射となり現在まで宇宙をくまなく満たしている．また宇宙の温度が1兆度程度でミューオンと反ミューオンが対消滅し，数十億度で電子と陽電子の対消滅が起こり，宇宙から反ミューオン，陽電子が消えていく．

さらに温度が下がり，ビッグバン後100秒程度で宇宙に残っていた中性子は陽子と結びつきヘリウム原子核やごく少量の軽元素が合成され，それらの中に取り込まれてしまう．この宇宙初期の軽元素合成は4章で詳細に説明される．そして宇宙は重量比にして約75%の陽子（水素原子核），約25%のヘリウム原子核，ごくごく少量のリチウムなどの軽元素原子核と電子のプラズマ状態となる．この状態はビッグバン後約38万年，温度が約3000度に下がるまで続く．

宇宙の温度が3000度まで下がると，陽子やヘリウム原子核などのイオンが電子と次々に結びつき水素原子，ヘリウム原子など中性の原子ができるという大事件が起こる．この大事件は宇宙の晴れ上がりと呼ばれ，現在，宇宙マイクロ波背景放射を観測することにより，そのときの宇宙を目の当たりに観測することができ，宇宙についての莫大な情報を提供してくれる．宇宙マイクロ波背景放射の観測によってどんなことがわかるかについては，第3巻を参照されたい．

こうして物質はようやく我々の知っている形態として存在するようになるのである．宇宙の晴れ上がりは，また天体の形成にとっても重要な役割を果たす．晴れ上がり以前には強力な放射の圧力によって成長を阻まれていたバリオン物質は，それまでに成長していたダークマターのゆらぎに引き付けられて急速に成長し，ビッグバン後，約数億年で密度が高い領域に最初の恒星の集団が形成されると考えられている．その領域がいくつか集合，合体して銀河が作られる．その過程で恒星内部の核融合反応で生成された重元素は，超新星爆発の際にまわりの空間にばらまかれる．また超新星爆発の際に大量の中性子を照射されて新たな重元素もつくられる．こうして星間空間は急速に重元素で汚染され，汚染された星間ガスから作られた恒星がさらに星間空間を汚染する．このようにして現在，惑星や私たちをつくる材料である炭素や酸素，鉄，そして現在観測される多様な元素ができあがるのである．

第2章

相対論的宇宙論

　人類は太古の昔から，夜空を見上げそこにある無数の星々やその背景に広がる暗黒の空間に思いを巡らし，さまざまな世界観，宇宙観を育ててきた．しかし，それらについての定量的な物理学的考察が可能になったのは，1916年にアインシュタイン（A. Einstein）によって一般相対論が完成されてからである．一般相対論の方程式，アインシュタイン方程式は，重力を時空の幾何学として表現し，その幾何学的歪み（曲率）が物質のエネルギー運動量によって生じるとする理論である．重力の理論は，一般相対論が唯一の理論ではなく，それ以外の可能性もある．しかし，現在のところ，一般相対論は観測事実を最もよく説明する重力理論である．この章では，一般相対論に基づいた宇宙モデルを考察する．

2.1　一様等方宇宙モデル

　さて，どんな対象を問題にする場合でも，何の仮定もなしにそれを物理学的考察の対象にすることはできない．通常そこには何らかの外的境界条件あるいは経験則に基づいたもっともらしい仮定，作業仮説を置き，その下で論理を展開しその結果と現実の実験や観測とを比較することによって，はじめて問題となる対象の物理学的理解を得ることが可能となる．宇宙論もその例外ではない．そして，ビッグバン宇宙モデルの最も基本的な仮定は，我々の住む地球（より大局的には

我々の銀河系）が宇宙において特別な場所にはない，という宇宙原理である.

宇宙原理に基づけば，宇宙のどの場所においても我々が見上げるのとほぼ同じような星空が見られるであろう．これは宇宙には物質がほぼ一様に存在することを意味し，一般相対論に従うと時空がほぼ一様に歪んでいることを意味する．また，宇宙に特別な方向がないとすればその歪みは等方的なはずである．こうして宇宙は少なくとも大局的には，空間的に一様な物質密度と一様等方な幾何学的構造を持った時空として表されることになる.

一様等方な空間は空間の曲がり具合が一定の空間，定曲率空間であり，そのような空間は曲率が正，負，ゼロの 3 種類しかないことが知られている．3 次元定曲率空間の場合，それらはそれぞれ 3 次元球面（S^3），3 次元双曲面（H^3），3 次元平面（E^3）に対応する．また，それらの宇宙の空間的体積は正曲率の場合のみ有限である（負曲率やゼロ曲率の場合に空間をコンパクト化することも原理的には可能であるがここでは考えない）．そこで通常，正曲率の場合を閉じた宇宙，負曲率の場合を開いた宇宙，ゼロ曲率の場合を平坦な宇宙と呼ぶ.

一様等方な 3 次元空間の計量（$d\sigma_K^2$）にはいくつかの表現方法があるが，空間の一様等方性が最もわかりやすいのは以下の表現である.

$$d\sigma_K^2 = d\chi^2 + \begin{cases} \dfrac{1}{K}\sin^2\sqrt{K}\chi(d\theta^2 + \sin^2\theta d\varphi^2) & (K > 0), \\[2mm] \chi^2(d\theta^2 + \sin^2\theta d\varphi^2) & (K = 0), \\[2mm] \dfrac{1}{-K}\sinh^2\sqrt{-K}\chi(d\theta^2 + \sin^2\theta d\varphi^2) & (K < 0). \end{cases} \quad (2.1)$$

ここで，$K > 0$ は閉じた 3 次元球面，$K = 0$ は平坦な空間，$K < 0$ は開いた 3 次元双曲面である．$K > 0$ の場合，$\tilde{\chi} = \sqrt{K}\chi$ と置くと座標 $(\tilde{\chi}, \theta, \varphi)$ は 3 次元球面上の角度を表す球面座標である．$K < 0$ の場合は，座標 χ に関する三角関数 $\sin\sqrt{K}\chi$ が双曲型関数 $\sinh\sqrt{-K}\chi$ に置き換えられた形であり，この場合，$\tilde{\chi} = \sqrt{-K}\chi$ として $(\tilde{\chi}, \theta, \varphi)$ を双曲面座標という．$K = 0$ の場合は，χ を動径座標とする通常の極座標であり，$K \neq 0$ の場合の $\chi \ll 1$ の極限と一致する．これは，十分に小さな領域（今の場合は $\chi \ll 1/\sqrt{|K|}$ の領域）では，どんなに曲がった空間も平坦に見える，という局所平坦性の一つの帰結である.

一様等方空間を表す計量の表現で，よく使われるもう一つは

$$d\sigma_K^2 = \frac{dr^2}{1 - Kr^2} + r^2(d\theta^2 + \sin^2\theta d\varphi^2) \tag{2.2}$$

である．これはしばしばロバートソン–ウォーカー（Robertson–Walker）座標と呼ばれる．この座標では動径座標 r は $r =$ 一定の球面の円周が $2\pi r$，面積が $4\pi r^2$ で与えられるという特徴を持つ．このような r を円周半径という．式（2.1）と（2.2）を比較するとそれらは

$$r = \Sigma_K(\chi) \equiv \begin{cases} \dfrac{1}{\sqrt{K}} \sin\sqrt{K}\chi & (K > 0), \\[2mm] \chi & (K = 0), \\[2mm] \dfrac{1}{\sqrt{-K}} \sinh\sqrt{-K}\chi & (K < 0) \end{cases} \tag{2.3}$$

なる関係で結ばれていることがわかる．ここで，$\Sigma_K(\chi)$ は χ を動径座標に選んだときの円周半径である．このように3次元空間計量の表し方の可能性はいろいろとあるが，以下では，これらの成分表示を一般に

$$d\sigma_K^2 = \gamma_{ij}^K dx^i dx^j \tag{2.4}$$

と表すことにしよう．

　我々が考えたいのは，宇宙原理に基づいた3次元空間が一様等方な宇宙モデルである．すなわち，任意の時刻に対して，時刻を一定にしたときの3次元空間の計量が式（2.1）あるいは（2.2）で与えられる4次元時空の計量である．そのような時空の計量は一般に

$$ds^2 = -c^2 dt^2 + a^2(t) d\sigma_K^2 \tag{2.5}$$

と表せる．ここで c は光速，関数 $a(t)$ は各時刻 t における空間の「大きさ」を表す関数であり，宇宙のスケール因子と呼ばれる．ここで「大きさ」と括弧付けで呼んだ理由は，閉じた空間の場合以外は空間体積が無限大であるため，宇宙全体の「大きさ」の概念が意味をなさなくなるからである．すなわち，$a(t)$ は異なる時刻間の空間の相対的大きさを表すものと考えればよい．また，3次元一様等方空間の計量 $d\sigma_K^2$ の座標 (χ, θ, φ) あるいは (r, θ, φ) は，宇宙空間に「静止」した座標系であり，宇宙膨張に伴っているという意味で，宇宙の共動座標という．

　以上で宇宙を表す時空計量の形がわかった．では宇宙のスケール因子 a はど

のような関数で与えられるのであろうか？　この問題に答えるためには，宇宙の進化，すなわち時空の進化を支配する方程式が必要である．これに対して，この章のはじめにも触れたように，現在，数多くの観測データを最もよく説明する理論はアインシュタインの一般相対論である．もちろん，一般相対論以外にもさまざまな理論が提唱されており，それらすべてが観測的に否定されているわけではないが，以下では，一般相対論を前提に話を進める[*1]．

アインシュタイン方程式は，時空の曲率を表すリーマンテンソルからつくられるリッチテンソル $R_{\mu\nu}$（ギリシャ文字 μ, ν は時空座標 $x^\mu = (x^0, x^i) = (ct, x^i)$ を表す添字）とリッチスカラー R からアインシュタインテンソル $G_{\mu\nu} = R_{\mu\nu} - \frac{1}{2}Rg_{\mu\nu}$ をつくると，

$$G_{\mu\nu} = \frac{8\pi G}{c^4}T_{\mu\nu} \tag{2.6}$$

で与えられる．ここで G は重力定数，c は光速度，$T_{\mu\nu}$ は宇宙を占める物質や放射のエネルギー，運動量，圧力の分布を表すエネルギー運動量テンソルである．この式を解くためには，右辺の物質のエネルギー運動量テンソルを指定しなければならない．しかし，空間が一様等方のときには，エネルギー運動量テンソルは以下の形に限られることが知られている．

$$T_{00} = \rho\, c^2, \quad T_{ij} = a^2 \gamma_{ij}^K P, \quad \text{他の成分} = 0. \tag{2.7}$$

ここで，$\rho\, c^2$ は物質のエネルギー密度（ρ はそれに等価な質量密度），P は圧力である．このエネルギー運動量テンソルの形を完全流体 "形" という．完全流体とは粘性などによるエネルギー散逸がない流体である．その場合 $\rho\, c^2$ と P はそれぞれ熱力学的エネルギー密度と圧力に一致し，以下の式 (2.12) で示すように宇宙膨張は必ず断熱的である．実際，宇宙の進化のほとんどの時期において物質は何らかの相互作用によって熱平衡状態にあり，膨張は断熱的である．そのため物質を完全流体と見なすことができる．しかし，式 (2.7) においてわざわざ完全流体 "形" と "形" を強調した理由は，物質が完全流体である必要は必ずしもない，ということを注意するためである．物質が完全流体として振る舞わない時期

[*1]　最近，究極の統一理論の観点から時空次元が 4 次元以上の理論に基づいた一般相対論からのずれが話題になっている．これに関しては 7 章を参照のこと．

は，短時間ではあるが宇宙の歴史の中にしばしば現れ，その後の進化に大きな影
響を与える．

アインシュタイン方程式の左辺に式 (2.5) の計量を，右辺に式 (2.7) のエネ
ルギー運動量テンソルを代入すると，宇宙のスケール因子 a に対して

$$00\,\text{成分}: \quad \left(\frac{\dot{a}}{a}\right)^2 + \frac{Kc^2}{a^2} = \frac{8\pi G}{3}\rho, \tag{2.8}$$

$$ii\,\text{成分}: \quad \frac{\ddot{a}}{a} + \frac{1}{2}\left(\left(\frac{\dot{a}}{a}\right)^2 + \frac{Kc^2}{a^2}\right) = -\frac{4\pi G}{c^2}P \tag{2.9}$$

という 2 本の方程式が得られる．ここで，ドット「˙」は時間微分 (d/dt) であ
る．空間の一様等方性により，アインシュタイン方程式の残りの成分は恒等的に
成り立つ．

第 1 の (2.8) 式は物質密度がわかれば宇宙のスケール因子の時間発展が積分
できる式になっている．これをフリードマン（Friedmann）方程式という．第 2
の (2.9) 式は第 1 の式を使って書き直すと，

$$\frac{\ddot{a}}{a} = -\frac{4\pi G}{3c^2}\left(\rho c^2 + 3P\right) \tag{2.10}$$

となる．これがスケール因子に対する本来の運動方程式である．しかし，以下で
示すように物質のエネルギー保存則を考慮するとフリードマン方程式は，運動
の第 1 積分（a を座標とみなしたときのエネルギー積分：式 (2.25) あるいは
(2.26)）に対応していることがわかる．すなわち，式 (2.10) は，改めて解く必
要がない．

エネルギー運動量テンソルは時空の各点で局所的には決して物質のエネルギー
や運動量が勝手に生成されたり消滅したりしない，というエネルギー運動量保存
則 $\nabla_\mu T^{\mu\nu} = 0$ を満たす．今の場合，その空間成分（$\nu = i$）すなわち運動量保
存則は宇宙の一様等方性により自動的に満たされる．よって必要なのは時間成分
（$\nu = 0$）すなわちエネルギー保存則だけとなり，それは

$$\dot{\rho} + 3\frac{\dot{a}}{a}\left(\rho + \frac{P}{c^2}\right) = 0 \tag{2.11}$$

で与えられる．ちなみにこの式を以下のように変形するとその意味がよりわかり
やすくなる．今，宇宙のある共動体積 $V \propto a^3$ を考え，その体積中の全エネル

ギーを E とすると，$E = \rho c^2 V \propto \rho a^3$ であるから式 (2.11) は

$$\frac{dE}{dt} + P\frac{dV}{dt} = 0 \qquad (2.12)$$

となる．これは断熱過程における熱力学の第一法則と一致している．すなわち，「物質が熱平衡状態にあれば宇宙膨張は断熱的である」という結論を得る．逆にいうと，宇宙進化の過程でエントロピーの増加を伴う非断熱的現象が起こるためには，物質は必ず熱平衡状態から外れなければならない，ということである．

　ここで，フリードマン方程式の時間微分をとり，上のエネルギー保存則を使って $\dot{\rho}$ を消去すると，$\dot{a}/a$ がゼロとならない限り式 (2.10) が満たされることがわかる．すなわち，宇宙の進化の振る舞いは，式 (2.8) と (2.11) によって決まることになる．もっともエネルギー保存則にはまだ圧力 P が未知の変数として残っており，このままでは，まだ方程式は解けない．これは，エネルギー保存則は物質の運動方程式の満たすべき必要条件であり，十分条件ではないことが原因である．

　一般には，物質の運動方程式も併せてフリードマン方程式を解く必要があるが，物質が完全流体の場合には，圧力 P を密度 ρ の関数 $P = P(\rho)$ として表すことが可能である．これを物質の（断熱過程に対する）状態方程式という．状態方程式が与えられると，それによりエネルギー保存則の積分が可能になり，その結果をフリードマン方程式に代入すれば宇宙のスケール因子 a の振る舞いが完全に求まることになる．これは物質が互いに相互作用しない（互いにエネルギーのやり取りをしない）複数の完全流体から成り立っている場合，すなわち，

$$\rho = \sum_i \rho_i, \quad P = \sum_i P_i(\rho_i), \quad \dot{\rho}_i + 3\frac{\dot{a}}{a}\left(\rho_i + \frac{P_i}{c^2}\right) = 0 \qquad (2.13)$$

が成り立っている場合も同様であり，a は完全に決定される．

　いずれにせよ，フリードマン方程式の最も重要な帰結は，きわめて特殊な場合を除いて宇宙は一般に静的では有り得ない，ということである．そして，実際，我々の宇宙は膨張していることが観測されている．我々の宇宙が約 130 億年前にきわめて高温高密度ですべての物質が素粒子に分解していた状態で誕生し，膨張とともに次第に冷え，現在観測される物質や，それからなる恒星・銀河などが生まれた，というビッグバン理論は，現在ではまったく疑問の余地のないレベル

で観測的に検証されている.

　宇宙がきわめて特殊な場合以外静的では有り得ないことは以下のようにしてわかる. 式 (2.10) より, 圧力が $P = -\rho c^2/3$ を満たさない限り a は加速度を必ず持ち, したがって必ず時間的に変化する. さらに, たとえ $P = -\rho c^2/3$ が成り立っているとしても, 式 (2.8) の左辺で $\dot{a} = 0$ とした式 $3Kc^2/a^2 = 8\pi G\rho$ が成り立たない限り, スケール因子は必ず速度を持つ. すなわち, 静的な宇宙は

$$\frac{Kc^2}{a^2} = \frac{8\pi G\rho}{3} = -\frac{8\pi GP}{c^2} \tag{2.14}$$

が成り立つ場合に限られる. エネルギー密度が正であれば閉じた宇宙 ($K > 0$) でのみ可能である.

　この非常に特殊な静的宇宙は, アインシュタインが当初考えた宇宙モデルであり, アインシュタインの静的宇宙モデルと呼ばれている. もちろん, 通常の物質では, そもそも圧力が負の値をとる場合はない. そこで, アインシュタインは, 実質的に負の圧力を与える項として, アインシュタイン方程式の左辺に宇宙項と呼ばれる計量テンソルに比例する項 $\Lambda g_{\mu\nu}$ を付け加えた. 現代的な解釈に従い, これを右辺に持ってきてエネルギー運動量テンソルと見なすと, これは

$$T_{\mu\nu} = -\frac{\Lambda}{8\pi G} g_{\mu\nu} \tag{2.15}$$

となり, エネルギー密度と圧力がそれぞれ

$$\rho_\Lambda c^2 = \frac{\Lambda}{8\pi G}, \quad P_\Lambda = -\frac{\Lambda}{8\pi G} \tag{2.16}$$

で与えられる物質と等価である. Λ を宇宙定数という. 宇宙定数は真空のエネルギーとみなすことができ, その起源は真空における量子的ゆらぎと解釈される. 添字 Λ は宇宙定数を表すための添字である. その特徴は, エネルギー密度が時間にも空間にも依らず, つねに一定になっていることである. アインシュタインはこの真空のエネルギーと通常の物質を足し合わせたエネルギー密度と圧力の総量が, ちょうど式 (2.14) を満たすように調整した. 具体的には通常の物質に添字 m をつけて

$$\rho_\Lambda = \rho_K, \quad \rho_{\mathrm{m}} = 2\rho_K; \quad \rho_K \equiv \frac{Kc^2}{8\pi Ga^2},$$
$$P_\Lambda = -\rho_K\, c^2, \quad P_{\mathrm{m}} = 0 \tag{2.17}$$

と選ぶと

$$\rho = \rho_\Lambda + \rho_\mathrm{m} = 3\rho_K ,$$
$$P = P_\Lambda + P_\mathrm{m} = -\rho_K c^2$$

(2.18)

となり，条件式（2.14）が満たされる.

　アインシュタインは，後に宇宙が実際に膨張していることが観測されて，静的宇宙モデルのために宇宙項を導入したことを「我が人生の最大の失敗」と言ったという．しかし，宇宙項は真空のエネルギーという現代的な解釈とともに復活し，現代の宇宙論にとって欠かせない要素となっている．実際，最近の観測データは，現在の宇宙が真空のエネルギー，あるいはそれに非常に近い性質を持ったエネルギーに支配されている宇宙であることを強く示唆している．最近は，この未知のエネルギーのことをダークエネルギーと呼ぶのが通例になっている.

　宇宙論にとって，物質を完全流体と見なしてよい状態方程式の最も重要な例は，以下の三つである.

(a)　　$P = 0$　$\cdots$　ダスト，

(b)　　$P = \dfrac{1}{3}\rho c^2$　$\cdots$　放射，

(2.19)

(c)　　$P = -\rho c^2$　$\cdots$　真空.

(c) の「真空」の場合については，上ですでに述べた．そこで，(a) と (b) の場合について簡単に説明する.

　(a) は厳密にはまったく圧力のない流体（ダスト流体[*2]，または単に物質）の状態方程式であるが，宇宙膨張への効果を議論する際にはすべての非相対論的流体に当てはまる．非相対論的流体とは，m を流体粒子の質量，T を温度として，その 1 粒子あたりの熱運動エネルギー $m\langle v^2 \rangle/2 \sim k_\mathrm{B}T$ が流体粒子の静止質量エネルギー mc^2 に比べて十分小さい流体のことである．宇宙のスケール因子の時間発展に重要なのは，圧力のエネルギー密度に対する比であり，非相対論的流体では，P/ρ は単位質量当たりの運動エネルギーのオーダーで $P/\rho \sim \langle v^2 \rangle \ll c^2$ が成り立つからである．現在の宇宙は，(c) の真空のエネルギーあるいはダーク

　[*2] ここでダストと呼ぶのは，下に述べるように運動エネルギーが質量のエネルギーに比べて十分小さい非相対論的流体のことであって，固体の微粒子のことではない.

エネルギーと呼ばれる要素を除いて，残りはほぼダスト的物質が支配していると考えられている．ダスト的物質の中には通常の原子や分子を形成する物質（バリオン物質）も含まれるが，そのほとんどが正体不明の非相対論的物質である．これは，冷たいダークマターと呼ばれている．

（b）もまた，厳密には光子に代表される質量ゼロの粒子からなる放射流体の場合に対応するが，たとえ粒子に質量があっても高温の相対論的極限，すなわち $k_B T \gg mc^2$ の極限では粒子の種類に依らずこの状態方程式が成り立つ．しかし，これは粒子間の相互作用が十分に弱く，各粒子が自由粒子として振る舞う場合にのみ正しい．言い換えると，もし高温の極限で相互作用が非常に強くなるとしたら，宇宙初期はこの状態方程式では表せないことになってしまう．

1960 年代以降に得られた現代物理学の一つの大きな成果は，物質を構成する素粒子の基本的相互作用がエネルギーを高くすれば高くするほどより弱くなる漸近的自由という性質を明らかにしたことである．ビッグバン理論は，宇宙の初期が非常に高温高密度であったことを予言するが，そういう超高温高密度の状況で，構成粒子が基本的に自由粒子のように振る舞う，ということが判明し，宇宙のきわめて初期の議論が，放射優勢宇宙という枠の中で可能になったのである（3 章，5 章参照）．

2.2 フリードマン方程式の解の振る舞い

フリードマン方程式から，どのような宇宙の進化の描像が得られるか，具体的に方程式を解いてみよう．簡単のため，物質の状態方程式は，w を定数として

$$P = w\rho c^2 \tag{2.20}$$

で与えられる場合を考える．このとき，エネルギー保存則（2.11）はすぐに積分できて，

$$\dot{\rho} + 3(1+w)\frac{\dot{a}}{a}\rho = 0 \quad \longrightarrow \quad \rho \propto a^{-3(1+w)} \tag{2.21}$$

が得られる．

特に，$w = 0$ のダスト（非相対論的物質）の場合には，密度は a^{-3} に比例する．あるいは，$\rho a^3 =$ 一定である．これは，半径 a の体積内の物質の全質量は半

径が変化しても不変である，という質量保存の式を表している．しかし，w がゼロでなければ，一般に質量保存は成り立たない．これは，相対論的には，$E = mc^2$ の関係より，質量はエネルギーと等価であり，体積が膨張（収縮）すれば，そのために圧力がなした仕事の分だけエネルギーが減少（増加）するからである．たとえば，$w = 1/3$ の放射（高温の相対論的流体）の場合 ρ は a^{-4} に比例する．

ここで，さらに簡単のために $K = 0$ の平坦な宇宙を考えよう．フリードマン方程式（2.8）に式（2.21）で得た密度 ρ の振る舞いを代入して解くと，宇宙のスケール因子は

$$a \propto t^n ; \quad n = \frac{2}{3(1+w)} \tag{2.22}$$

で与えられる．ここで重要なことは $w > -1/3$ である限り，$n < 1$ となることである．このとき

$$\ddot{a} \propto n(n-1)t^{n-2} \tag{2.23}$$

であるから宇宙は減速膨張している．すなわち，$w > -1/3$ の宇宙は減速膨張，$w < -1/3$ の宇宙は加速膨張する．特に，$w = -1$（宇宙項）のときは $\rho = $ 一定となり，

$$a \propto \exp[H_* t] ; \quad H_* = \sqrt{\frac{8\pi G\rho}{3}} \tag{2.24}$$

である．宇宙項優勢宇宙は指数関数的に膨張することになる．これを宇宙のインフレーション的膨張，あるいは単にインフレーションという（6 章参照）．

上では，平坦な宇宙を仮定したが，式（2.21）の密度の振る舞いとフリードマン方程式の曲率項の振る舞いを比較すると，スケール因子 a が十分に小さい初期宇宙では $w > -1/3$ の場合はつねに曲率項が無視でき，平坦な宇宙の近似がよく成り立つことがわかる．

一方，フリードマン方程式は，両辺に $a^2/2$ をかけて少し書き換えると

$$\frac{1}{2}\dot{a}^2 - \frac{GM(a)}{a} = -\frac{1}{2}Kc^2 ; \quad M(a) = \frac{4\pi}{3}\rho a^3 \tag{2.25}$$

となる．おもしろいことに，この式は M が保存する非相対論的物質の場合には，ニュートン力学のエネルギー保存の式に完全に一致している．すなわち，

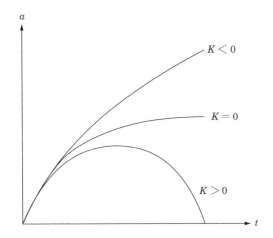

図 2.1 $3P + \rho c^2 > 0$ を満たす宇宙モデルのスケール因子の時間的振る舞い.

今,半径 a の一様密度の球を考え,その球の運動を考えると,第 1 項は単位質量当たりの運動エネルギー,第 2 項は重力ポテンシャルエネルギーに対応し,右辺はこの系の保存するエネルギーに対応する.

このことから,物質が非相対論的,すなわちダスト的 $(w = 0)$ な宇宙の時間的振る舞いがただちに導かれる(図 2.1 参照).すなわち,$K > 0$ の閉じた宇宙は,エネルギーが負の束縛軌道[*3]に対応し,宇宙は,半径ゼロのビッグバン特異点から膨張した後,収縮に転じ再び半径ゼロに潰れていく.この半径ゼロに潰れた特異点をビッグクランチ特異点という.一方,$K = 0$ の平坦な宇宙や $K < 0$ の開いた宇宙は,半径ゼロから膨張し,そのまま永遠に膨張し続けるが,膨張速度 $\dot{a}$ が次第に遅くなり,$K = 0$ の場合は最終的に速度ゼロに近づき,$K < 0$ の場合は最終的に一定の有限速度 $\dot{a} = \sqrt{-K}\,c$ に近づく.$K \leqq 0$ の場合も,膨張宇宙でなくて,永遠の過去から収縮をはじめ最終的に半径ゼロに潰れる時間反転した解もあるにはあるが,現実的でないのでここでは考えない.

上では $w = 0$ の場合を考えた.しかし,w がゼロでなくても,$w > -1/3$ である限り宇宙のスケール因子の振る舞いは定性的には変わらない.違いは $M(a)$

[*3] スケール因子 a を座標とみなすと,座標 a の運動可能な領域が有界のとき,a は束縛軌道にあるという.

が $w = 0$ 以外では保存しない点だけである．これは，密度の振る舞いを表す式 (2.21) から，$w > -1/3$ のとき，$M(a)/a \propto \rho a^2$ は，a が無限に大きくなるとゼロになるためである．すなわち，$K > 0$ の場合は，もし a が無限に大きくなるとすると，左辺は正で，右辺が負という矛盾が起こる．よって，a は必ず有限の最大値を持ち，それ以降収縮に転ずることになる．一方，$K = 0$ と $K < 0$ の場合は永遠に膨張し，a の最終速度はやはり，それぞれ $\dot{a} \to 0, \sqrt{-K}\,c$ で与えられる．

ところが，$w < -1/3$ では様相が大きく異なる．この場合，a が大きい極限で ρa^2 はゼロにならず，逆に無限に発散する．これは閉じた宇宙であっても膨張から収縮に転じず，永遠に膨張し続けることが可能であることを意味する．しかも，この場合は膨張速度 $\dot{a}$ も無限に発散するのである．すなわち加速膨張をする．特に w がほぼ -1 の場合には，先にも触れたように $\dot{a} \propto a$ となり，指数関数的な膨張をする．

実は $w < -1/3$ の場合の $K > 0$ の閉じた宇宙の特徴は，宇宙の初期にも現れる．$w < -1/3$ のとき，a がゼロの極限で ρa^2 がゼロになるため，やはり左辺が正，右辺が負の矛盾が現れる．すなわち，この宇宙は a に上限がある代わりに下限があるのである．$K > 0$ の宇宙は，無限の過去から宇宙が収縮をし続け，a がある最小半径の値に達すると膨張に転じ，それ以後永遠に膨張をし続けるのである．

現実には，宇宙の状態方程式は，上の例のような，すべての時期に単純な一つの式では表されない．一般の場合にスケール因子の定性的振る舞いを理解するには，式 (2.25) の左辺第2項について，ニュートン重力理論のポテンシャルエネルギーという解釈を拡張して，より一般的な力学系の有効ポテンシャルと考え，右辺を系のエネルギーと考えるのがわかりやすい．すなわち，

$$\frac{1}{2}\dot{a}^2 + V_{\text{eff}}(a) = E_K \,; \quad V_{\text{eff}}(a) = -\frac{4\pi G}{3}\rho a^2, \quad E_K = -\frac{1}{2}Kc^2. \quad (2.26)$$

図 2.2 (a) は，初期宇宙では放射やダスト等の通常の物質が優勢で，時間が経ち大きな宇宙になると正の真空エネルギーが優勢になる場合の有効ポテンシャルである．水平方向の矢印のついた直線は，さまざまな異なる K の値に対するスケール因子の運動領域である．この図からもわかるように，$K > 0$ の場合にも，その値によっては収縮して潰れていく場合もあれば，永遠に膨張する場合もある．

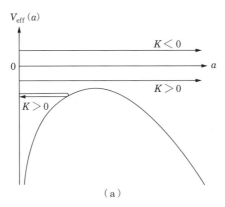

（a）

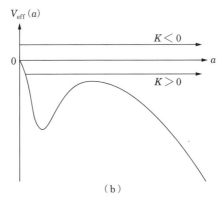

（b）

図 **2.2** さまざまな宇宙モデルにおける宇宙のスケール因子 a に対する有効ポテンシャル．（a）通常の物質と正の真空エネルギーが存在する場合．（b）宇宙を支配する物質が，真空エネルギー → 通常の物質 → 真空エネルギーと変遷する場合．それぞれの図において，図中の矢印付きの直線は，いくつかの異なる K の値に対する a の運動の様子を示している．$K = 0$ の場合の a は $V_{\mathrm{eff}} = 0$ の横軸上を運動する．

　現在の観測データから推測される宇宙の状態方程式の変遷は，宇宙のきわめて初期にインフレーション的膨張（$w = -1$）の時代があり，その後，放射優勢宇宙（$w = 1/3$），ダークマター優勢宇宙（$w = 0$）を経て，現在，再びダークエネルギー（$w = -1$）によるインフレーション時期を迎えつつある，というものである．図 2.2（b）は，この場合のスケール因子に対する有効ポテンシャルである．特に $K > 0$ の場合は，a が有限の値から宇宙が始まっているが，これは，宇宙全体を量子論的に取り扱う量子宇宙論の議論に基づいた「無」からの宇宙創成シナリオで得られる解である（7 章参照）．

2.3　宇宙論的赤方偏移

　1929 年，ハッブル（E. Hubble）は数十個の銀河について，それらまでの距離と光のスペクトルを調べ，遠方の銀河ほど，その銀河までの距離 d に比例してスペクトルがより赤い方，すなわち長波長側にずれていることを発見した．銀河が発する光の固有波長を λ_{s}，我々が観測する波長を λ_0 としたとき，このずれを $1 + z = \lambda_0/\lambda_{\mathrm{s}}$ で表し，z を赤方偏移という．赤方偏移は光源が観測者から相対的に遠ざかりつつあるときに観測されるドップラー効果と解釈することが可能である．我々に対する銀河の後退速度を v とすれば v が光速 c に比べて充分小さいとき $z = v/c$ である．$z \propto d$ という観測事実からハッブルは遠方の銀河ほどその距離 d に比例した速さで遠ざかっていると結論した．すなわち，

$$v = H_0 d \tag{2.27}$$

である．なお，ハッブルに先だつ 1927 年に，ベルギーの天文学者ルメートル（G. Lemaître）が遠方銀河の赤方偏移が膨張宇宙の証拠であるという論文を発表していることが明らかになり，以前はハッブルの法則と呼ばれていた（2.27）式は，現在ではハッブル–ルメートルの法則と呼ばれている．ここで，比例係数 H_0 はハッブル定数（またはハッブルパラメータ）と呼ばれる．最新の観測データによるとその値は $H_0 = 70\,\mathrm{km\,s^{-1}\,Mpc^{-1}}$ 程度である[*4]ハッブル–ルメートルの法則は，宇宙は一様等方であるという宇宙原理に基づくと宇宙が膨張している

[*4] 最近，銀河の後退速度の観測による値（約 $73\,\mathrm{km\,s^{-1}\,Mpc^{-1}}$）と宇宙背景放射の観測から推定される値（約 $67\,\mathrm{km\,s^{-1}\,Mpc^{-1}}$）との大きな違いが話題になっている．

ことを意味する．そして，H_0 は宇宙の単位時間当たりの膨張率に等しい．これは以下のようにしてわかる．

一様等方宇宙の計量の式（2.5）で各時刻における空間的線要素を考えると，宇宙空間に静止した十分に近い 2 点間の距離 d は，2 点間の共動座標間隔を $\Delta\chi$ として，

$$d = a(t)\Delta\chi \tag{2.28}$$

で与えられる．この式の両辺の時間微分をとると

$$\dot{d} = \dot{a}\,\Delta\chi = \frac{\dot{a}}{a}\,a\,\Delta\chi = \frac{\dot{a}}{a}\,d. \tag{2.29}$$

すなわち，ある時刻 t において 2 点間が互いに遠ざかる速さ $v = \dot{d}$ はその距離 d に比例し，その比例係数は宇宙の膨張率 $\dot{a}/a$ である．これと式（2.27）を比較してただちに

$$H_0 = \left(\frac{\dot{a}}{a}\right)_0 \tag{2.30}$$

を得る．ここで，慣例に従って，添字のゼロ (0) は現在を表す．ちなみに，$H_0 = 70\,\mathrm{km\,s^{-1}\,Mpc^{-1}}$ として，これを単位時間当たりの膨張率に直すと

$$H_0 = 7 \times 10^{-11}\quad [\mathrm{y^{-1}}] \tag{2.31}$$

を得る．すなわち，宇宙の大きさは 1 年にほぼ 100 億分の 1 程度増えていることになる．

上では，赤方偏移をドップラー効果と解釈することによって宇宙が膨張していると結論した．しかし，これはあくまでも解釈であって，赤方偏移が宇宙膨張を意味することを正確に理解するためには，宇宙論的観測における距離という概念をより詳しく吟味する必要がある．

宇宙論にとって有用な観測は，ほとんどすべて非常に遠方の天体の観測が係わっている．そのため，そうした天体までの距離を三角法によって直接測定することはまず不可能である．さらにたとえそれが可能であったとしても，光速度の有限性から遠方の天体を観測することはその天体の過去の姿を観測していることを意味する．すなわち，「今」のその天体までの距離を観測することは原理的にできない．言い替えれば，遠方の天体観測とは現在我々のいる世界点から過去に

向かう光円錐上の事象の観測である．そこで「ある天体までの距離」という概念
は，与えられた観測データに対する何らかの具体的操作によってのみ定義され
る．そうした操作的に定義された距離の概念の中で，最も基本的なものが天体の
示す宇宙論的赤方偏移であり，天体の見かけの明るさや天球面上での大きさに
よって定義される距離（それぞれ光度距離，角径距離[*5]）である．光度距離と角
径距離については2.5節で詳しく見ていくことにして，ここではまず赤方偏移に
ついて考えよう．

赤方偏移 z の相対論的定義は宇宙論的であるなしに係わらず，一般に以下のよ
うに定義される：

$$1 + z \equiv \frac{(u_\mu k^\mu)_{\mathrm{s}}}{(u_\mu k^\mu)_0} = \frac{\omega_{\mathrm{s}}}{\omega_0} = \frac{\lambda_0}{\lambda_{\mathrm{s}}}. \tag{2.32}$$

ここで，k^μ は光の4元運動量，添字の s と 0 はそれぞれ光源と観測者におけ
る量を表し，$\omega = -u_\mu k^\mu/\hbar$ は4元速度 u^μ の静止系における光の角振動数（＝
エネルギー$/\hbar$），$\lambda = 2\pi/\omega$ はその波長，u_{s}^μ と u_0^μ はそれぞれ光源と観測者の4
元速度である．

宇宙論的赤方偏移を考えるために，空間的に一様等方な宇宙における宇宙の共
動座標として，2.1節の式（2.1）で与えた計量 $d\sigma_K^2$ の表式を選ぼう．このとき，
空間の一様等方性から一般性を失わずに，観測者（我々）は空間座標の原点 $\chi = 0$ に，光源は動径座標 $\chi = \chi_{\mathrm{s}}$ の位置にあるとしてよいので，動径方向に伝播す
る光のみを考察すればよい（図2.3参照）．

いま光源を時刻 $t = t_{\mathrm{s}}$ に発した光が時刻 $t = t_0$ に観測者に到達し，$t = t_{\mathrm{s}} + \delta t_{\mathrm{s}}$ に発した光が $t = t_0 + \delta t_0$ に到達したとすると，光の経路は $ds^2 = -c^2 dt^2 + a(t)^2 d\chi^2 = 0$ で与えられるから

$$\chi_{\mathrm{s}} = \int_{t_{\mathrm{s}}}^{t_0} \frac{c\,dt}{a(t)} = \int_{t_{\mathrm{s}}+\delta t_{\mathrm{s}}}^{t_0+\delta t_0} \frac{c\,dt}{a(t)} \tag{2.33}$$

が成り立ち，特に $\delta t_{\mathrm{s}} \to 0$ $(\delta t_0 \to 0)$ の極限で

$$\frac{\delta t_{\mathrm{s}}}{a(t_{\mathrm{s}})} = \frac{\delta t_0}{a(t_0)} \tag{2.34}$$

[*5] 視直径距離あるいは角度距離と呼ばれることもある．

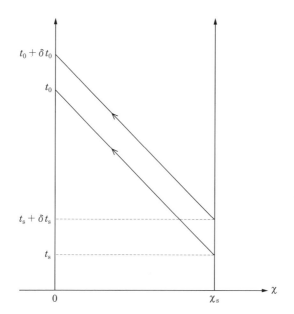

図 **2.3** 一様等方宇宙での光の伝播の時空図．観測者から共動
座標距離 χ_s にある天体から，時刻 $t_s \sim t_s + \delta t_s$ に発した光が
時刻 $t_0 \sim t_0 + \delta t_0$ に届く．

を得る．一方，光源で δt_s 時間内に光が振動した回数 N（$\propto$ 光子数）は観測者が
δt_0 時間内に観測する振動の回数と同じはずだから

$$N = \omega_s \delta t_s = \omega_0 \delta t_0 \tag{2.35}$$

が成り立つ．よって式（2.34）と（2.35）より宇宙論的赤方偏移の表式，

$$1 + z = \frac{\omega_s}{\omega_0} = \frac{\delta t_0}{\delta t_s} = \frac{a(t_0)}{a(t_s)} \tag{2.36}$$

を得る．すなわち，赤方偏移 z の天体は，宇宙のスケール因子が現在の $a/a_0 = 1/(1+z)$ 倍の時の姿を見ていることになる．この事実から，$1+z$ を宇宙のスケール因子の逆数と同一視することが可能となる．

2.4 宇宙論パラメータ

前節でみたように，ハッブルの法則は現在の宇宙が膨張していることの証拠である．しかし，それだけでは我々の宇宙がどのような歴史を持ち，どのようにし

て天体構造が生まれ，今後どのように進化するかを知ることはできない．こうした事柄を理解するためには，宇宙モデル，すなわちフリードマン方程式の解を特徴づけるさまざまなパラメータをより詳しく知ることが必要となる．

宇宙モデルを特徴づけるパラメータの選び方にはいろいろな可能性があるが，観測との比較を考慮すると，ハッブル定数 H_0 に加えてフリードマン方程式（2.8）とその時間微分の式（2.10）の両辺に現れる各項の現在の値（添字 0）を H_0 で無次元化したもので宇宙モデルを特徴づけるのが便利である．すなわち以下のようなパラメータを定義する．

$$\Omega = \sum_i \Omega_i \,; \quad \Omega_i = \frac{8\pi G \rho_{i,0}}{3H_0^2}\,, \tag{2.37}$$

$$k_0 = \frac{Kc^2}{a_0^2 H_0^2}\,, \tag{2.38}$$

$$q_0 = -\frac{1}{H_0^2}\left(\frac{\ddot{a}}{a}\right)_0\,, \tag{2.39}$$

$$w_0 = \left(\frac{P}{\rho c^2}\right)_0 \,; \quad w_{i,0} = \left(\frac{P_i}{\rho_i c^2}\right)_0\,. \tag{2.40}$$

ここで，Ω は密度パラメータ，Ω_i はそれへの各成分（$i = \mathrm{m}$（ダスト的物質），$i = \mathrm{r}$（放射），$i = \Lambda$（真空のエネルギー））からの寄与[*6]，k_0 は曲率パラメータ，q_0 は減速パラメータと呼ばれ，$w_{i,0}$ は物質の各 i 成分の状態方程式を表すパラメータである．w_i に添字 0 を付けたのは，それが必ずしも定数とは限らないからである．また，ハッブル定数自身は

$$H_0 = 100\,h\,\mathrm{km\,s^{-1}\,Mpc^{-1}} \tag{2.41}$$

としてハッブル定数を $1\,\mathrm{Mpc}$ 当たり秒速 $100\,\mathrm{km}$ で計った h で表すのが習慣である．

式（2.8）と（2.10）の両辺を H_0^2 で割った式より宇宙論パラメータ間に成り立つ関係式，

$$k_0 = \Omega - 1 = \sum_i \Omega_i - 1\,, \tag{2.42}$$

[*6] 密度パラメータは任意の時刻のハッブル定数 H を用いて定義すると，時間の関数になり，現在の値を Ω_0 のように添字 0 をつけて表すこともあるが，ここでは現在の値だけを使うので添字 0 は省略した．

$$q_0 = \frac{1}{2} \sum_i \Omega_i (1 + 3w_{i,0}) \tag{2.43}$$

を得る. 式 (2.42) からただちにわかることは, Ω が 1 より大きいか小さいかで, 宇宙が閉じているか開いているかが決まる, ということである. そこで, この Ω がちょうど 1 となる密度を臨界密度といい, $\rho_{\rm cr,0}$ で表す. すなわち

$$\rho_{\rm cr,0} = \frac{3H_0^2}{8\pi G} = 1.9 \times 10^{-29} h^2 \quad [{\rm g\,cm^{-3}}] \tag{2.44}$$

である. また, 式 (2.42) を使って (2.43) を変形すると

$$q_0 = \frac{1}{2} \sum_i \Omega_i (3 + 3w_{i,0}) - \sum_i \Omega_i = \frac{3}{2} \sum_i \Omega_i (1 + w_{i,0}) - k_0 - 1 \tag{2.45}$$

を得る. これも有用な関係式である.

また Ω_i の中で, 特に真空エネルギーを表す成分を Ω_Λ とする. 式 (2.19) の (c) で与えた真空エネルギーの状態方程式より $w_v = P_\Lambda/(\rho_\Lambda c^2) = -1$ である. すると式 (2.43) と (2.45) より

$$\begin{aligned} q_0 &= \frac{1}{2} \sum_{i \neq v} \Omega_i (1 + 3w_{i,0}) - \Omega_\Lambda, \\ k_0 &= \frac{3}{2} \sum_{i \neq v} \Omega_i (1 + w_{i,0}) - q_0 - 1 \end{aligned} \tag{2.46}$$

なる関係を得る.

上で与えた宇宙論的パラメータ間の関係式は, フリードマン方程式を仮定して導かれたものであるから, もしそれぞれのパラメータが互いに独立な観測により決定できれば, アインシュタイン方程式の宇宙論的スケールにおける検証が可能であることを意味する. しかし, 残念ながらそうした観測手段は現時点ではまだ知られていない. そこで観測的宇宙論では, 真剣に考慮すべき観測データにそれと大きく矛盾する点が現れない限り, 通常はこれらの宇宙論パラメータ間の関係式を出発点として観測データを解釈する.

実際にはすでに触れたように, 現在の宇宙は宇宙項 (真空のエネルギー) とそのほとんどが冷たいダークマターであるダスト的物質に占められていると考えられている. そこで,

$$\Omega = \Omega_{\rm m} + \Omega_\Lambda \tag{2.47}$$

の場合を考えよう．ここで添字 m はダスト的物質（バリオン物質とダークマター）を表す．$w_{\rm m} = 0$, $w_v = -1$ であるから，式（2.46）は

$$q_0 = \frac{1}{2}\Omega_{\rm m} - \Omega_\Lambda,$$

$$k_0 = \Omega_{\rm m} + \Omega_\Lambda - 1 = \frac{3}{2}\Omega_{\rm m} - q_0 - 1 \tag{2.48}$$

となる．特に宇宙項がゼロ（$\Omega_\Lambda = 0$）なら

$$q_0 = \frac{1}{2}\Omega_{\rm m}, \quad k_0 = \Omega_{\rm m} - 1 \tag{2.49}$$

であり，さらに空間的に平坦（$k_0 = 0$）なら $q_0 = 1/2$, $\Omega_{\rm m} = 1$ となる．この平坦でダスト物質優勢（または単に物質優勢）の宇宙をアインシュタイン–ドジッター（Einstein–de Sitter）宇宙という．ちなみに 1990 年代の宇宙論は，有限の真空エネルギーが存在するはずはないという理論的偏見から，この宇宙はアインシュタイン–ドジッター宇宙である，というドグマに支配されていた．しかし最近の遠方の超新星の観測やビッグバン宇宙の名残りであるマイクロ波背景放射の非等方性を示す精密な観測データは，我々の宇宙は平坦ではあるけれども真空エネルギーが優勢な，$\Omega_{\rm m} \approx 0.3$, $\Omega_\Lambda \approx 0.7$ で与えられる宇宙であることを強く示唆している．

　さて，上でまとめた宇宙論的パラメータはすべて式（2.8）–（2.10）に直接現れる量であり，したがって時間的な意味で局所的に決まる物理量であった．これに対して宇宙モデルの解を求めて初めて決まる重要な物理量に宇宙年齢 t がある．フリードマン方程式より t は積分形で

$$H_0 t = \int_0^a \frac{H_0 da}{Ha} = \int_{1+z}^\infty \frac{dy}{y\,F(y)},$$

$$F\left(\frac{a_0}{a}\right) \equiv \frac{H}{H_0} = \sqrt{\frac{\rho}{\rho_{\rm cr,0}} - k_0 \frac{a_0^2}{a^2}} \tag{2.50}$$

と書ける．ここで ρ/ρ_0 は一般に a_0/a の複雑な関数であるが，宇宙項，ダスト物質，放射のみが存在する宇宙では $\rho_\Lambda =$ 定数，$\rho_{\rm m} \propto 1/a^3$, $\rho_{\rm r} \propto 1/a^4$ であるから，具体的に

$$\frac{\rho}{\rho_{\rm cr,0}} = \Omega_\Lambda + \Omega_{\rm m}\left(\frac{a_0}{a}\right)^3 + \Omega_{\rm r}\left(\frac{a_0}{a}\right)^4 \tag{2.51}$$

で与えられる．これより

$$H_0 t(z) = \int_{1+z}^{\infty} \frac{dy}{yF(y)},$$
$$F(y) = \sqrt{\Omega_{\mathrm{r}}\, y^4 + \Omega_{\mathrm{m}}\, y^3 - k_0\, y^2 + \Omega_{\Lambda}} \tag{2.52}$$

を得る．

　現実の宇宙では，宇宙マイクロ波背景放射のエネルギー密度の値から $\Omega_{\mathrm{r}} \sim 10^{-4}\Omega_{\mathrm{m}}$ と考えられている．よって $\rho_{\mathrm{r}}/\rho_{\mathrm{m}} \propto 1/a \propto (1+z)$ より $z \lesssim 10^4$ である限り，$F(y)$ の Ω_{r} の項は無視できる．これを以後 $F_{\mathrm{m}}(y)$ で表す．宇宙初期の放射優勢時期の期間はそれ以降の現在までにかかった時間に比べればまったく無視できるので，$z \lesssim 10^4$（正確には 3500 程度．第 3 巻 4 章参照）以降の宇宙年齢の計算に $F_{\mathrm{m}}(y)$ を使うことが完全に正当化される．特に現在の宇宙年齢は

$$H_0 t_0 = \int_{1}^{\infty} \frac{dy}{y\,F_{\mathrm{m}}(y)}, \quad F_{\mathrm{m}}(y) = \sqrt{\Omega_{\mathrm{m}}\, y^3 - k_0\, y^2 + \Omega_{\Lambda}} \tag{2.53}$$

で与えられる．ここで Ω_{m}, k_0 と Ω_{Λ} は式（2.48）を通じて互いに関係し，独立なパラメータの数は 2 個である．これより一般に k_0 または Ω_{Λ} を固定したとき Ω_{m} が小さいほど宇宙年齢が長くなることがわかる．特に $\Omega_{\Lambda} = 0$ のときは式（2.53）を初等関数で表すことが可能である．読者自身で確かめてみることを勧める．また，最も簡単な $k_0 = \Omega_{\Lambda} = 0, \Omega_{\mathrm{m}} = 1$（アインシュタイン–ドジッター宇宙）の場合には $H_0 t_0 = 2/3$ となり，

$$t_0 = 2.1 \times 10^{17} h^{-1}\ [\mathrm{s}] = 6.5 \times 10^9 h^{-1}\ [\mathrm{y}] \tag{2.54}$$

である．ちなみに実際の宇宙年齢は 130 億年以上あると考えられており，もしこの宇宙がアインシュタイン–ドジッター宇宙であれば，$h \lesssim 0.5$ でなければならない．一方，先にも触れたように，最近の観測データは $h \sim 0.73$ を強く示唆している．

2.5 距離–赤方偏移関係

　宇宙論的観測で赤方偏移とともに非常に重要な役割を果たすものに，光度距離，角径距離がある．ここでは，これらがどのように定義され，赤方偏移とどう

いう関係にあるかを見ていこう.

最初に光度距離について考える. いま平坦なミンコフスキー時空で距離 d だけ離れて互いに静止した光源と観測者に関して, 光源の固有光度を L_{s} とすれば観測されるエネルギーフラックス[*7]は

$$f_0 = \frac{L_{\mathrm{s}}}{4\pi d^2} \qquad (2.55)$$

である. よって逆に, 光源の固有光度 L_{s} が何らかの方法で推定できると, 観測されたフラックス f_0 から光源までの距離 d が

$$d^2 = \frac{L_{\mathrm{s}}}{4\pi f_0} \qquad (2.56)$$

によって決定できる. そこで一般の時空においてもこの操作によって距離を

$$d_L^2 \equiv \frac{L_{\mathrm{s}}}{4\pi f_0} \qquad (2.57)$$

と定義することができる. これを光度距離という.

光度距離の一様等方宇宙での表式を求めるために, 2.3 節で与えた赤方偏移の議論と同様の状況を考えよう (図 2.3 参照). このとき, δt_{s} 時間内に光源から放出された全エネルギーを δE_{s}, 観測者を含む共動座標半径 χ_{s} の球面を δt_0 時間内に通過する全エネルギーを δE_0 とすれば, 光源の固有光度 L_{s} と観測者を含む球面を通過する全光度 L_0 は

$$L_0 = \frac{\delta E_0}{\delta t_0}, \quad L_{\mathrm{s}} = \frac{\delta E_{\mathrm{s}}}{\delta t_{\mathrm{s}}} \qquad (2.58)$$

で与えられる. 一方, 式 (2.36) より

$$\delta E_0 = \frac{\delta E_{\mathrm{s}}}{1+z}, \quad \delta t_0 = (1+z)\delta t_{\mathrm{s}} \qquad (2.59)$$

である. よって

$$L_0 = \frac{L_{\mathrm{s}}}{(1+z)^2} \qquad (2.60)$$

を得る. ところで, $t = t_0$ における半径 χ_{s} の球面の面積は $4\pi\left(a_0 \Sigma_K(\chi_{\mathrm{s}})\right)^2$ で

[*7] エネルギーフラックスは単位時間当たり単位面積を通過するエネルギーの量である.

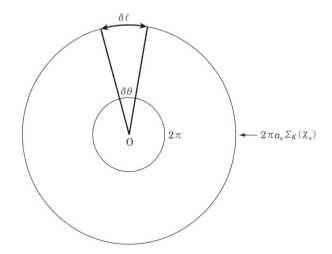

図 **2.4** 一様等方宇宙における角径距離. 時刻 $t = t_s$ に固有直径 $\delta\ell$ を持つ天体を見込む角度が $\delta\theta$ のとき, $d_A = \delta\ell/\delta\theta = a_s \Sigma_K(\chi_s)$ を得る.

ある. 全光度 L_0 をこの面積で割ったものが観測されるエネルギーフラックス f_0 であるから

$$f_0 = \frac{L_0}{4\pi \left(a_0 \Sigma_K(\chi_s)\right)^2} \tag{2.61}$$

を得る. 光度距離の定義式 (2.57) にこれを代入し式 (2.60) を使うと, 結局, 宇宙論的光度距離として

$$d_L = a_0 \Sigma_K(\chi_s) \left(\frac{L_s}{L_0}\right)^{1/2} = a_0 \Sigma_K(\chi_s)(1 + z) \tag{2.62}$$

を得る.

　角径距離も光度距離と類似した方法で定義される. いま, 平坦な時空で距離 d にある光源を考え, 光源の視線方向に垂直な固有の直径を $\delta\ell$ とすると, 観測者がそれを見込む角 $\delta\theta$ は

$$\delta\theta = \frac{\delta\ell}{d} \tag{2.63}$$

である. そこで逆に任意の時空で光源の固有直径 $\delta\ell$ が推定できたとして

$$d_A \equiv \frac{\delta\ell}{\delta\theta} \tag{2.64}$$

によって角径距離 d_A を定義する．空間的に一様等方な宇宙では，$\delta\ell$ は観測者を原点とし，周上に光源を含む大円上に含まれると考えてよい（図 2.4 参照）．すなわち，$\delta\ell$ は観測者を原点とする時刻 $t = t_\mathrm{s}$ における半径 χ_s の球面上にある．この球面上の大円の固有長さは $2\pi a(t_\mathrm{s})\varSigma_K(\chi_\mathrm{s})$ である．よって，それを見込む角を $\delta\theta$ とすると

$$\frac{\delta\theta}{2\pi} = \frac{\text{弧の固有長さ}}{\text{円周の固有長さ}} = \frac{\delta\ell}{2\pi a_\mathrm{s}\varSigma_K(\chi_\mathrm{s})} \tag{2.65}$$

である．ここで $a_\mathrm{s} = a(t_\mathrm{s})$ である．これより

$$\delta\ell = a_\mathrm{s}\varSigma_K(\chi_\mathrm{s})\delta\theta \tag{2.66}$$

を得る．よって d_A の定義式（2.64）より，角径距離は

$$d_A = a_\mathrm{s}\varSigma_K(\chi_\mathrm{s}) \tag{2.67}$$

で与えられる．

　さて，式（2.62）と（2.67）を比較すると光度距離と角径距離との間に

$$d_L = (1 + z)\frac{a_0}{a_\mathrm{s}}\,a_\mathrm{s}\varSigma_K(\chi_\mathrm{s}) = (1 + z)^2 d_A \tag{2.68}$$

なる関係があることがわかる．実はこの関係は任意の時空上で成立することが知られており，光度距離と角径距離の相反関係という．観測的には，この相反関係を使うことによってそれぞれ独立に推定された d_L と d_A に対する相互検証が可能であることを意味する．いずれにせよ，d_L と d_A は基本的には同値であるので，以後は d_L に着目して議論を進める．

　d_L の表式（2.62）のままでは宇宙モデルにどのように依存しているのかすぐにはわからない．そこで，d_L を宇宙論的パラメータを使って具体的に表現することを考えよう．式（2.33）より χ_s は

$$\chi_\mathrm{s} = \int_{t_\mathrm{s}}^{t_0} \frac{c\,dt}{a(t)} = \int_{a_\mathrm{s}}^{a_0} \frac{c\,da}{Ha^2} = \frac{c}{H_0 a_0}\int_1^{1+z} \frac{dy}{F(y)} \tag{2.69}$$

と書ける．ここで $F(y)$ は宇宙年齢の式（2.50）で与えた $y = a_0/a$ の関数であ

る[*8]. これを式 (2.62) に代入し, 曲率のパラメータ k_0 の定義 (2.38) を使うと

$$d_L = a_0 \Sigma_K(\chi_{\rm s})(1+z) = \frac{c(1+z)}{H_0\sqrt{-k_0}} \sinh\left(\sqrt{-k_0}\int_1^{1+z}\frac{dy}{F(y)}\right) \tag{2.70}$$

を得る. ここで, $k_0 = 0$ の場合は, $k_0 \to 0$ の極限をとり, $k_0 > 0$ の場合は $\sqrt{-k_0} = i\sqrt{k_0}$ とする. これが光度距離の一般式である. 特に $z \ll 1$ のときは, 被積分関数は $F(y) = 1$ と考えてよく, また d_L は通常の空間的固有距離 $d = a_0\chi_{\rm s}$ と一致する. よって z の最低次で

$$cz = H_0 d \tag{2.71}$$

が成り立つ. これは式 (2.27) で与えたハッブルの法則に他ならない.

もう少し近似を進め, z の 2 次まで展開すると

$$d_L = \frac{c(1+z)}{H_0}\left(z - \frac{z^2}{2}F'(1) + O(z^3)\right) \tag{2.72}$$

を得る. 特に, 物質 (＋宇宙項) 優勢宇宙では, $F(y)$ として式 (2.53) で与えた $F_{\rm m}(y)$ を使うと, $F'_{\rm m}(1) = (3\Omega_{\rm m} - 2k_0)/2 = 1 + q_0$ より

$$d_L = \frac{c(1+z)}{H_0}\left(z - \frac{z^2}{2}(1+q_0) + O(z^3)\right)$$

$$= \frac{cz}{H_0}\left(1 + \frac{1-q_0}{2}z + O(z^2)\right) \tag{2.73}$$

となる. これからわかるように, 減速パラメータ q_0 が大きい宇宙では, 同じ z にある天体が, より近くに, すなわちより明るく見え, 逆に $q_0 < 0$ となる加速膨張宇宙では, より暗く見える.

2.6 宇宙論的地平線

宇宙の進化とその中での構造形成を考えるときにまず知っておく必要があるのは, 宇宙の歴史の各時期における物質の物理的状況の概要とともに, それらに付随した基本的時間スケールあるいは長さのスケールである.

2.4 節で述べたように, 現在の宇宙は第 0 近似では, 宇宙項が 7 割, (ダスト的) 物質が 3 割, それに 10^{-5} 程度のわずかな放射が存在する空間的に平坦な時

[*8] 第 3 巻ではこの関数を赤方偏移の関数として $E(z)$ と書いてある.

空と考えてよい．すると $\rho_\Lambda =$ 定数, $\rho_{\rm m} \propto a^{-3}$ であるから，現在こそ宇宙項優勢であるが，式（2.51）からスケール因子が現在の 7 割程度以下，すなわち $z \gtrsim 0.3$ ではダスト物質優勢である．

また $\rho_{\rm m} \propto a^{-3}$, $\rho_{\rm r} \propto a^{-4}$ であるから，

$$1 + z > 1 + z_{\rm eq} \equiv \frac{\Omega_{\rm m}}{\Omega_{\rm r}} \sim 3400 \tag{2.74}$$

の時代には放射優勢であったことになる．ここで，$z_{\rm eq}$ は放射密度と物質密度が等しくなった時期の赤方偏移の値である．すると，2.2 節で与えたフリードマン方程式の解の振る舞いから，$z_{\rm eq} > z \gtrsim 0.3$ のダスト優勢宇宙では $a \propto t^{2/3}$, $z > z_{\rm eq}$ の放射優勢宇宙では $a \propto t^{1/2}$ となり，いずれにせよ減速膨張していたことがわかる．以下で詳しく述べるが，この宇宙が減速膨張しているという事実が，宇宙論的地平線を考える上で本質的である．

ここで注意するべきもう一つの重要な点は，$t = 0$ が時空の特異点であり，"それ以前の宇宙" は存在しないことである．光速が有限であることから，これは時刻 t までに宇宙の中で因果的に相互作用し合える領域の大きさが原理的に有限である可能性を意味する．この因果的領域を宇宙の地平線（あるいは地平面）の大きさという．

宇宙モデルにおける因果律を議論するためには，時間座標として宇宙の固有時間 t の代わりに

$$d\eta = \frac{dt}{a(t)} \tag{2.75}$$

によって新たな時間座標 η を導入すると便利である．これを共形時間という．宇宙の計量（2.5）は，共形時間を使うと

$$ds^2 = a^2(t) \left[-c^2 d\eta^2 + d\sigma_K^2 \right] \tag{2.76}$$

となる．ここで，スケール因子 a は $a = a(t(\eta))$ によって新たに共形時間 η の関数となる．共形時間が便利な理由は，光が伝わる経路（光的測地線という）が $ds^2 = 0$ で与えられるため，上の計量全体にかかる係数 a^2 の値に依らずに

$$ds^2 = 0 \iff -c^2 d\eta^2 + d\sigma_K^2 = 0 \tag{2.77}$$

として光的測地線が求まるからである．特に，動径方向の光の伝播に限れば

$$-c^2 d\eta^2 + d\chi^2 = 0 \tag{2.78}$$

となり，平坦な時空における光的測地線の式と一致する．そのため宇宙における因果関係の議論が簡単にできることになる．

さて，宇宙の地平線をより正確に議論しよう．宇宙の共動系に乗って運動する観測者の中で，ある観測者の時刻 t での世界点から過去に向かう光円錐をその時刻の粒子的地平面（particle horizon）と定義する．この光円錐と $t \to 0$ の極限での時刻一定空間的超曲面とが交わる球面を考える．その共動座標半径を現在の時刻で評価したもの：

$$r_{\rm p}(t) = a(t) \lim_{\varepsilon \to 0} \int_\varepsilon^t \frac{c\, dt'}{a(t')} \tag{2.79}$$

を粒子的地平線の半径という．上で導入した共形時間を使えば

$$r_{\rm p}(t) = a(t) c\, \eta(t)\,; \quad \eta(t) = \lim_{\varepsilon \to 0} \int_\varepsilon^t \frac{dt'}{a(t')} \tag{2.80}$$

である．

式（2.79）あるいは（2.80）に現れる積分は，$\varepsilon \to 0$ で必ずしも収束するとは限らない．言い換えると，粒子的地平線は，宇宙の始まりが共形時間 η で測っても有限の過去にあるときに現れる．図 2.5（a）はこの場合の時空図である．平坦かつ $w = $ 一定の宇宙では，式（2.22）より物質の状態方程式が $w > -1/3$ であれば上の積分は収束し，

$$r_{\rm p}(t) = \frac{c\,t}{1-n}\,; \quad n = \frac{2}{3(1+w)} < 1 \tag{2.81}$$

となる．すなわち，減速膨張する宇宙では，粒子的地平線が存在しその半径はオーダー 1 の数係数を除けば $r_{\rm p} \sim ct$ である．一方，加速膨張する宇宙（$w < -1/3$）では $\varepsilon \to 0$ で積分が発散するため粒子的地平線は存在しない．これを共形時間で見ると，図 2.5（b）で示したように $t \to 0$ の宇宙の始まりが共形時間では $\eta \to -\infty$ と無限の過去に押しやられるためと理解できる．

一方，$r_{\rm H}(t) \equiv c/H(t)$ で与えられる半径をハッブル地平線半径という．ここで $H = \dot{a}/a$ は各時刻 t における宇宙の膨張率である．よって H^{-1} は時刻 t における宇宙膨張の特徴的時間スケールを与え，$r_{\rm H}$ はその特徴的時間内に相互作

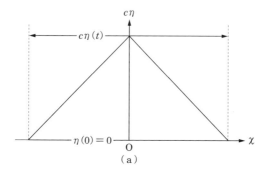

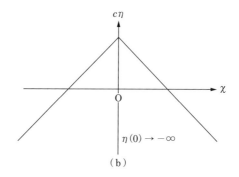

図 2.5　共形時間 η と共動動径座標 χ で表した宇宙の時空図.
縦軸（$\chi = 0$ の原点）を観測者の世界線としている.（a）$w >
-1/3$ の宇宙の因果的構造. 宇宙の始まり $t = 0$ は共形時間 η
でも有限時間の過去にあり, 粒子的地平線 ($\eta(0) = 0$) が存在す
る.（b）$w < -1/3$ の宇宙. 共形時間 η が宇宙の始まり $t = 0$
で発散する ($\eta(0) \to -\infty$) ため粒子的地平線が存在しない.

用できる領域の大きさを表す. 膨張宇宙では膨張の時間スケールより長い時間ス
ケールを持った物理過程は起こり得ないから, 現実的な物理過程によって互いに
影響し合える領域の大きさは r_H で決まる. 式（2.81）を導いたのと同様に, 平
坦かつ $w = $ 一定の宇宙を考えると, $w = -1$ 以外はその値に関わらず,

$$r_\mathrm{H}(t) = \frac{ct}{n}; \quad n = \frac{2}{3(1+w)} \tag{2.82}$$

を得る. $w = -1$ の場合は式（2.24）の H_* の逆数で与えられる定数となる.
　さて, 我々の宇宙は $z \gtrsim 1$ ではダスト優勢か放射優勢である. すなわち, いず

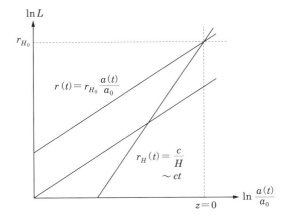

図 **2.6** 状態方程式が $3P + \rho c^2 > 0$ を満たす宇宙に生じる地平線問題の概念図. 縦軸と横軸はそれぞれ物理的距離のスケールの対数とスケール因子の対数. 勾配のきつい直線は宇宙の地平線（ハッブル）半径を表し, 勾配のゆるい直線は宇宙膨張とともに広がる距離を表す.

れの場合も $r_{\mathrm{p}} \sim ct$, $r_{\mathrm{H}} \sim ct$ であり, 定性的にこの二つの地平線を区別する必要はない. そこで以後, これらの区別が必要でない限りそれらを合わせて単に宇宙論的地平線と呼ぼう. また, $H^{-1} \sim t$ より宇宙の地平線半径 cH^{-1} を光速で割ったものは宇宙年齢 t のオーダーであることがわかる. その具体的な現在の値は

$$H_0^{-1} = 3000h^{-1}\,[\mathrm{Mpc}\,c^{-1}] = 3.1 \times 10^{17}h^{-1}\,[\mathrm{s}] = 9.8 \times 10^9 h^{-1}\,[\mathrm{y}] \quad (2.83)$$

である. 定義により, これは同時に時刻 t までに観測し得る宇宙の領域, すなわち観測可能な宇宙の大体の大きさを与える.

上の議論からもわかるように, 一般に減速膨張する宇宙 $(a \propto t^n; n < 1)$ では宇宙のスケール因子の増え方は宇宙の地平線半径の広がり方に比べてゆっくりしている. これはある時刻 t で距離 $r(t)$ だけ離れた 2 人の共動観測者を考えたとき, たとえ始めに $r(t) > ct$ であっても $r(t) \propto a(t)$ であるから $r/(ct) \propto a/t \propto t^{n-1}$ となり, 時間が経てばいずれはそれぞれが互いの地平線の内部に入ってくることを意味する. 逆にいえば, 現在宇宙の地平線内にある任意の 2 点についてそれらの過去を遡れば, いつかかならず互いが宇宙の地平線の外に出る時期が存在する. 図 2.6 にその様子を示す.

これは宇宙での銀河や銀河団に代表される大域的構造形成にとって本質的に重要である．なぜなら，こうした構造は宇宙初期の小さな密度のゆらぎが重力不安定性により成長し形成されたと考えられているが，重力不安定性ももちろん因果律を満たした物理過程であるから，それらの構造に対応するゆらぎの特徴的波長が地平線内に入ってきて初めてゆらぎの成長が起き得るからである．これをもう少し具体的にいうと次のようになる．

重力不安定の成長の時間スケールはその物質が持つ自由落下の時間スケール $t_{\rm ff} \sim 1/\sqrt{G\rho}$ と考えてよい．一方ゆらぎの波長を λ とすれば，それ全体に重力が及ぶためには因果律から少なくとも λ/c の時間が必要である．よって重力不安定が成長するためには，この時間 λ/c が自由落下時間 $t_{\rm ff}$ より充分短い必要がある．すなわち

$$\lambda < c\,t_{\rm ff}. \tag{2.84}$$

フリードマン方程式 $H^2 \sim 8\pi G\rho/3$ を使うとこの条件は $\lambda < cH^{-1}$ となることがわかる[*9]．

たとえば，銀河団はその特徴的質量が $10^{14}M_\odot$ であることが知られており，これに対応する波長 λ は現在の長さで $\lambda_0 \sim (10^{14}M_\odot/\rho_{\rm cr,0})^{1/3} \sim 10\,{\rm Mpc}$ 程度である．一方，現在の宇宙の地平線までの距離は $r_{H_0} = cH_0^{-1} = 3000h^{-1}\,{\rm Mpc}$ であるから，$r_{H_0}/\lambda_0 \sim 300$ を得る．ここで，宇宙がダスト優勢であるとすると $a(t) \propto t^{2/3}$ であるから $r_{\rm H}(t)/\lambda(t) \sim ct/\lambda(t) \propto a^{1/2}$ となり，λ が地平面を横切った時期は $1+z = a_0/a \sim 10^5$ であったことがわかる．これは放射とダストのエネルギー密度が等しかった時期（$z = z_{\rm eq}$）以前である．このことから，銀河団や，それよりも小さいスケールの構造に対応する密度ゆらぎの波長は放射優勢時代に地平線の中に入り，それより大きいスケールの波長はダスト優勢宇宙時代に地平線内に入ってきたことがわかる．

さて，密度ゆらぎの進化の理論から，ゆらぎの振幅は高々スケール因子に比例してしか成長しないこと，すなわち $\delta\rho/\rho \propto a(t)$ が知られている．一方，銀河

[*9] 一般に重力がなければ密度ゆらぎは音波として伝播する．いま音速を $c_{\rm s}$ とすると，重力不安定性が起きるためには，密度ゆらぎが音波として伝わる時間スケール $\lambda/c_{\rm s}$ よりも自由落下時間 $t_{\rm ff}$ の方が短くなくてはならない．このため，上の議論と逆の不等号を持った条件，$\lambda > \lambda_{\rm J} \sim c_{\rm s}H^{-1}$，を得る．これをジーンズ（Jeans）不安定性の条件といい，$\lambda_{\rm J}$ をジーンズ波長という．

団などの構造が現在存在するということは，密度ゆらぎの大きさが現在までに少なくともオーダー 1 程度まで大きくなっていなくてはならない．すなわち，$(\delta\rho/\rho)_0 \gtrsim 1$ である．一方，上で述べたように銀河団スケールが $\lambda = c/H$ となった時期は $1 + z \sim 10^5$ である．このことから，その時期に密度ゆらぎの大きさが少なくとも 10^{-5} 以上あったはずである，と結論される．そして，宇宙マイクロ波背景放射の温度ゆらぎの観測によって $\lambda = c/H$ となる時期での密度ゆらぎの振幅がたしかに $\delta\rho/\rho \sim 10^{-5}$ であったことが実証されている．

このことは，しかし，ビッグバン宇宙論に対しての大きな挑戦を意味する．上で述べたように，たとえば銀河団スケールは $z \gtrsim 3400$ の放射優勢時期には宇宙の地平線スケールを越えており，そこでは因果的な物理過程は起こりえないはずである．しかし，$z = 10^5$ の時期に $\delta\rho/\rho \sim 10^{-5}$ のゆらぎが存在したのであるから，そのゆらぎの起源はそれ以前の時期の何らかの物理過程に求めざるを得ない．これは論理的矛盾である．

2.7 地平線問題

前節の最後に，特に銀河団を例にとって，宇宙の地平線の存在が宇宙の構造形成の起源を考える際に論理的矛盾をきたすことに触れたが，この問題は構造形成はもちろんのこと，実はビッグバン宇宙論の基本的仮定，宇宙は空間的に一様等方であるという「宇宙原理」の問題なのである．

すでに見たように，我々の宇宙の時間を遡ると $z \gtrsim 0.3$ でたちまちダスト優勢となり，$z \gtrsim 3400$ では放射優勢となる．そして，それ以前はどこまで遡っても，素粒子相互作用の漸近的自由性のために放射優勢のままである．すると現在我々が観測している宇宙の中でいかなる大きさの共動体積を持ってきても，その長さのスケールは初期宇宙に遡れば必ず地平線サイズより大きくなる．特に図 2.6 に示したように，現在観測されている（観測可能な）宇宙のサイズ，$r_{H_0} = c/H_0 \sim 10^3$ Mpc は宇宙の進化の過程でつねに地平線の外にあったことになる．では，過去に互いに因果的な関係を持ち得なかった体積 $V = r_{H_0}^3$ の領域がなぜ一様等方であり得るのか？ これが標準的ビッグバン宇宙論の原理的問題，地平線問題である．

地平線問題をもう少し定量的に整理しよう．今，簡単のため $0 < z < z_{eq} \sim$

3500 の時期を物質優勢宇宙で近似する. 現在は宇宙項優勢と考えられているが, 宇宙項優勢となるのは $z \lesssim 0.46$ であり, その影響を取り入れても結論はほとんど変わらない. $z > z_{\mathrm{eq}}$ の時期は放射優勢である. 前節でも述べたように, オーダー 1 の数係数を無視すれば, いずれの時期も宇宙の地平線半径は

$$r_{\mathrm{p}} \sim r_{\mathrm{H}} = \frac{c}{H} \sim c t \tag{2.85}$$

である. $z < z_{\mathrm{eq}}$ で $a \propto t^{2/3}$, $z > z_{\mathrm{eq}}$ で $a \propto t^{1/2}$ であることを使うと r_{H} は

$$r_{\mathrm{H}}(z) \sim \begin{cases} (1+z)^{-3/2} r_{H_0} \,; & z < z_{\mathrm{eq}}, \\ (1+z)^{-2}(1+z_{\mathrm{eq}})^{1/2} r_{H_0} \,; & z > z_{\mathrm{eq}} \end{cases} \tag{2.86}$$

で与えられる. 一方, 宇宙は現在の地平線半径 r_{H_0} 内ではほぼ一様等方である. これは任意の時刻 t における一様等方な領域の半径が少なくとも

$$r(z) = \frac{a(t)}{a_0} r_{H_0} = \frac{r_{H_0}}{1+z} \tag{2.87}$$

以上であったことを意味する. ここで, z は時刻 t に対応する赤方偏移である. 式 (2.87) と (2.86) の両辺の比をとると,

$$\frac{r}{r_{\mathrm{H}}} \sim \begin{cases} (1+z)^{1/2} \,; & z < z_{\mathrm{eq}}, \\ (1+z)(1+z_{\mathrm{eq}})^{-1/2} \,; & z > z_{\mathrm{eq}} \end{cases} \tag{2.88}$$

を得る.

　地平線問題がいかに深刻かを示すために, 宇宙マイクロ波背景放射の温度が天空上のどちらを見てもきわめて等方的であるという観測事実の意味を考えよう. 観測されている宇宙マイクロ波背景放射は温度が $T_0 = 2.7\,\mathrm{K}$ のプランク分布をしている. これは, 宇宙の温度が約 $3000\,\mathrm{K}$, $T \propto 1/a \propto (1+z)$ の関係より赤方偏移にして $z \sim 10^3$ の時期に, 光子と電子との相互作用が弱まって物質が中性化し, それ以降電子に散乱されずに天球のあらゆる方向からまっすぐに飛んで来た光子の集団である. この様子を図 2.7 に示す. すなわち我々は $z \sim 10^3$ の時期の宇宙を宇宙マイクロ波背景放射を通して直接観測しているのである. よって, その温度がきわめて等方的であるということは, 遅くとも $z \sim 10^3$ の時期までに, $(r/r_{\mathrm{H}})^3 \sim 10^{4.5}$ 個の互いに因果的に独立であるはずの領域がすべてほとんど同じ温度をしていたことを意味する.

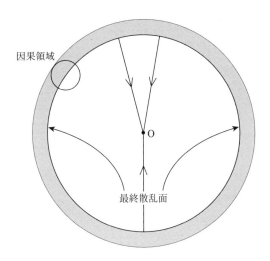

図 **2.7** 現在の我々（点 O）に天球面のあらゆる方向から降り
注ぐ宇宙マイクロ波背景放射の等方性と地平線問題の概念図.
光子が最後に散乱された面を最終散乱面という．図左上部の小
さな円は，その時期（$z \sim 10^3$）までに因果関係を持てる領域
（因果領域）を表している．因果関係をまったく持てなかったは
ずであるのに，さまざまな方向から来る光子がすべて $z \sim 10^3$
の時期に同じ温度であったことを観測は示している.

　そして，明らかに初期宇宙に遡れば遡るほど地平線問題はより深刻化する．宇
宙の始まりを時空の量子論（量子重力）が重要となる時期，すなわち宇宙の温度
がプランク温度（$k_B T_{pl} \sim 10^{19}$ GeV）のときと考えると，$k_B T_0 \sim 10^{-4}$ eV より
$T_{pl}/T_0 \sim 10^{32}$ を得るからその赤方偏移は $z_{pl} \sim 10^{32}$ となる．これを式（2.88）
に代入すると，現在の宇宙を再現するためには，宇宙がプランク温度のときに
$(r/r_H)^3 \sim 10^{90}$ 個の因果的に独立な領域すべてを物理的にまったく同じ状態に
用意する必要があったという結論を得る.

　このような初期条件が偶然に実現されたと考えるのはきわめて不自然である．
では，どのようにしたら地平線問題を解決できるであろうか．地平線問題が生じ
た原因を改めて振り返ると，それは宇宙が減速膨張していたためである．このた
め式（2.79）で定義した宇宙の粒子的地平線が有限となり，地平線問題が生じた
のである．すると問題の解決には，宇宙がその誕生直後に加速膨張をしていたら
よい，すなわち状態方程式が $w < -1/3$ を満たす物質が宇宙を支配していたら

よいことがわかる．これを実現するのが，宇宙初期に真空のエネルギーによって支配される時期があり，それによって宇宙が指数関数的に膨張する時期があったとするインフレーション宇宙理論である（6 章参照）．

2.8 平坦性問題

標準宇宙論のもう一つの原理的問題は，宇宙の平坦性である．観測から現在の宇宙が空間的にきわめて平坦に近いことがわかっている．その曲率半径は少なくとも現在のハッブル半径より十分に大きい．曲率の値で言うと，

$$\left(\frac{|K|}{a_0^2}\right)_{\text{obs}} \ll \frac{H_0^2}{c^2} \sim 10^{-56} \quad [\text{cm}^{-2}]. \tag{2.89}$$

この値を大きいと思うか小さいと思うかは，もちろん比較の対象となる基準がなくてはならない．そこで，地平線問題で考えたように，宇宙誕生時の初期条件として自然な値，プランク単位を基準にして考えよう．宇宙がプランク温度のときの自然な曲率の値は (プランク長さ)$^{-2}$ 程度と考えられるので

$$\left(\frac{|K|}{a_{\text{pl}}^2}\right)_{\text{theory}} \sim 10^{66} \quad [\text{cm}^{-2}] \tag{2.90}$$

である．現在の観測値（2.89）をプランク温度まで遡って，その初期値を求めると，$a_0/a_{\text{pl}} = T_{\text{pl}}/T_0 \sim 10^{32}$ を使って

$$\left(\frac{|K|}{a_{\text{pl}}^2}\right)_{\text{obs}} \ll 10^8 \, \text{cm}^{-2} \tag{2.91}$$

を得る．これと式（2.90）を比べると，現在の宇宙の平坦性を説明するためには，初期条件として自然な値に比べて，少なくとも 58 桁以上小さい値を設定する必要があることがわかる．これが平坦性問題である．

平坦性の問題は，約 138 億年といわれる宇宙の年齢にもかかわらず，現在の宇宙が異常に若いという問題として捉えることもできる．このことを見るために，フリードマン方程式

$$\left(\frac{\dot{a}}{a}\right)^2 + \frac{Kc^2}{a^2} = \frac{8\pi G}{3}\rho \tag{2.92}$$

に立ち戻ろう．プランク温度のときに初期条件が与えられたとすると，右辺は

$\rho \sim (k_{\mathrm{B}}T_{\mathrm{pl}})^4/(\hbar c)^3$ である．一方，左辺には項が二つあるが，それらは時空の幾何学量の「運動エネルギー」と「ポテンシャルエネルギー」の初期値とみなすことができる．これらのどちらに，どれだけのエネルギーを配分するかはまったく自由であり，どちらかに大きく偏った配分をする特別な理由はない．すると，もしその配分がランダムに決まったとすると，平均的な配分比は 1:1 であろう．すると，曲率項の自然な初期値は式 (2.90) で与えられることになる．

この場合，もし $K > 0$ であると，曲率項が a^{-2} に比例してしか減少しないのに対して右辺が a^{-4} に比例して減少するため，宇宙膨張はたちまち止まってしまい，その後収縮して潰れてしまう．その時間スケールはプランク時間 $t_{\mathrm{pl}} \sim 10^{-43}\,\mathrm{s}$ である．すなわち，宇宙年齢はプランク時間程度にしかなり得ない．また，もし $K < 0$ であると，宇宙膨張は止まらないが，すぐに右辺のエネルギー密度は曲率項に比べて無視できるようになり，プランク時間の数十倍程度の時間も経てば，宇宙はすでにほぼ真空となっており，100 億年も経った宇宙は完全な「死」の世界である．ところが，我々の宇宙は 100 億年以上も経っているにも関わらず，いまだに十分に物質に満たされており曲率項が支配的になっていない．すなわち，この宇宙はその年齢にも関わらず信じられないほど「若い」のである．

宇宙の平坦性問題，あるいはその異常な若さの問題は，物理的には宇宙のエントロピー問題として捉えることができる．統計力学で知られているように，エントロピーはある与えられた熱力学的状態を実現する可能なミクロの状態数の対数（にボルツマン定数 k_{B} を掛けたもの）である．そして，現在の宇宙のエントロピーに最も寄与しているのはビッグバンの名残りである宇宙マイクロ波背景放射の光子である．そこで，宇宙の空間曲率がゼロでないとして，曲率半径内の総エントロピー S を評価しよう．宇宙背景放射の温度が $T_0 = 2.7\,\mathrm{K} = 2.3 \times 10^{-4}\,\mathrm{eV}/k_{\mathrm{B}}$，密度パラメータが $\Omega = O(1)$ であることから，S/k_{B} の下限値として

$$S/k_{\mathrm{B}} = \frac{4\pi^2}{45}\frac{(k_{\mathrm{B}}T_0)^3}{\hbar^3 c^3}\left(\frac{a_0}{\sqrt{|K|}}\right)^3 = \frac{4\pi^2}{45}\frac{(k_{\mathrm{B}}T_0)^3}{H_0^3\hbar^3}\frac{1}{|1-\Omega|^{3/2}}$$
$$\gtrsim \frac{4\pi^2}{45}\frac{(k_{\mathrm{B}}T_0)^3}{H_0^3\hbar^3} \sim 10^{87} \tag{2.93}$$

を得る．これは莫大な数である．エントロピーが状態数の対数であることを考え

ると状態数は $\exp[10^{87}]$ にもなる．一方，宇宙誕生時の初期条件として自然なエントロピーの値は，やはりオーダー 1 である．たとえ多少大きめであったとしても，10^{87} という莫大な数を与える可能性はほとんど考えられない．これが宇宙の平坦性問題のエントロピー問題としての側面である．

　この平坦性のエントロピー問題としての側面が，実は，平坦性問題の解決方法を示唆している．すなわち，宇宙誕生後の早い時期に現在の宇宙のエントロピーを説明できるだけの多量のエントロピー生成を引き起こす何らかの機構が働けば良い．そして，インフレーション宇宙理論は，正にそうした機構を与える．すなわち，インフレーションによって宇宙のエネルギー密度がほとんど一定のまま，宇宙が指数関数的に十分に巨大になったのちに，インフレーションを引き起こした真空のエネルギーが一斉に解放され，高温の物質と放射が生成される．こうしてエントロピー問題が解決されることになる（6 章参照）．

第3章

宇宙の熱史

宇宙膨張と宇宙マイクロ波背景放射の発見によって，宇宙が超高温，超高密度の状態から始まったことが明らかになった．このような宇宙の時間変化の中で物質や放射はどのように進化してきたのであろうか．この章では，膨張宇宙の中での物質と放射の進化について，その基礎的事項を詳しく述べる[*1]．

3.1 膨張宇宙における物質と放射の進化

前章で述べたように，一様等方宇宙のスケール因子は，フリードマン方程式

$$\left(\frac{\dot{a}}{a}\right)^2 + \frac{K}{a^2} = \frac{8\pi G}{3}\rho \tag{3.1}$$

とエネルギー運動量テンソルの保存則 $\nabla_\mu T^{\mu\nu} = 0$ より導かれる

$$\frac{d\rho}{dt} + 3H(\rho + P) = 0 \tag{3.2}$$

という式にしたがって変化する．ρ はエネルギー密度，P は圧力である．その内容は，状態方程式に応じて（表3.1）のように分類できる．

ここで，物質あるいはマター，ダストと呼ぶ非相対論的物質のエネルギー密度はスケール因子の3乗に反比例して減少する．一方，放射とは，質量ゼロまたは

[*1] 本章と続く 4, 5 章では $c = \hbar = k_\mathrm{B} = 1$ の単位系を用いる．

表 **3.1** エネルギー密度の種類.

種類	記号	依存性	おもな成分
物質（マター，ダスト）	ρ_{m}	$\propto a^{-3}$	バリオン，冷たいダークマター
放射	ρ_{r}	$\propto a^{-4}$	光子とニュートリノの背景放射
ダークエネルギー	ρ_Λ または ρ_{de}	ほぼ一定	宇宙項，?

質量のエネルギーが運動エネルギーに比べて無視できるほど小さい，超相対論的粒子のことを意味する．そのような粒子のエネルギーは振動数に比例し，波長に反比例するので，宇宙膨張によって，一粒子あたりのエネルギーはスケール因子に反比例して減少するとともに，粒子数密度はやはりスケール因子の 3 乗に反比例するので，放射のエネルギー密度はスケール因子の 4 乗に反比例して減少するのである．したがって，式（3.2）との整合性から，物質の状態方程式は $P_{\mathrm{m}} = 0$，放射の状態方程式は $P_{\mathrm{r}} = \rho_{\mathrm{r}}/3$ で表されることがわかる．

　これらの関係式は，もちろん計算によって直接導出することもできる．たとえば，熱平衡状態では，熱力学的な計算によって式（3.16），（3.22）のように導出することができる．一方，宇宙項や真空のエネルギーのように宇宙が膨張してもまったくエネルギー密度が変化しない要素の状態方程式は，式（3.2）より，$P_\Lambda = -\rho_\Lambda$ と表すことができる．すなわち正の宇宙項やダークエネルギーに支配された状態は，負の圧力を持った状態である．このことは，もちろん，宇宙項 Λ が一般相対論のアインシュタイン作用の中に $\Lambda g_{\mu\nu}$ という形で含まれることからも理解できる．

　なお，宇宙項 Λ を真空のエネルギー ρ_Λ と見なすと，これらの間には，$\rho_\Lambda = \Lambda/(8\pi G)$ という関係式が成り立つ．ダークエネルギーの起源は宇宙項のような真空のエネルギーである可能性が高いと思われるが，そのエネルギー密度が時間的に完全に一定であることが観測的に示されているわけではない．それゆえ，時間変化する可能性も勘案して，宇宙項ではなく，ダークエネルギーと呼ばれているのである．ダークエネルギーの状態方程式を $P_{\mathrm{de}} = w\rho_{\mathrm{de}}$ と書き，w をダークエネルギーの状態方程式パラメータと呼ぶ．これは近年の観測的宇宙論の進歩に伴って新たに導入された宇宙論的パラメータである．その値は $w = -1$ 付近にあることは確かであるが，時間変化しているかもしれない．

　現在の宇宙で宇宙のエネルギー密度に最も大きな寄与をしているのは，ダークエネルギーであるが，これは a^{-2} よりも弱い変化しか示さないので，過去においては重要な役割を果たしていたということはない．ダークエネルギーの正体が，宇宙膨張によらず一定値を保つ宇宙項だったとすると，現在の $\Omega_\Lambda = 0.685$, $\Omega_{\mathrm{m}} = 0.24$ という観測値を用いると，赤方偏移 $z = (\rho_\Lambda/\rho_{\mathrm{m}0})^{1/3} - 1 = 0.3$ より以前は，宇宙項ではなく，物質優勢だったことがわかる．さらに宇宙膨張を過去に遡ると，放射優勢になるが，放射と物質のエネルギー密度が等しかったのは，赤方偏移 $z_{\mathrm{eq}} = 3402 \pm 26$ のとき[*2]である．

　それ以前の宇宙は放射優勢であり，宇宙膨張を遡るにつれ，より高温高密度になっていく．このような状態では粒子同士は活発に反応を起こし，熱平衡状態に達していたと考えられる．

　そこで，温度 $T \equiv \beta^{-1}$ の平衡状態における粒子の諸量を書き下しておこう．周知のように，スピンが整数値をとるボソンの分布関数は，エネルギー ω, 化学ポテンシャル μ[*3]の関数として

$$f_{\mathrm{B}}(\omega) = \frac{1}{e^{\beta(\omega-\mu)} - 1} \tag{3.3}$$

とかけ，スピン半整数のフェルミオンの分布関数は

$$f_{\mathrm{F}}(\omega) = \frac{1}{e^{\beta(\omega-\mu)} + 1} \tag{3.4}$$

であたえられる．これらをまとめて $f(\omega)$ と書いておくと，各粒子の数密度 n とエネルギー密度 ρ は

$$n = g \int \frac{d^3q}{(2\pi)^3} f(\omega), \tag{3.5}$$

$$\rho = g \int \frac{d^3q}{(2\pi)^3} \omega f(\omega) \tag{3.6}$$

であたえられる．ここで，q は運動量であり，粒子の質量を m とすると，q と ω

[*2] 厳密には，現在の物質の量の観測値には不定性があるので，z_{eq} にも不定性がある．表記 3402 ± 26 とは，現在の物質の量の観測値としてもっとも確からしい値を採用したときには z_{eq} は 3402 となるが，観測結果と有意に矛盾を生じない範囲でおおむね 3376 から 3428 の値を取り得るということを意味している．

[*3] 化学ポテンシャルとは，ある状態においてある粒子の数の増減を特徴づける量である．

は $\omega^2 = \boldsymbol{q}^2 + m^2$ によって関係づけられている．g は各粒子のスピン状態等内部自由度の数である．また圧力は，$x =$ 定数にある仮想的な壁に粒子が左側から速度 $v_x = q_x/\omega$ で衝突するとき，壁に力積 $2q_x$ をあたえることに注意すると，

$$P = g \int_{q_x>0} \frac{d^3q}{(2\pi)^3} \frac{2q_x^2}{\omega} f(\omega) = g \int \frac{d^3q}{(2\pi)^3} \frac{q^2}{3\omega} f(\omega) \tag{3.7}$$

であたえられることがわかる．

あるいは，大分配関数 $\Xi(\beta, \mu)$ から得られる熱力学的ポテンシャル

$$\Omega = -T \ln \Xi = -TVg \int \frac{d^3q}{(2\pi)^3} \ln\left[1 \mp e^{-\beta(\omega-\mu)}\right]^{\mp 1} \tag{3.8}$$

に関して，$\Omega = -PV$ となることを用い，

$$P = \pm gT \int \frac{d^3q}{(2\pi)^3} \ln[1 \pm f(\omega)] \tag{3.9}$$

と表すこともできる．ただし，ボソンの場合は複号の上側をとり，フェルミオンの場合は下側をとる．

また，ギブズの自由エネルギーの二つの表式

$$G = E - TS + PV = \mu N \tag{3.10}$$

を用いると，エントロピー密度 s は

$$s = \beta(\rho + P - \mu n) \tag{3.11}$$

によってあたえられることがわかる．この式は化学ポテンシャルがゼロの場合ももちろん正しい．

体積 $V = a^3$ の領域を考えることにして，熱力学の第一法則を書き下すと，

$$d'Q = dE + PdV = Vd\rho + 3V\rho\frac{da}{a} + 3VP\frac{da}{a} \tag{3.12}$$

となるが，これは式（3.2）により 0 に等しいので，宇宙は断熱膨張をすることがわかる．したがって，宇宙膨張を準静的過程の連続とみなせ，熱平衡状態が保たれているような状況の下では，$d'Q = TdS$ の関係より，エントロピーは保存することがわかる．一方，スカラー場や粒子の非平衡崩壊が起こると，エントロピーは保存せず，増大する．

粒子が非相対論的 $(m \gg T)$，より正確には，$m - \mu \gg T$ が満たされるとき，ボース分布もフェルミ分布もボルツマン分布

$$f(\omega) = e^{-\beta(\omega - \mu)} \tag{3.13}$$

で置き換えられるので，数密度，エネルギー密度，圧力，一粒子あたりの平均エネルギー ε は，

$$n = g \left(\frac{mT}{2\pi} \right)^{3/2} e^{-\beta(m - \mu)}, \tag{3.14}$$

$$\rho = \left(m + \frac{3}{2}T \right) n, \tag{3.15}$$

$$P = nT \ll \rho, \tag{3.16}$$

$$\varepsilon \equiv \frac{\rho}{n} = m + \frac{3}{2}T \tag{3.17}$$

とかける．また，エントロピー密度は，式（3.11）を用いて，

$$s = \left(\frac{m - \mu}{T} + \frac{5}{2} \right) n \approx \frac{m - \mu}{T} n \tag{3.18}$$

のように表される．

粒子の質量に比べて温度が高く，すなわち $T \gg m$ で粒子が相対論的な場合，$\mu \ll T$ のとき，数密度，エネルギー密度，一粒子あたりの平均エネルギー，圧力，エントロピー密度はそれぞれ，

$$n_{\mathrm{B}} = \frac{\zeta(3)}{\pi^2} g T^3, \quad n_{\mathrm{F}} = \frac{3}{4} \frac{\zeta(3)}{\pi^2} g T^3, \tag{3.19}$$

$$\rho_{\mathrm{B}} = \frac{\pi^2}{30} g T^4, \quad \rho_{\mathrm{F}} = \frac{\pi^2}{30} \times \frac{7}{8} g T^4, \tag{3.20}$$

$$\varepsilon_{\mathrm{B}} = \frac{\pi^4}{30\zeta(3)} T \approx 2.70T, \quad \varepsilon_{\mathrm{F}} = \frac{7\pi^4}{180\zeta(3)} T \approx 3.15T, \tag{3.21}$$

$$P = \frac{1}{3}\rho, \tag{3.22}$$

$$s = \frac{4}{3} \frac{\rho}{T} \tag{3.23}$$

で表される．添字 B はボソン，F はフェルミオンに対応する．また $\zeta(3) = 1.20206 \cdots$ はリーマンのゼータ関数である．これらの近似式を厳密な積分と比較すると，図3.1のようになる．初期宇宙には多種の相対論的粒子が熱平衡状態

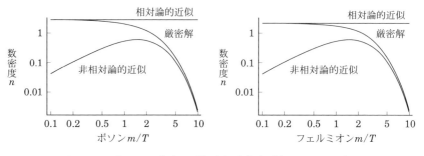

図 **3.1** エネルギー密度の近似式と厳密式（左がボソン，右が
フェルミオン）．

にあった．このような放射の全エネルギー密度 ρ_r は，式（3.20）を足し上げる
ことにより，

$$\rho_r = \frac{\pi^2}{30} g_*(T) T^4, \quad g_*(T) \equiv \sum_{i \in \text{ボソン}} g_i + \frac{7}{8} \sum_{i \in \text{フェルミオン}} g_i \tag{3.24}$$

と表される．$g_*(T)$ を実効的全相対論的自由度数という．この場合，同様にして
エントロピー密度も

$$s = \frac{4\pi^2}{90} g_*(T) T^3 \tag{3.25}$$

のように表すことができる．

　各粒子が相対論的であるか否かは温度によって決まるので，$g_*(T)$ は温度の関
数である．温度がある粒子の質量より低下すると，その粒子は非相対論的にな
り，その分 $g_*(T)$ は減少する．しかし，エントロピーは保存するため，温度はそ
の間 a^{-1} よりも緩やかに減少し，$g_*(T)T^3$ は一定に保たれる．初期宇宙の $T \gg$
$10^2 \,\mathrm{GeV}$ の頃は，まだワインバーグ–サラム（Weinberg–Salam）相転移[*4]は起
こっていなかったため，素粒子の標準理論に現れるすべての粒子は質量ゼロの状
態にあった．すなわち，3 世代のクォーク，レプトン，グルーオン，電弱相互作
用のゲージボソン，ヒッグス場というすべての粒子が相対論的であり，それらの
自由度を足し上げると $g_* = 106.75$ になっていた．その後，ワインバーグ–サラ

[*4] 電磁相互作用と弱い相互作用を統一する理論における相転移で，これより高エネルギーのとき
は対称性が高く弱い相互作用を伝えるウィークボソンと電磁相互作用を伝える光子はともに質量をも
たない．このときのエネルギースケールは $M_W \sim 80 \,\mathrm{GeV}$.

ム相転移やクォーク–ハドロン相転移を経て自由度の数は段階的に減少していくが，温度数十 MeV から 1 MeV の頃の宇宙で相対論的であったのは，光子，3 世代の左巻きニュートリノとその反粒子，電子，および陽電子だけになっているので，$g_* = 10.75$ であった．

以上は放射を担うすべての相対論的粒子が同じ温度の場合であるが，一部の粒子の相互作用が相対的に弱まり，熱化学平衡からずれると，これらの粒子は他と異なる温度を持って熱平衡分布する状況が起こり得る．各種粒子の温度を T_i，放射の代表的温度を T とすると，全エネルギー密度 ρ_r とエントロピー密度 s は，

$$\rho_\mathrm{r} = \frac{\pi^2}{30} g_*(T) T^4, \tag{3.26}$$

$$g_*(T) = \sum_{i \in \text{ボソン}} g_i \left(\frac{T_i}{T}\right)^4 + \frac{7}{8} \sum_{i \in \text{フェルミオン}} g_i \left(\frac{T_i}{T}\right)^4, \tag{3.27}$$

$$s = \frac{4\pi^2}{90} g_{*s}(T) T^3, \tag{3.28}$$

$$g_{*s}(T) = \sum_{i \in \text{ボソン}} g_i \left(\frac{T_i}{T}\right)^3 + \frac{7}{8} \sum_{i \in \text{フェルミオン}} g_i \left(\frac{T_i}{T}\right)^3 \tag{3.29}$$

のように表される．このような状況では $g_*(T)$ と $g_{*s}(T)$ は異なる値を持つことに注意されたい．

初期宇宙の放射優勢時代では，フリードマン方程式の曲率項は無視できたので，

$$H^2 = \frac{8\pi G}{3} \rho_\mathrm{r} = \frac{8\pi^3 g_*(T)}{90 M_\mathrm{pl}^2} T^4 \tag{3.30}$$

が成り立つ．M_pl はプランク質量で，値は 1.2×10^{19} GeV．さらに，$P = \rho_\mathrm{r}/3$ の支配した曲率の無視できる宇宙は $a(t) \propto t^{1/2}$ のように膨張するので，$H = \dot{a}/a = 1/(2t)$ であり，これによって，宇宙年齢と温度の関係

$$t = \frac{1}{2H} = \left(\frac{90}{32\pi^3 g_*}\right)^{1/2} \frac{M_\mathrm{pl}}{T^2} \approx \left(\frac{T}{1\,\text{MeV}}\right)^{-2} \quad [\text{sec}] \tag{3.31}$$

が得られる．つまり温度 $T = 1$ MeV の頃の宇宙年齢がちょうど 1 秒くらいだったのである．ただし，このとき $g_* = 10.75$ であったことを用いた．

一方，現在の宇宙のエントロピー密度は，$g_{*s} = 3.91$，$T = 2.73$ K より，$s = 2.91 \times 10^3$ cm^{-3} である．

3.2 クォーク–ハドロン相転移

陽子や中性子などのバリオンや，中間子等の強い相互作用をするハドロンは，複数のクォークからなる複合粒子である．これらは初期宇宙の高温高密度時代には単体のクォークに分解していたと考えられる．宇宙膨張による温度と密度の低下に伴っておこる初期宇宙のクォーク相からハドロン相への相転移をクォーク–ハドロン相転移という．

この相転移がどのように起こるのか，とくに相転移の次数が 1 次なのか 2 次なのかを明らかにすることは積年の課題であった．これは強い相互作用を記述する量子色力学（QCD）の非摂動的な構造に依拠して起こるので，その解析は格子ゲージ理論の数値計算によって行うのが，既知の唯一の信頼できる方法であるが，現実的な計算を行うのがきわめて困難であるからである．また，虚時間を用いて平衡状態を計算する格子ゲージ理論の計算は，時間変化する背景時空での宇宙論的相転移とは異なる状況を扱っているので，その正しい解釈には慎重を期さねばならない．しかし現在までに得られた成果によれば，相転移は強い 1 次でも 2 次でもなく，クォーク相とハドロン相が共存しながら徐々に進行するクロスオーバー型に起こるものと考えられている．

クォーク–ハドロン相転移の単純なモデル化として，いわゆるバッグモデルによる解析が長く知られているが，これは適切なパラメータを選べば，現在もなお相転移の単純な現象論的記述としては有用である．バッグモデルとは，ハドロンをクォークを中に含んだ袋として捉えることによってクォークの閉じこめを現象論的に理解しようというモデルである．この袋のエネルギーは，通常のクォークの運動エネルギー E_Q に加え，体積 V に比例した項を持ち，$E = BV + E_Q$ で与えられるとする．第一項は体積を小さくするとそれに比例して小さくなるが，クォークの運動エネルギーは，体積を小さくすると不確定性関係によって運動量が増大するため，増大する．したがって全エネルギーはこれらの釣り合いで決まる有限な体積で最小となり，ハドロンが潰れもせず，ふくらんでクォークが単独に分離されることもないという事実をよく説明する．比例係数 B をバッグ定数という．「体積に比例したエネルギー」というのは，宇宙論でいえば宇宙項と同様のものであるから，これは圧力に対しては $-B$ という寄与をすることがわかる．

今興味のある相転移点付近の温度での取り扱いの第一近似として，ハドロンは質量と相互作用の無視できるパイ粒子ガス，クォークは同じく質量と相互作用の無視できるクォーク・グルーオンガスで構成されると見なすと，ハドロン相（添字 H で表す），クォーク相（Q）の熱力学的諸量は，それぞれ

$$\rho_H = g_H \frac{\pi^2}{30} T^4, \quad \rho_Q = g_Q \frac{\pi^2}{30} T^4 + B, \tag{3.32}$$

$$P_H = g_H \frac{\pi^2}{90} T^4, \quad P_Q = g_Q \frac{\pi^2}{90} T^4 - B, \tag{3.33}$$

$$s_H = g_H \frac{4\pi^2}{90} T^3, \quad s_Q = g_Q \frac{4\pi^2}{90} T^3 \tag{3.34}$$

で与えられる．ただし化学ポテンシャルは 0 としている．

臨界点は相平衡の条件 $P_H = P_Q$ より求めることができ，臨界温度は

$$T_c = \left(\frac{90}{\pi^2} \frac{B}{g_Q - g_H} \right)^{1/4} \tag{3.35}$$

と求めることができる．このモデルはこの臨界温度で一次相転移を呈し，そのとき解放される潜熱は，単位体積あたり，

$$L = T_c(s_Q - s_H) = 4B \tag{3.36}$$

で与えられる．

もし，クォーク-ハドロン相転移が強い一次相転移であったとすると，それは次のように進行する．まず，温度低下とともにクォーク相の中にハドロン相の泡が生成し，それが膨張，衝突，融合することによって，宇宙全体がハドロン相で満たされたところで終了する．もしその際，泡の表面がバリオン数を通さないとすると，クォーク相が取り残されたところにバリオン数が集中することになる．

その結果，バリオン数の大きな非一様性が生成した可能性も視野に入れる必要が出てきた．そのような観点から，バリオン数が大きなゆらぎを持った宇宙で軽元素合成がどのように進行するかを解析する研究が一時期盛んに行われた．その結果，元素合成によるバリオン数密度への制限が大きく変わることなどが得られた．しかし今日では，クォーク-ハドロン相転移がこのような強い一次相転移である可能性はほぼないと考えられるに至ったので，クォーク-ハドロン相転移がその後の宇宙の進化に何らかの影響を及ぼした可能性は，おそらくなかったであろうと考えられる．

3.3 平衡条件と宇宙の温度

完全な熱化学平衡状態が成り立つためには，系は巨視的に見て静的でなければ
ならない．宇宙は放射や物質のエネルギー密度を減少させながら膨張しているの
で，このような理想的な状況は成り立っていない．

非平衡状態にある系が平衡状態に落ち着くためには平衡化に向かって働く反応
が十分起こることが必要である．すなわち，反応に要する時間よりも十分長い時
間がたって初めて熱平衡状態が実現する．静的な系であればじっと待っていれば
よいのであるが，宇宙は膨張しているので，反応に要する時間がそのときの宇宙
年齢よりも長いと，反応が起こる頃には宇宙はかなり膨張してしまっており，反
応時間の計算に用いた温度や密度はもはや正しくなくなっているのである．した
がって，宇宙年齢よりも短い時間内に十分活発に反応が起こらなければならな
い．逆に，この条件が成り立っていれば，反応に要する時間内では宇宙はほとん
ど膨張しないので，このタイムスケールで見る限り，宇宙は静的と見なしてよ
く，各時刻での温度に対応した熱平衡状態が実現可能である．

反応率を Γ と書くと，1 回の反応に要する時間は Γ^{-1} 程度であり，これが宇
宙年齢 $t \approx H^{-1}$ より十分短かければよい．すなわち，

$$\Gamma \gg H \tag{3.37}$$

が成り立つことが熱平衡状態が実現する条件である．

宇宙膨張を過去に遡ればさかのぼるほど，温度も密度も高くなるので，粒子反
応もより活発に起こり，熱平衡状態が実現すると直観的には思われる．しかし，
宇宙膨張率もどんどん大きくなっていくことを忘れてはならない．

たとえば，比較的反応率の大きい，ゲージ粒子との 2 体反応を考えることにす
ると，その反応率は

$$\Gamma_2 = \langle n\sigma c \rangle \simeq \frac{NT^3}{\pi^2} \frac{\alpha^2}{T^2} \tag{3.38}$$

と表される．ここに N は反応するモード数，α はゲージ結合定数であり，数密
度の表式（3.19）を用いた．これと放射優勢宇宙の膨張率を表す式（3.30）とを
比較すると，反応率は $\Gamma \propto T$ でしか上昇しないが，宇宙膨張率は $H \propto T^2$ のよ
うに変化するため，$\Gamma \gg H$ という条件は，宇宙の温度に対して上限をあたえる

ことになる．すなわち，

$$T \ll 10^{15} \left(\frac{\alpha}{0.05}\right)^2 \left(\frac{N}{10}\right) \left(\frac{g_*}{200}\right)^{-1/2} \text{[GeV]} \tag{3.39}$$

という結果が得られる．これ以前の宇宙はどんなに密度が高くても，一般に非平衡状態であったと考えるべきである．

　ここでは，熱平衡状態という言葉を用いたが実はその使い方には少し注意が要る．進化する宇宙においてはさまざまな反応がさまざまなタイムスケールで起こるため，それに付随して平衡状態も，どのような反応が十分活発に起こるかによって以下の3種類に大別できる．

　(1)　**運動学的平衡**：反応の前後で粒子の種類の変わらない，弾性散乱のみが活発に起こっている状態である．これによって位相空間での分布は平衡状態と同じ形をとり，ボソンはボース分布，フェルミオンはフェルミ分布の形

$$f(\omega) = \frac{1}{e^{(\omega-\mu)/T} \mp 1} \tag{3.40}$$

をとる．しかし，各成分の化学ポテンシャル μ_i の間には特段の関係は存在しない．

　(2)　**化学平衡**：上記の反応に加え，反応前後で粒子の種類が変わるような反応も宇宙膨張のタイムスケールよりも速く活発に起こっている状態である．位相空間での分布関数の形は運動学的平衡の場合と同じであるが，たとえば，$abc\cdots \longleftrightarrow ijk\cdots$ という反応が十分活発に起こっていると，それらの化学ポテンシャルの間には，$\mu_a + \mu_b + \mu_c + \cdots = \mu_i + \mu_j + \mu_k + \cdots$ という関係が成り立つことになる．このような関係式は活発な反応の数だけたてることができ，式の数が粒子の種類を超えるような状況も起こりえるが，独立な式の数が粒子の種類の数を超えることはないので，解がなくなってしまう心配はない．

　(3)　**熱平衡**：最上位の平衡状態であり，考え得るすべての反応が宇宙膨張のタイムスケールより十分速く起こっている状態である．エントロピーが最大になるのは，化学ポテンシャルがすべてゼロになる場合であるから，非保存量に対応した化学ポテンシャルはすべてゼロになる．したがって，分布関数は

$$f(\omega) = \frac{1}{e^{\omega/T} \mp 1} \tag{3.41}$$

であたえられる．

3.4 膨張宇宙における粒子数の発展方程式

粒子分布が熱化学平衡状態にあるかどうかは前に述べたように,

$$反応率 \Gamma \gtrless H \text{ 宇宙膨張率}$$

で決まる.

この詳細を調べるには, 一般には位相空間での分布関数 $f(p^\mu, x^\mu)$ を見ないといけない. その進化はボルツマン方程式

$$\hat{L}[f]\,(ドリフト項) = C[f]\,(衝突項) \tag{3.42}$$

によって支配される. 左辺は流れの項, 右辺は衝突項である. 前者は非相対論的粒子に対しては, リュービル演算子

$$\hat{L}_{\mathrm{NR}} = \frac{D}{Dt} = \frac{\partial}{\partial t} + \frac{d\boldsymbol{x}}{dt} \cdot \frac{\partial}{\partial \boldsymbol{x}} + \frac{d\boldsymbol{p}}{dt} \cdot \frac{\partial}{\partial \boldsymbol{p}}$$
$$= \frac{d}{dt} + \boldsymbol{v} \cdot \nabla + \frac{\boldsymbol{F}}{m} \cdot \nabla_{\boldsymbol{v}}$$

であり, 相対論的粒子に対しては, 測地線方程式

$$\frac{dp^\alpha}{d\tau} + \Gamma^\alpha_{\beta\gamma} p^\beta p^\gamma = 0 \tag{3.43}$$

より,

$$\hat{L} = \frac{dx^\alpha}{d\tau} \frac{\partial}{\partial x^\alpha} + \frac{dp^\alpha}{d\tau} \frac{\partial}{\partial p^\alpha}$$
$$= p^\alpha \frac{\partial}{\partial x^\alpha} - \Gamma^\alpha_{\beta\gamma} p^\beta p^\gamma \frac{\partial}{\partial p^\alpha}$$

で与えられる. ただし, τ は適切に定義したアフィンパラメータであるが, 質量を持った粒子に対してはこれは固有時間を質量で除したものと同等である. 一様等方宇宙で一様等方分布を考えると, f は時刻 t と運動量の大きさ $|\boldsymbol{p}| \equiv p$ あるいはエネルギー $E = \sqrt{p^2 + m^2}$ だけの関数として表されるので,

$$\hat{L}f = E\frac{\partial f}{\partial t} - H|\boldsymbol{p}|^2 \frac{\partial f}{\partial E} \tag{3.44}$$

となる.

これより, 数密度

$$n(t) = g \int \frac{d^3p}{(2\pi)^3} f(E, t) \tag{3.45}$$

は,

$$\frac{dn}{dt} + 3Hn = g \int \frac{d^3p}{(2\pi)^3} \boldsymbol{C}[f] \frac{1}{E} \tag{3.46}$$

を満たすことがわかる.ただし,左辺第二項は,p を変数にして部分積分を行った結果得られた.

さて,ψ という粒子の粒子数密度の変化に注目しよう.

$$\psi + a + b + \cdots + d \longleftrightarrow i + j + \cdots + l \tag{3.47}$$

という反応における衝突項は,

$$
\begin{aligned}
\frac{g}{(2\pi)^3} \int \frac{d^3p_\psi}{E_\psi} \boldsymbol{C}[f] = &- \int d\Pi_\psi d\Pi_a \cdots d\Pi_d d\Pi_i d\Pi_j \cdots d\Pi_l \\
&\times (2\pi)^4 \delta(p_\psi + p_a + \cdots + p_d - p_i - p_j - \cdots - p_l) \\
&\times [|\mathcal{M}|^2_\rightarrow f_\psi f_a f_b \cdots f_d (1 \pm f_i)(1 \pm f_j) \cdots (1 \pm f_l) \\
&- |\mathcal{M}|^2_\leftarrow f_i f_j \cdots f_l (1 \pm f_\psi)(1 \pm f_a) \cdots (1 \pm f_d)] \tag{3.48}
\end{aligned}
$$

となる.ただし,$f_s (s = \psi, a, b, \cdots, d, i, j \cdots, l)$ は各粒子 s の統計に応じた位相空間密度を表す.$|\mathcal{M}|^2_\rightarrow$,$|\mathcal{M}|^2_\leftarrow$ はそれぞれ (3.47) で → の反応,← の反応が起こったときの反応行列要素である.

式 (3.48) の $(1 \pm f_s)$ のファクターは,行き先(生成粒子)の $a_s^\dagger |n_s\rangle = \sqrt{1 \pm n_s} |n_s + 1\rangle$ に由来する.+ はボソン,− はフェルミオンの場合であり,それぞれ誘導放出とパウリ禁則を表す(すなわち $a_i |n_i\rangle = \sqrt{n_i} |n_i - 1\rangle$).| 反応行列要素 $|^2$ をとるので $1 \pm n_i$ になっている.位相空間の積分要素は

$$dΠ_s = g \frac{d^4p_s}{(2\pi)^4} \times 2\pi\delta(p_s^2 - m_s^2) = g \frac{d^3p_s}{(2\pi)^3} \frac{1}{2E_s} \tag{3.49}$$

によって与えられる.

通常,T–不変性[*5]が成り立つので,$|\mathcal{M}|^2_\rightarrow = |\mathcal{M}|^2_\leftarrow$ が成り立つ.一般に CPT–

[*5] 粒子を反粒子に,反粒子を粒子に入れかえる荷電共役変換(C 変換),右と左を入れかえるパリティ変換(P 変換),時間の進む方向を反対にする変換(T 変換)に対して,理論,現象が不変であるとき「··· 不変性が成り立つ」という.

不変性が成り立つので，この関係が成り立つのは CP–不変性の結果であるということもできる．なお，後にバリオン非対称生成の項で見るように，粒子–反粒子数の非対称性が生成するためには，CP 対称性は破れなければならない．

さて，各種粒子について，粒子数を変化させる反応は必ずしも熱平衡にはないが，粒子数を変えずに運動量空間の分布のみに影響する反応は平衡状態にあるとすると，運動学的平衡が成り立ち，粒子 s の分布関数はその統計性に応じて

$$f_s(E_s) = \frac{1}{e^{\beta(E_s - \mu_s)} \mp 1} \tag{3.50}$$

と表せる．これから得られる

$$1 \pm f_s = f_s e^{\beta(E_s - \mu_s)} \tag{3.51}$$

を用いると，

$$\dot{n}_\psi + 3H n_\psi = \int d\Pi_\psi d\Pi_a \cdots d\Pi_d d\Pi_i d\Pi_j \cdots d\Pi_l$$
$$\times |\mathcal{M}|^2 f_\psi f_a f_b \cdots f_d f_i f_j \cdots f_l (2\pi)^4 \delta^{(4)}(p_i + p_j + \cdots - p_\psi - p_a - \cdots)$$
$$\times [e^{\beta(E_\psi - \mu_\psi)} e^{\beta(E_a - \mu_a)} \cdots e^{\beta(E_d - \mu_d)} - e^{\beta(E_i - \mu_i)} e^{\beta(E_j - \mu_j)} \cdots e^{\beta(E_l - \mu_l)}]$$
$$\tag{3.52}$$

となる．エネルギー保存則より，最後のファクターの2項のエネルギーに関する部分は互いに等しいので，生成反応と消滅反応が釣り合い，化学平衡が成り立つのは，通常どおり $\mu_\psi + \mu_a + \mu_b + \cdots + \mu_d = \mu_i + \mu_j + \cdots + \mu_l$ のときであることが見て取れる．

さて，フェルミ縮退もボース凝縮もない場合はもう少し簡単化した解析が可能である．式（3.48）において，$1 \pm f_s$ のファクターをすべて無視することができるからである．そのとき，ボルツマン方程式は，

$$\dot{n}_\psi + 3H n_\psi = -\int d\Pi_\psi d\Pi_a \cdots d\Pi_d d\Pi_i d\Pi_j \cdots d\Pi_l$$
$$\times (2\pi)^4 \delta(p_\psi + p_a + \cdots + p_d - p_i - p_j - \cdots - p_l)$$
$$\times |\mathcal{M}|^2 [f_\psi f_a f_b \cdots f_d - f_i f_j \cdots f_l] \tag{3.53}$$

であたえられる．

3.5 対消滅の凍結による粒子数密度の決定

ここで導出したボルツマン方程式の応用として，比較的弱い相互作用しかせず，長寿命で，対消滅によってのみ粒子数の変化する場合を考えてみよう．すなわち，粒子 ψ とその反粒子 $\bar{\psi}$ は，対消滅によって別の粒子 X とその反粒子 $\bar{X}$ に転化するとし，X や $\bar{X}$ はより強い相互作用をすることによって熱平衡分布

$$f_X^{\mathrm{eq}} = f_{\bar{X}}^{\mathrm{eq}} = \frac{1}{e^{\beta E_X} \mp 1} \tag{3.54}$$

を持っているとしよう．ただし，粒子と反粒子は CPT 不変性より同じ質量を持つので，熱平衡状態の分布関数は同じ形を持っていることに注意する．たとえば，弱い相互作用しかしないニュートリノ–反ニュートリノ対（これらを $\psi\bar{\psi}$ と考える）が，弱い相互作用と電磁相互作用をする荷電レプトン対（$X\bar{X}$）になる反応を考える．すると式 (3.48) より，

$$\dot{n}_\psi + 3Hn_\psi = -\int d\Pi_\psi d\Pi_{\bar{\psi}} d\Pi_X d\Pi_{\bar{X}} (2\pi)^4 \delta(p_\psi + p_{\bar{\psi}} - p_X - p_{\bar{X}})$$
$$\times |\mathcal{M}|^2 \left[\left(f_\psi f_{\bar{\psi}} - f_\psi^{\mathrm{eq}} f_{\bar{\psi}}^{\mathrm{eq}} \right) (1 \pm f_X^{\mathrm{eq}})(1 \pm f_{\bar{X}}^{\mathrm{eq}}) \right.$$
$$\left. - f_X^{\mathrm{eq}} f_{\bar{X}}^{\mathrm{eq}} \left[(1 \pm f_\psi)(1 \pm f_{\bar{\psi}}) - (1 \pm f_\psi^{\mathrm{eq}})(1 \pm f_{\bar{\psi}}^{\mathrm{eq}}) \right] \right]. \tag{3.55}$$

縮退や凝縮のない場合はより簡単で，式 (3.53) より

$$\dot{n}_\psi + 3Hn_\psi = -\int d\Pi_\psi d\Pi_{\bar{\psi}} d\Pi_X d\Pi_{\bar{X}} (2\pi)^4 \delta(p_\psi + p_{\bar{\psi}} - p_X - p_{\bar{X}})$$
$$\times |\mathcal{M}|^2 \left(f_\psi f_{\bar{\psi}} - f_\psi^{\mathrm{eq}} f_{\bar{\psi}}^{\mathrm{eq}} \right) \tag{3.56}$$

となる．

ψ と $\bar{\psi}$ は運動学的平衡分布を持つとすると，上式の運動量積分はいずれも熱分布に関する平均をとるという操作に対応することになるため，

$$\frac{dn_\psi}{dt} + 3Hn_\psi = -\langle \sigma_{\psi\bar{\psi} \to X\bar{X}} |v| \rangle (n_\psi^2 - (n_\psi^{\mathrm{eq}})^2) \tag{3.57}$$

が得られる．右辺の係数は，対消滅の断面積の熱平均であり，

$$\langle \sigma_{\psi\bar{\psi} \to X\bar{X}} |v| \rangle \equiv \frac{1}{(n_\psi^{\mathrm{eq}})^2} \int d\Pi_\psi d\Pi_{\bar{\psi}} d\Pi_X d\Pi_{\bar{X}} (2\pi)^4 \delta^{(4)}(p_\psi + p_{\bar{\psi}} - p_X - p_{\bar{X}})$$
$$\times |\mathcal{M}|^2 e^{-E_\psi/T} e^{-E_{\bar{\psi}}/T}$$

である.

ここでは $\psi, \bar{\psi}$ が $X, \bar{X}$ に対消滅する場合のみを考えたが, $\psi\bar{\psi} \to F$ などの他の対消滅モードがあるときも同様に,

$$\frac{dn_\psi}{dt} + 3Hn_\psi = -\langle\sigma_{\mathrm{ann}}|v|\rangle(n_\psi^2 - (n_\psi^{\mathrm{eq}})^2) \tag{3.58}$$

とかける. σ_{ann} は対消滅の全断面積である.

さて, 宇宙が断熱膨張している限り, 座標体積あたりのエントロピーは保存するので, 膨張宇宙における粒子数を考えるには, 数密度と式 (3.25) であたえたエントロピー密度との比を考えるのが便利である. すなわち,

$$Y_\psi \equiv \frac{n_\psi}{s} \tag{3.59}$$

という量を定義し, ボルツマン方程式を Y_ψ に関する方程式として書き換えることを考える. 初期宇宙の放射優勢時代には $T \propto a^{-1} \propto t^{-1/2}$ となることを利用して, 独立変数を時刻から $x \equiv m_\psi/T$ に変更すると, 式 (3.58) は,

$$\frac{x}{Y_{\mathrm{eq}}}\frac{dY_\psi}{dx} = -\frac{\Gamma_{\mathrm{ann}}}{H}\left[\left(\frac{Y_\psi}{Y_{\mathrm{eq}}}\right)^2 - 1\right],$$
$$\Gamma_{\mathrm{ann}} \equiv n_\psi^{\mathrm{eq}}\langle\sigma_{\mathrm{ann}}|v|\rangle$$

と書き換えられる. また, Y_ψ の熱平衡値 Y_{eq} は, 粒子 ψ が相対論的 $(T \gg m_\psi)$ な場合と, 非相対論的 $(T \ll m_\psi)$ な場合ではそれぞれ,

$$Y_{\mathrm{eq}}(x) = \begin{cases} \dfrac{45\zeta(3)}{2\pi^4}\dfrac{g_{\mathrm{eff}}}{g_{*s}} = 0.278\dfrac{g_{\mathrm{eff}}}{g_{*s}} & \text{(相対論的な場合)} \\[2ex] \dfrac{45}{2\pi^4}\left(\dfrac{\pi}{8}\right)^{1/2}\dfrac{g}{g_{*s}}x^{3/2}e^{-x} = 0.145\dfrac{g}{g_{*s}}x^{3/2}e^{-x} \\ & \text{(非相対論的な場合)} \end{cases}$$

$$g_{\mathrm{eff}} = \begin{cases} g & \text{(ボソンの場合)} \\[1ex] \dfrac{3}{4}g & \text{(フェルミオンの場合)} \end{cases}$$

のようにかける. こうして座標体積当たりの ψ の変化は Γ_{ann}/H が規定することがわかる.

　初期宇宙の高温時代（x の小さいとき）では，ψ は相対論的であるから，その数密度は温度の 3 乗に比例する．したがって，Γ_{ann} も通常は温度のあるべき乗に比例することになる．その温度依存性が T^2 よりも高次で，相互作用が弱く軽い粒子は，まだ相対論的である間に，$\Gamma_{\mathrm{ann}}/H < 1$ となる．このような粒子は相対論的なまま粒子数が凍結するので，熱いまま宇宙に残ることになる．熱いダークマターの候補であった質量を持ったニュートリノはその一例である．

　一方，相対論的な間中 $\Gamma_{\mathrm{ann}}/H > 1$ を保ち続けた粒子は，粒子数を凍結することなく，温度の低下とともに非相対論的になる．すると，$n_\psi^{(\mathrm{eq})}$ は指数関数的に減少するので，それにともなって Γ_{ann} も小さくなり，ほどなく ψ 粒子数密度は凍結することになる．対消滅の断面積が大きすぎると，この凍結は遅れ，指数関数的に小さな粒子数密度しか残らないので，この粒子は宇宙論的な影響を及ぼすことはできないが，相互作用の強さが適度に弱いと，適度な量の粒子数が宇宙に残ることになる．こうした粒子は非相対論的なので，冷たい残存物と呼ばれ，冷たいダークマターの候補になり得る．

　$\Gamma_{\mathrm{ann}}/H = 1$ となったときの x を x_f と書くことにすると，$x \lesssim x_f$ では熱平衡値 $Y = Y_{\mathrm{eq}}$ がほぼ保たれ，$x \gtrsim x_f$ になると，$x = x_f$ のときの値に凍結され，$Y = Y_{\mathrm{eq}}(x_f)$ を保つ．もしその後エントロピー生成が起こると，(3.59) 式の分母が大きくなるので，Y の値は減少することになる．

　対消滅が凍結したとき，粒子が相対論的であったか否かによって，粒子数密度は以下のように異なる値を持つ．ただし，$x = x_f$ より後にエントロピー生成は起こらなかったとし，$Y(x \to \infty) \equiv Y_\infty$ とかく．

　（1）　**熱い残存物**：$x_f \lesssim 2$ に対応し，凍結時に相対論的であった粒子である．この場合は，

$$Y_\infty = Y_{\mathrm{eq}}(x_f) = 0.278 \frac{g_{\mathrm{eff}}}{g_{*s}}$$

であるので，現在は

$$n_{\psi 0} = s_0 Y_\infty = 2.91 \times 10^3 Y_\infty \ [\mathrm{cm}^{-3}] = 809 \frac{g_{\mathrm{eff}}}{g_{*s}} \ [\mathrm{cm}^{-3}]$$

である．これより，

$$\rho_{\psi 0} = m n_{\psi 0} = 809 \frac{g_{\mathrm{eff}}}{g_{*s}} \left(\frac{m}{1\,\mathrm{eV}} \right) \ [\mathrm{eV\,cm}^{-3}]$$

$$\Omega_{\psi 0} = 0.152 \frac{g_{\mathrm{eff}}}{g_{*s}(x_f)} \left(\frac{m}{1\,\mathrm{eV}} \right).$$

(2) **冷たい残存物**：$x_f \gtrsim 3$ に対応し，凍結時に非相対論的であった粒子のことである．

通常の低エネルギー反応を念頭に置いて，$\langle \sigma_{\mathrm{ann}} |v| \rangle$ が温度によらない場合を考えることにすると，

$$Y_\infty = \sqrt{\frac{45 g_*}{\pi}} \frac{x_f}{g_{*s} \langle \sigma_{\mathrm{ann}} |v| \rangle M_{\mathrm{pl}} m_\psi}. \tag{3.60}$$

ただし，x_f は，$\Gamma_{\mathrm{ann}} = H$ から求めると，近似解として，

$$\begin{aligned}
x_f = {} & \ln \left[0.038 \frac{g}{g_*^{1/2}} M_{\mathrm{pl}} m_\psi \langle \sigma_{\mathrm{ann}} |v| \rangle \right] \\
& + \frac{1}{2} \ln \left\{ \ln \left[0.038 \frac{g}{g_*^{1/2}} M_{\mathrm{pl}} m_\psi \langle \sigma_{\mathrm{ann}} |v| \rangle \right] \right\}
\end{aligned}$$

が得られる．このとき，

$$\begin{aligned}
n_{\psi 0} &= 1.1 \times 10^4 \frac{g_*^{1/2} x_f}{g_{*s} M_{\mathrm{pl}} m_\psi \langle \sigma_{\mathrm{ann}} |v| \rangle}, \\
\Omega_{\psi 0} &= \frac{2.1 g_*^{1/2} x_f}{g_{*s} M_{\mathrm{pl}} \langle \sigma_{\mathrm{ann}} |v| \rangle} \mathrm{eV}^{-1} \\
&= \frac{g_*^{1/2} x_f}{g_{*s}} \left(\frac{\langle \sigma_{\mathrm{ann}} |v| \rangle}{6.6 \times 10^{-38}\,\mathrm{cm}^2} \right)^{-1} \tag{3.61}
\end{aligned}$$

である．最終結果は，粒子の質量にはよらず，対消滅の断面積だけで決定される．最終残存量は上式に示したように断面積に反比例するため，十分多数残存するためには，きわめて小さな対消滅断面積を持っている必要がある．

このようにごく弱い相互作用しかしない重い粒子を WIMPs（weakly interacting massive particles）と呼ぶ．5章で述べるように，超対称性理論におけるニュートラリーノは，この種の粒子としてちょうどよい大きさの対消滅断面積を持ち，冷たいダークマターの有力候補になっている．

3.6 脱結合後の分布

はじめ反応率が $\Gamma \gg H$ を満たし，熱平衡状態を保っていた粒子が宇宙膨張とともに $\Gamma < H$ を満たすようになり，他の粒子との反応が絶たれる（脱結合）と，各粒子はそれ以前の熱平衡状態で持っていた運動量を初期値として，宇宙膨張によって運動量を減じながら自由に伝播していく．自由粒子の運動を表す測地線方程式をロバートソン–ウォーカー計量の下で書き下すと，四元速度の空間成分の大きさ u は，$du/dt = -Hu$ を満たすことが示されるので，粒子の運動量はスケール因子に反比例して減少していくことがわかる．このことは次のように理解することもできる．すなわち，粒子が時間 δt 内に δl だけ移動したとすると，移動先の点で張った共動座標系はもとの点に対して，$H\delta l$ の速さで動いている．したがって，はじめ粒子がエネルギー E, 運動量 p を持っていたとすると，新しい座標系で見た運動量は，ドップラー効果により，$p' = p - H\delta l E = p - H\delta t p$ となる．したがって，$\delta p/p = -\delta a/a$ が得られ，運動量はスケール因子に反比例して減少することがわかる．

質量ゼロの相対論的粒子は脱結合時 t_{dec} に，そのときの温度を T_{dec} とすると

$$f(p, t_{\mathrm{dec}}) = \frac{1}{\exp\left(\dfrac{p}{T_{\mathrm{dec}}}\right) \mp 1} \tag{3.62}$$

という分布にしたがっていたが，その後温度の低下とともに，各粒子のエネルギーは $p(t) = p(t_{\mathrm{dec}})a(t_{\mathrm{dec}})/a(t)$ のように減少していく．また，消滅反応はもはや起こらないので，粒子数密度は $n \propto a^{-3}$ のように単純に減少していく．したがって，脱結合後の分布関数 $f(p,t) = dn/d^3p$ は，

$$f(p, t) = f\left(p\frac{a}{a_{\mathrm{dec}}}, t_{\mathrm{dec}}\right) = \frac{1}{\exp\left(\dfrac{pa}{T_{\mathrm{dec}}a_{\mathrm{dec}}}\right) \mp 1} \tag{3.63}$$

という形で表される．すなわち，温度がスケール因子に反比例して減少した熱平衡分布で表されるのである．しかし，ここに現れる温度はもはや分布関数を特徴づけるパラメータとしての意味しかなく，この粒子が熱平衡状態を保っているわけではないことに十分注意してほしい．

一方，脱結合時に非相対論的で，ボルツマン分布

$$f(\omega) = \exp\left(-\frac{\omega - \mu_{\mathrm{dec}}}{T_{\mathrm{dec}}}\right), \quad \omega = m + \frac{p^2}{2m},$$

$$n = g\left(\frac{mT_{\mathrm{dec}}}{2\pi}\right)^{3/2} \exp\left(-\frac{m - \mu_{\mathrm{dec}}}{T_{\mathrm{dec}}}\right) \tag{3.64}$$

で表された粒子は，その後運動エネルギーが a^{-2} に比例して減少しながら，数密度は $n \propto a^{-3}$ のように単純に減少していくため，温度が

$$T = \left(\frac{a}{a_{\mathrm{dec}}}\right)^{-2} T_{\mathrm{dec}} \tag{3.65}$$

のように，また化学ポテンシャルが

$$\mu(t) = m + (\mu_{\mathrm{dec}} - m)\left(\frac{a}{a_{\mathrm{dec}}}\right)^{-2} \tag{3.66}$$

のように変化しながら（3.64）式と同じ形を保っていくことがわかる．

　脱結合時の温度と質量が同程度で，上の相対論的取り扱い，非相対論的取り扱いがともに成り立たない場合には，以上のような簡単なスケーリング則は成り立たない．

3.7　ニュートリノの脱結合

　ニュートリノは電荷を持たないため，弱い相互作用の中性カレント[*6]で対消滅する．その反応率は，フェルミ定数 $G_{\mathrm{F}} = 1.17 \times 10^{-5}\,[\mathrm{GeV}^{-2}]$ を用いて，$\Gamma \simeq G_{\mathrm{F}}^2 T^5$ と表されるので，これと宇宙膨張率 $H = 5.4T^2/M_{\mathrm{pl}}$ との比をとると，

$$\frac{\Gamma}{H} = \left(\frac{T}{1.5\,\mathrm{MeV}}\right)^3 \tag{3.67}$$

となる．したがって，温度 $1.5\,\mathrm{MeV}$ 以下ではニュートリノは脱結合し，分布関数はその後は式（3.63）を保って進化することになる．

　その後 $T \lesssim 0.5\,\mathrm{MeV}$ になると，電子と陽電子は非相対論的になり，対消滅によってあらかた消滅する．そのとき相対論的な自由度が 3.5 だけ減少することになる．その分光子の温度はスケール因子の逆数よりも緩やかに減少するので，ニュートリノの見かけの温度と光子の温度にずれが生じる．対消滅前後の温度を

[*6] 電荷をもたない Z ボソンで媒介される相互作用．

それぞれ，添字 b, a で表すと，$T_{\nu b} = T_{\gamma b}$ であり，体積 a^3 内のエントロピーが電子–陽電子対の消滅前後で保存することを用いると，

$$10.75 T_{\nu b}^3 a^3 = 2 T_{\gamma a}^3 a^3 + \frac{21}{4} T_{\nu a}^3 a^3 \tag{3.68}$$

が成り立ち，さらに $T_{\nu b}^3 a^3 = T_{\nu a}^3 a^3$ であるから，

$$T_{\nu a} = \left(\frac{4}{11}\right)^{1/3} T_{\gamma a} \tag{3.69}$$

となることがわかる．

この関係は現在も続いており，光子の宇宙背景放射の温度 $T = 2.73\,\mathrm{K}$ に対し，ニュートリノの背景放射の温度は $T = 1.95\,\mathrm{K}$ になっているはずである．したがって，現在 g_* と g_{*s} とは異なる値を持ち，式 (3.27)，(3.29) より，

$$g_* = 2 + \frac{7}{8} \times 6 \times \left(\frac{4}{11}\right)^{4/3} = 3.36,$$
$$g_{*s} = 2 + \frac{7}{8} \times 6 \times \frac{4}{11} = 3.91 \tag{3.70}$$

になっている．

近年の実験の進歩により，既知の 3 世代のニュートリノはごく軽い質量を持つことがわかってきたので，これらが非常に重い質量を持つ可能性はほぼ棄却されたが，弱い相互作用の 2 重項に属さないステライルニュートリノ等が存在し，きわめて重い質量を持つ可能性はまだ否定されていない．このような重いニュートリノの脱結合について簡単に触れておく．対消滅の断面積は $\langle \sigma_{\mathrm{ann}} |v| \rangle = \sigma_0 \simeq 5\frac{G_{\mathrm{F}}^2 m_\nu^2}{2\pi}$ である．

まず，$m_\nu \lesssim M_{\mathrm{W}} \sim 80\,\mathrm{GeV}$ のディラックニュートリノに対しては，$g = 2, g_* \approx 60$ として，

$$x_f \simeq 15 + 3\ln\left(\frac{m_\nu}{1\,\mathrm{GeV}}\right),$$
$$Y_\infty \simeq 6 \times 10^{-9} \left(\frac{m_\nu}{1\,\mathrm{GeV}}\right)^{-3} \left[1 + \frac{1}{5}\ln\left(\frac{m_\nu}{1\,\mathrm{GeV}}\right)\right],$$
$$\Omega_{\nu\bar\nu} h^2 \simeq 3 \left(\frac{m_\nu}{1\,\mathrm{GeV}}\right)^{-2} \left[1 + \frac{1}{5}\ln\left(\frac{m_\nu}{1\,\mathrm{GeV}}\right)\right]$$

となることがわかる．したがって，$m_\nu \gtrsim 2\,\mathrm{GeV}$ ならば，$\Omega_{\nu\bar\nu} h^2 \lesssim 1$ が満たされる．この制限を米国ではリー–ワインバーグの制限と呼ぶが，わが国では佐藤–小林の制限と呼称すべきである．

ニュートリノがマヨラナ粒子[*7]である場合は対消滅は同種粒子で起こることになるため，全波動関数は入れ替わりについて反対称でなければならない．そのため，制限が少し変わり，密度パラメータが過剰にならないためには $m_\nu \gtrsim 5\,\mathrm{GeV}$ でなければならない．

$m_\nu \gtrsim M_\mathrm{W}$ の場合は，$T = m_\nu$ はまだワインバーグ–サラム相転移の前であり，弱い相互作用の対称性は回復している．このため，

$$\langle \sigma_{\mathrm{ann}} |v| \rangle \sim \frac{g_2^4}{T^2} \sim \frac{g_2^4}{m_\nu^2} \quad (T \sim m_\nu \text{のとき}),$$

$$\Omega_\nu h^2 \simeq \frac{m_\nu}{4.4\,\mathrm{TeV}}$$

である．g_2 は弱い相互作用の結合定数である．

3.8 軽元素合成

我々自身や恒星を構成しているバリオンは宇宙のエネルギー密度のわずか 4 パーセントを占めているに過ぎないことは先に述べたが，しかしその元素組成や起源を明らかにすることは宇宙物理学の重要な研究テーマの一つである．まず，現在の宇宙の元素組成をグラフにすると図 3.2 のようになる．これは各元素の存在量の数量比を原子番号順，つまり原子核に含まれる陽子の数が少ない順にならべたものである．重量比で 70 パーセント以上と圧倒的な比率を占めるのは，陽子 1 個からなる最も簡単な元素である水素である．次に多いのはヘリウム（He）で約 28 パーセントを占める．

これ以外の重い元素はケタ違いに少なく，全部合わせても数パーセントにすぎない．第 7 巻『恒星』ですでに述べたように，私たちに馴染み深い炭素や酸素などは太陽などの恒星の内部でヘリウムを原料とした核融合反応で生成することが知られている．図からもヘリウム 3 個でできる炭素，4 個でできる酸素，5 個でできるネオンなどがたくさん存在することがわかる．それでは，これらの重元素

[*7] 粒子と反粒子が同一で中性のスピン 1/2 の粒子．

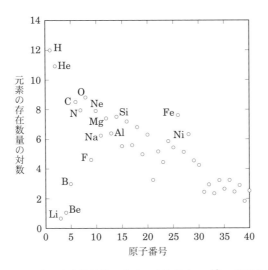

図 3.2 元素の存在数量比. 水素の存在量を 10^{12} に規格化して
いる.

の原料となるヘリウムはどこでつくられたのだろうか. 前章で述べたように太陽
をはじめとする恒星のエネルギー源は陽子からヘリウムへの核融合反応である.
したがってこれらの恒星の中でもたしかにヘリウムはつくられる. このとき大量
のエネルギーが解放されるため, もし現在ある 28 パーセントのヘリウムすべて
が恒星の中でつくられたとすると, 星は長いこと非常に明るく輝くことになり,
銀河の光度の観測に矛盾してしまうのである. さらに, 重元素の量は, 球状星団
の古い星では太陽と比べ何桁も小さい, というように星の年齢によってマチマチ
だが, ヘリウムの量は, それほど大きく変化することはないことが観測されてい
る. したがって, ヘリウムは宇宙初期につくられたと考えざるを得ない.

宇宙の温度が数 MeV から 0.01 MeV に下がる間に陽子（p）と中性子（n）か
らヘリウム 4（^{4}He）が合成される.

$$2p + 2n \longrightarrow {}^4\text{He}. \tag{3.71}$$

また, ヘリウム 4 が合成される過程の副産物とし, 重陽子（D）やヘリウム 3
（^{3}He）, ヘリウム 4 からさらにリチウム 7（^{7}Li）がわずかではあるが合成され
る. このように比較的軽い元素である重陽子, ヘリウム, リチウムが宇宙初期に

合成される過程が宇宙初期の軽元素合成である．この宇宙初期における軽元素合成理論は現在の宇宙に存在するヘリウム 4, 重水素, リチウム 7 の存在比を見事に説明し，標準ビッグバン宇宙モデルを支える大きな柱となっているので，4 章で詳しく説明する．

3.9　宇宙の晴れ上がり

初期宇宙では水素原子はイオン化され，陽子と電子に電離したプラズマ状態にあったが，宇宙膨張とともに温度が低下していくと，より安定な中性水素原子の状態に遷移する．これを水素原子の再結合（recombination）[*8]，またバリオン（実際には電子）と光子の脱結合（decoupling）という．水素原子のイオン化エネルギーは 13.6 eV であるから，それが関係したエネルギースケールである．しかし，この脱結合はそれに対応した温度 16 万 K のときに起こるのではなく，ずっと低温になってから起こる．その理由は光子の方が陽子よりも 10 桁もたくさん存在しているからである．

このプロセスを見るため，まず陽子と電子の結合反応 $p + e \longleftrightarrow H + \gamma$ の化学平衡が成り立っている状況を考えてみよう．

$T < m_i$ の平衡状態では，（3.14）より，

$$n_i = g_i \left(\frac{m_i T}{2\pi}\right)^{\frac{3}{2}} e^{-\frac{m_i - \mu_i}{T}} \tag{3.72}$$

とかける．ただし，$i = p, e, H$ である．$p + e \longleftrightarrow H + \gamma$ の化学平衡のもとでは，

$$\mu_p + \mu_e = \mu_H \tag{3.73}$$

であり，これを式(3.72)によって書くと，

$$n_H = \frac{g_H}{g_p g_e} n_p n_e \left(\frac{m_e T}{2\pi}\right)^{-\frac{3}{2}} e^{\frac{B}{T}}, \tag{3.74}$$
$$B = m_p + m_e - m_H$$

となる．さらに，

[*8] このように言い慣わされているが，実際には陽子が電子と結合したのは宇宙史上このときが初めてである．

$$n_p = n_e : 電荷の総和は 0,$$

$$n_p + n_H = n_b : バリオン数保存,$$

$$n_b = \eta_b n_\gamma$$

より，イオン化率 $X_e \equiv n_p/n_b$ は，

$$\frac{1 - X_e}{X_e{}^2} = \frac{4\sqrt{2}\zeta(3)}{\sqrt{\pi}}\eta_b \left(\frac{T}{m_e}\right)^{\frac{3}{2}} e^{\frac{B}{T}} \tag{3.75}$$

と書ける．これをサハの式という．イオン化率 X_e が 1 より十分小さくなるのは，16 万 K よりずっと低い 4 千 K のころである．

　サハの式は平衡状態を仮定しているので，脱結合の初期の記述にはよいが，その後イオン化率が低くなっていくと，もはや陽子と電子の結合反応は平衡に達しなくなるため，サハの式に基づいた推算は正しい結果を与えなくなる．さらに，自由電子が陽子に束縛された基底状態まで一気に結合反応をおこすと，当然 13.6 eV のエネルギーを持った光子が放出されることになる．しかし，この光子は自由に飛び回り，すでに中性化した別の原子核をイオン化してしまうことになる．したがって，このような単純な過程では再結合は進まないことがわかる．いったん自由電子が励起状態に束縛される場合も，その後通常ライマン光子を放出して基底状態に遷移することになるが，こうして出た光子は他の原子核中の電子を励起することになる．するとこうした電子は簡単に再イオン化されることになるため，やはり中性化を阻害することになる．結局摂動の高次効果で起こる 2s 状態から 1s 状態への 2 光子放出遷移が再結合の主要な経路になる．

　必要な微視的過程を取り入れた解析結果によると，平坦な宇宙でイオン化率を赤方偏移の関数として表すと，

$$X(z) \cong 2.4 \times 10^{-3} \frac{1}{\Omega_b h} \left(\frac{z}{1000}\right)^{12.75} \tag{3.76}$$

となる．またトムソン散乱の光学的厚みを求めると，

$$\tau(z) \cong 0.37 \left(\frac{z}{1000}\right)^{14.25} \tag{3.77}$$

であることがわかる．これが 1 に等しくなったあたりが最終散乱面（図 2.7 参

照）の位置であり，これ以降，宇宙は光に対して透明になったことになる．これ
を宇宙の晴れ上がりという．現在，宇宙背景放射として観測している光はこのこ
ろ出たものである．その時刻は WMAP と Planck の観測結果によると，

$$t_{\rm rec} = 38\ 万年, \tag{3.78}$$

$$z_{\rm rec} = 1090, \quad \Delta z_{\rm dec} = 195$$

のようになる．$\Delta z_{\rm dec}$ は最終散乱面の厚みを表す．

第4章

ビッグバン元素合成

4.1 軽元素合成の基礎

宇宙初期の軽元素合成は大きく分けて三つの段階からなっている．第1段階では宇宙初期の陽子と中性子の数の比が弱い相互作用による化学平衡によって決まる．第2段階では陽子と中性子から重陽子が合成される．そして，最終段階として合成された重陽子から一連の原子核反応を経て，ヘリウム4が作られる．以下，各段階を順番に説明していく．

4.1.1 中性子–陽子比（n–p 比）

宇宙の温度が高温（数 MeV 以上）においては次のような弱い相互作用による中性子（n）を陽子（p）に変える反応，および，その逆反応が頻繁に起こり，陽子と中性子は化学平衡状態にある．

$$n + e^+ \longleftrightarrow p + \bar{\nu}_e, \tag{4.1}$$

$$n + \nu_e \longleftrightarrow p + e^-, \tag{4.2}$$

$$n \longleftrightarrow p + e^- + \bar{\nu}_e \tag{4.3}$$

ここで，e^-, e^+, ν_e, $\bar{\nu}_e$ はそれぞれ，電子，陽電子，電子ニュートリノ，反電子ニュートリノである．上記反応によって，陽子，中性子，（陽）電子，（反）電子

ニュートリノが化学平衡状態にあるとすると，それぞれの粒子の化学ポテンシャルを $\mu_{\mathrm{p}}, \mu_{\mathrm{n}}, \mu_{\mathrm{e}}, \mu_{\nu_{\mathrm{e}}}$ として

$$\mu_{\mathrm{n}} + \mu_{\nu_{\mathrm{e}}} = \mu_{\mathrm{p}} + \mu_{\mathrm{e}} \tag{4.4}$$

という関係が成り立つ[*1]. 今考えている数 MeV 程度の温度の場合，（陽）電子と（反）電子ニュートリノは相対論的粒子と見なせるので，（陽）電子と（反）電子ニュートリノの数密度を $n_{\mathrm{e}^-}(n_{\mathrm{e}^+})$, $n_{\nu_{\mathrm{e}}}(n_{\bar{\nu}_{\mathrm{e}}})$ とすると，温度 T と化学ポテンシャルとの間に

$$n_{\mathrm{e}^-} - n_{\mathrm{e}^+} = \frac{1}{3}\mu_{\mathrm{e}}T^2, \tag{4.5}$$

$$n_{\nu_{\mathrm{e}}} - n_{\bar{\nu}_{\mathrm{e}}} = \frac{1}{6}\mu_{\nu_{\mathrm{e}}}T^2 \tag{4.6}$$

の関係がある．4.3 節で示されるように我々の宇宙では $n_{\mathrm{b}}/n_\gamma \sim 10^{-10}$ （n_{b}：バリオン数密度）であり，宇宙が中性であることから導かれる関係式 $n_{\mathrm{b}} \sim n_{\mathrm{p}} = n_{\mathrm{e}^-} - n_{\mathrm{e}^+}$, $n_\gamma \sim T^3$ と合わせて，

$$\mu_{\mathrm{e}} \ll T \tag{4.7}$$

となる．したがって，電子の化学ポテンシャルは小さく無視して良い．ニュートリノの化学ポテンシャルは宇宙のレプトン数の大きさに関係しているが，これについては次章で議論することにし，ここでは，単にニュートリノの化学ポテンシャルは十分小さいと仮定して電子の化学ポテンシャル同様無視することにする．したがって，式（4.4）は

$$\mu_{\mathrm{n}} = \mu_{\mathrm{p}} \tag{4.8}$$

となる．

一方，陽子，中性子は非相対論的粒子なのでその数密度 $n_{\mathrm{p}}, n_{\mathrm{n}}$ は化学ポテンシャル $\mu_{\mathrm{p}}, \mu_{\mathrm{n}}$, および質量 $m_{\mathrm{p}}, m_{\mathrm{n}}$ を用いて

$$n_{\mathrm{p}} = 2\left(\frac{m_{\mathrm{p}}T}{2\pi}\right)^{3/2}\exp[-(m_{\mathrm{p}} - \mu_{\mathrm{p}})/T], \tag{4.9}$$

$$n_{\mathrm{n}} = 2\left(\frac{m_{\mathrm{n}}T}{2\pi}\right)^{3/2}\exp[-(m_{\mathrm{n}} - \mu_{\mathrm{n}})/T] \tag{4.10}$$

[*1] 反粒子の化学ポテンシャルは粒子の化学ポテンシャルと大きさが同じで符号が逆であることに注意.

と表せる．これと式 (4.8) を用いて，n–p 比 ($= n_\mathrm{n}/n_\mathrm{p}$) は

$$\frac{n_\mathrm{n}}{n_\mathrm{p}} = \exp\left(-\frac{\Delta m}{T}\right), \tag{4.11}$$

$$\Delta m = m_\mathrm{n} - m_\mathrm{p} = 1.293 \quad [\mathrm{MeV}] \tag{4.12}$$

となる．このように宇宙初期の中性子と陽子の比は弱い相互作用による反応で決まる．これから明らかなように中性子の質量が陽子の質量より大きいため，平衡状態では中性子は陽子に比べて数が少ない．

　しかし，温度が下がってくると陽子と中性子を入れ替える反応の速さは宇宙膨張の速さに比べて遅くなり，ニュートリノの場合と同様，平衡から離脱し，n–p 比は固定される（厳密には中性子は陽子に約 1000 秒の寿命で崩壊するので，平衡から離脱した後も中性子の数は次第に減少する）．そこで，実際に平衡からの離脱が起こる宇宙の温度を求めてみる．式 (4.1) – (4.3) に示す弱い相互作用による反応で中性子を陽子に変える反応率は

$$\Gamma_\mathrm{n \to p} = \Gamma_{\mathrm{n}\nu_\mathrm{e} \to \mathrm{pe}} + \Gamma_{\mathrm{ne}^+ \to \mathrm{p}\bar{\nu}_\mathrm{e}} + \Gamma_{\mathrm{n} \to \mathrm{pe}\bar{\nu}_\mathrm{e}}. \tag{4.13}$$

ここで

$$\Gamma_{\mathrm{n}\nu_\mathrm{e} \to \mathrm{pe}} = K \int_0^\infty dp \sqrt{(p + \Delta m)^2 - m_\mathrm{e}^2}\,(p + \Delta m)$$
$$\times \frac{p^2}{1 + e^{-(p+\Delta m)/T}} f_{\nu_\mathrm{e}}(p), \tag{4.14}$$

$$\Gamma_{\mathrm{ne}^+ \to \mathrm{p}\bar{\nu}_\mathrm{e}} = K \int_{\Delta m + m_\mathrm{e}}^\infty dp \sqrt{(p - \Delta m)^2 - m_\mathrm{e}^2}\,(p - \Delta m)$$
$$\times \frac{p^2}{1 + e^{(p-\Delta m)/T}} \{1 - f_{\nu_\mathrm{e}}(p)\}, \tag{4.15}$$

$$\Gamma_{\mathrm{n} \to \mathrm{pe}\bar{\nu}_\mathrm{e}} = K \int_0^{\Delta m - m_\mathrm{e}} dp \sqrt{(p - \Delta m)^2 - m_\mathrm{e}^2}\,(\Delta m - p)$$
$$\times \frac{p^2}{1 + e^{(p-\Delta m)/T}} \{1 - f_{\nu_\mathrm{e}}(p)\}. \tag{4.16}$$

ただし，K は中性子の寿命 $\tau_n\,(= 885.7\,\mathrm{sec})$ から，$\Gamma_{\mathrm{n} \to \mathrm{pe}\bar{\nu}_\mathrm{e}}|_{T=0} = \tau_n^{-1}$ の関係を用いて決まる定数である．また，$f_{\nu_\mathrm{e}}(p)$ はニュートリノの分布関数である（$f_{\nu_\mathrm{e}}(p) = 1/[1 + e^{p/T}]$，$p$ は運動量）．陽子を中性子に変える反応率の方は

$$\Gamma_\mathrm{p \to n} = \Gamma_{\mathrm{pe} \to \mathrm{n}\nu_\mathrm{e}} + \Gamma_{\mathrm{p}\bar{\nu}_\mathrm{e} \to \mathrm{ne}^+} + \Gamma_{\mathrm{pe}\bar{\nu}_\mathrm{e} \to \mathrm{n}}. \tag{4.17}$$

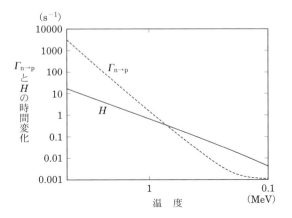

図 **4.1**　$\Gamma_{n \to p}$ と H の時間変化を温度の関数として表したもの.

ここで,

$$\Gamma_{\mathrm{pe} \to \mathrm{n}\nu_e} = K \int_0^\infty dp \sqrt{(p + \Delta m)^2 - m_e^2}\,(p + \Delta m)$$

$$\times \frac{p^2}{1 + e^{(p + \Delta m)/T}}\{1 - f_{\nu_e}(p)\}, \tag{4.18}$$

$$\Gamma_{\mathrm{p}\bar{\nu}_e \to \mathrm{ne}^+} = K \int_{\Delta m + m_e}^\infty dp \sqrt{(p - \Delta m)^2 - m_e^2}\,(p - \Delta m)$$

$$\times \frac{p^2}{1 + e^{-(p - \Delta m)/T}} f_{\nu_e}(p), \tag{4.19}$$

$$\Gamma_{\mathrm{pe}\bar{\nu}_e \to \mathrm{n}} = K \int_0^{\Delta m - m_e} dp \sqrt{(p - \Delta m)^2 - m_e^2}\,(\Delta m - p)$$

$$\times \frac{p^2}{1 + e^{-(p - \Delta m)/T}} f_{\nu_e}(p). \tag{4.20}$$

中性子を陽子に変える反応の速さ $\Gamma_{n \to p}$ と宇宙膨張の速さ H（ハッブルパラメータ）を比較して，ハッブルパラメータの方が大きくなると中性子を陽子に変える反応は実質上起こらなくなる．図 4.1 は $\Gamma_{n \to p}$ と H の変化を，図 4.2 は n–p 比の変化をそれぞれ温度の関数として表したものである．宇宙の温度が約 0.7 MeV で n–p 比がほぼ固定され，温度が 0.1 MeV 程度では n–p 比は約 1/7 であることがわかる．この中性子のほとんどがヘリウム 4 を合成するのに使われるので，最終的なヘリウムの存在量 $Y =$（ヘリウム 4 の密度 $\rho_{^4\mathrm{He}}$）/ （バリ

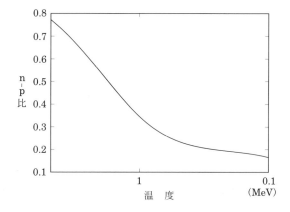

図 **4.2** n–p 比の時間変化を温度の関数として表したもの.

オン密度 ρ_B） は

$$Y = \frac{2(n_n/n_p)}{1 + (n_n/n_p)} \simeq 0.25 \tag{4.21}$$

となる.

4.1.2 重陽子合成

n–p 比から最終的に合成されるヘリウム 4 の存在量は予想できるが，実際にヘリウム 4 が作られるためには一つの関門を経なければならない．それが重陽子合成である．後で見るようにヘリウムを合成するためには重陽子の生成が不可欠なので，重陽子を十分な量生成することが軽元素合成にとって重要である．

重陽子は

$$n + p \longrightarrow D + \gamma \tag{4.22}$$

という反応で作られる．重陽子の結合エネルギーは 2.22 MeV と小さいので（次ページの表 4.1 参照），宇宙背景放射の光子のエネルギーが結合エネルギーよりも大きいと，重陽子は生成されてもすぐに光子によって壊される．

$$D + \gamma \longrightarrow n + p. \tag{4.23}$$

しかも，宇宙背景放射の光子の数はバリオンに比べてきわめて多いために

表 4.1　各元素の結合エネルギー.

原子核	結合エネルギー（MeV）
重陽子（D）	2.22
トリチウム（T）	6.92
ヘリウム 3（^{3}He）	7.72
ヘリウム 4（^{4}He）	28.3

$(n_b/n_\gamma \sim 10^{-10})$，宇宙の温度が重陽子の結合エネルギーよりも十分に低くなるまで式（4.23）の光分解反応の方が優勢で，重陽子は実質生成されない.

重陽子が生成される温度は次のように評価できる. プランク分布のウィーン側（光子のエネルギー ε_γ が温度 T より大きい）では，光子の数は $\exp(-\varepsilon_\gamma/T)$ に比例して減少するので，これがバリオン–光子比の約 10^{-10} になれば重陽子を壊すことのできる光子は生成される重陽子に比べて少なくなり，重陽子が十分に作られる. これが起こる温度 T_D は

$$T_D \simeq \frac{2.2\,\mathrm{MeV}}{\ln(10^{10})} \simeq 0.1\,\mathrm{MeV} \tag{4.24}$$

となる. したがって，宇宙の温度が約 $0.1\,\mathrm{MeV}$ 以下になると急激に重陽子の存在量が増大し，ヘリウム合成に向けて次の段階に進むことができるようになる.

4.1.3　ヘリウム 4 合成

重陽子が十分作られるようになると，以下のような一連の原子核反応でヘリウム 4 が合成される.

$$D + D \longrightarrow {}^3\mathrm{He} + n, \tag{4.25}$$

$$^3\mathrm{He} + n \longrightarrow T + p, \tag{4.26}$$

$$T + D \longrightarrow {}^4\mathrm{He} + n. \tag{4.27}$$

先に述べたように，宇宙初期の温度約 $1\,\mathrm{MeV}$ の時代にあった中性子は，ほとんどヘリウム 4 原子核として存在するようになり，ヘリウム 4 を合成する過程の中間生成物である重陽子（D），トリチウム（T），ヘリウム 3（^{3}He）がわずかであるが残る. ただし，トリチウムは半減期約 12 年でベータ崩壊しヘリウム 3 になる.

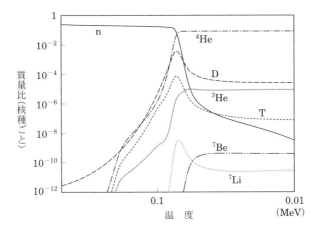

図 **4.3** 軽元素の存在量の時間変化. 存在比は陽子の数密度との比で表されている. 宇宙の時刻は温度の 2 乗に反比例して増大する. 温度 0.1 MeV が時刻約 100 秒に対応する.

$$\mathrm{T} \longrightarrow {}^3\mathrm{He} + \mathrm{e}^- + \bar{\nu}_\mathrm{e}. \tag{4.28}$$

宇宙初期の軽元素合成では, ヘリウム 4 より重い元素はほとんど作られない. この理由は, 一つは自然界に質量数 5, または, 8 の安定な原子核がないため, ヘリウム 4 に中性子やヘリウム 4 が結合することによる重い元素の合成が起きないことと, もう一つの理由は, ヘリウム 4 合成が起こる温度が比較的低く原子核の運動エネルギーが小さいためにクーロン反発力に逆らって正の電荷をもった原子核同士が反応を起こすことが困難となるからである. また, 宇宙初期のヘリウム 4 は密度が低いため, 星の内部で起こるような三つのヘリウム 4 原子核から炭素 (C) を作る反応も起きない.

ただし, リチウム 7 は次のような反応によってほんのわずかではあるが作られる.

$$ {}^4\mathrm{He} + \mathrm{T} \longrightarrow {}^7\mathrm{Li} + \gamma, \tag{4.29}$$

$$ {}^4\mathrm{He} + {}^3\mathrm{He} \longrightarrow {}^7\mathrm{Be} + \gamma $$

$$ \searrow {}^7\mathrm{Be} + \mathrm{e}^- \longrightarrow {}^7\mathrm{Li} + \nu_\mathrm{e}. \tag{4.30}$$

図 4.3 は各元素の宇宙における存在比の時間変化を表しており, 重陽子の存在

比が温度約 0.1 MeV で急激に大きくなり，それに伴ってヘリウム 4 が生成されることがわかる．最終的な軽元素の存在量は，宇宙のバリオン密度によって決まる．バリオン密度そのものは宇宙膨張とともに変化する量である．そのため，軽元素合成の理論では，宇宙膨張の下で変化しないバリオン数密度と光子の数密度との比 $\eta_b(= n_b/n_\gamma)$ を宇宙のバリオン密度の大小を表すパラメータとする．元素合成で生成される軽元素（${}^4\mathrm{He}$, D, ${}^3\mathrm{He}$, ${}^7\mathrm{Li}$）の存在比を η_B の関数として表すと図 4.10（4.3 節）のようになる．

4.2 軽元素の観測

前章で述べた宇宙初期の軽元素合成理論は現在の宇宙に存在するヘリウム 4，重水素の存在比を見事に説明し，標準ビッグバン宇宙モデルを支える大きな柱となっている．ここでは現在の宇宙に存在する軽元素の観測から宇宙初期に作られた軽元素の存在比を推定する方法について述べる．以後，（A/B）は元素 A と元素 B との数密度の比を表す．

4.2.1 ヘリウム 4

ヘリウム 4 は水素に次いで宇宙に多く存在する元素である．よく知られているようにヘリウム 4 は星の中心での水素の核融合反応でも合成される．したがって，現在の宇宙に存在するヘリウム 4 は宇宙初期と星の中で合成されたものが混じっていると考えられる．

まず，現在のヘリウム 4 の存在比（水素の密度との比）を決めるには銀河系外にある H II 領域からの再結合線を利用する．H II 領域では中心にある大質量星（O 型星，B 型星）の紫外線によって水素が電離している．このとき，ヘリウム 4 も電離し，He II（つまり二つある電子のうち一つが電離した状態）になっている．この領域にある水素とヘリウム 4 は星の光によるイオン化と再結合が頻繁に起きている．

$$\mathrm{H} + \gamma \;\longleftrightarrow\; \mathrm{H}^+ + \mathrm{e}^-, \tag{4.31}$$

$$\mathrm{He} + \gamma \;\longleftrightarrow\; \mathrm{He}^+ + \mathrm{e}^-. \tag{4.32}$$

図 4.4 は He I のエネルギー準位を示したもので，ヘリウム 4 の存在比を求める

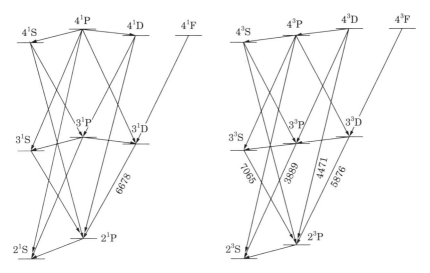

図 **4.4** He I のエネルギー準位. 数字は観測に使われる結合線
の波長を表す.

のにおもに使われるのは波長が 3889 Å, 4471 Å, 5876 Å, 6678 Å, 7065 Å の再結
合線である. 一方, 水素の存在量を求めるにはバルマー系列 ($n = 2$ のエネルギー
準位に電子が落ちる際に放出される光) が使われる. 再結合のとき, 放出される
再結合線を観測することによって, H II と He II の数密度の比 $n(\mathrm{He}^+)/n(\mathrm{H}^+)$ が
求められ, H II 領域では水素とヘリウム 4 がほぼ 100% H II と He II として存在
するので, これからその H II 領域でのヘリウム 4 と水素の存在比が求められる.
　しかし, このようにして求められたヘリウム 4 には星で作られたものも含まれ
ている. 星では酸素などの重元素も作られるので, 重元素の量が星による影響の
大きさの目安になる. したがって, 星による寄与を少なくするためにはできるだ
け重元素量の少ない H II 領域を観測する必要があるが, さらに, 観測したヘリ
ウム 4 の存在比と重元素 (実際には酸素や窒素が使われる) の相関をとって, 重
元素量ゼロの極限をとるという操作を行って宇宙初期に合成されたヘリウム 4
の存在比を求める.
　実際イゾトフ (Y.I. Izotov) たちが 45 の比較的重元素量の少ない銀河系外の
H II 領域を観測してヘリウム 4 の存在比を求めた. その後エイバー (E. Aver),
オリーブ (K.A. Olive) とスキルマン (E.D. Skillman) はイゾトフたちのデー

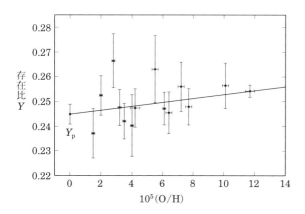

図 **4.5** ヘリウム 4 の観測値（Aver *et. al.* 2010, *JCAP*, 07, 011）.

タを再解析してヘリウム 4 の存在比を求めた．図 4.5 は，酸素（O）の存在比の関数としてプロットしたものである．星で作られたヘリウム 4 は重元素量に比例するものとして，ヘリウム 4 の存在比 $Y = \rho_{^4\mathrm{He}}/\rho$ が酸素の存在比 O/H の 1 次関数と仮定してフィットし，O/H = 0 点が宇宙初期に作られたヘリウム 4 の存在比 Y_{p} と見なすことができる．

$$Y = Y_{\mathrm{p}} + a(\mathrm{O/H}) \tag{4.33}$$

たとえば，図 4.5 のデータからは $a \simeq 79$ と決まり，$Y_{\mathrm{p}} \simeq 0.2449$ と求められる．この観測から誤差を考慮してエイバーたちは宇宙初期のヘリウム 4 の存在比を

$$Y_{\mathrm{p}} = 0.2449 \pm 0.0040 \tag{4.34}$$

と求めた．一方，イゾトフたちは

$$Y_{\mathrm{p}} = 0.2551 \pm 0.0022 \tag{4.35}$$

という結果を得ている．これはエイバーたちの結果と誤差を考慮しても一致していない．しかし，その後の別のグループによる観測や解析はエイバーたちと矛盾しない結果を出していることから本書では（4.34）を採用する．

4.2.2 重水素

重水素（D）は非常に壊れやすい元素であり，宇宙初期以外では生成されることがないため我々の近傍で観測される重水素は銀河の化学進化によって壊されずに生き残ったもので，その存在量は宇宙初期に合成された量に比べて減少していると考えられる．したがって，近傍の重水素の観測は宇宙初期に作られた重水素の下限を与える．我々の銀河の星間にある重水素の存在比は

$$D/H = (1.5 \pm 0.1) \times 10^{-5} \tag{4.36}$$

である．

元素合成で作られた重水素の存在比を推定するためには，化学進化の影響を受けていない天体を観測し，そこでの重水素の存在比を測定すればよいのであるが，比較的最近までそのような観測は困難であった．しかし，1990 年代ケック望遠鏡など大口径の望遠鏡によるクェーサーの吸収線観測によって，ライマン α 雲（原始水素雲）中での重水素が直接測定できるようになった．重水素の観測の対象となるライマン α 雲は，大きな赤方偏移を持ち，重元素量が太陽系に比べて十分小さいのでそこでの重水素の存在比は宇宙初期での存在比と等しいと見なして良い．クェーサーの光がライマン α 雲を通過する際に，水素のエネルギー準位

$$E_n = -\frac{m_e e^4}{2\hbar^2 (1 + m_e/m_p)} \frac{1}{n^2} = -13.6 \text{ eV} \frac{1}{n^2} \tag{4.37}$$

（n は主量子数）で $E_n - E_1$ に等しいエネルギーの光は水素原子に吸収される．$n = 2, 3, 4, 5, \cdots$ に対応する吸収線をライマン α，ライマン β，ライマン γ，ライマン δ，$\cdots$ と呼ぶ．重水素の場合，エネルギー準位は水素原子の準位の式 (4.37) で m_e/m_p を m_e/m_D（m_D：重陽子の質量）に変えればよい．したがって，重水素吸収線のエネルギーは水素に比べて約 0.03% 高くなる．図 4.6 は，実際のクェーサーのライマン吸収線のスペクトルを表したもので重水素の吸収線が水素の吸収線の短波長側に見られる．

クック（R. Cooke）たちのグループが 7 つのクェーサーに対して行った詳細な解析によると，宇宙初期に作られた重水素の存在比は

$$D/H = (2.527 \pm 0.030) \times 10^{-5} \tag{4.38}$$

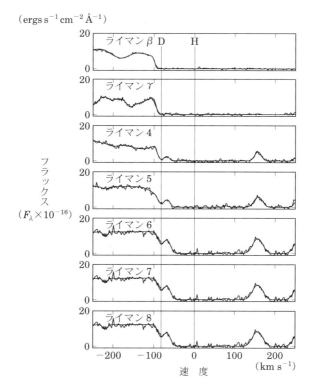

$(\mathrm{ergs\,s^{-1}\,cm^{-2}\,\AA^{-1}})$

図 **4.6** クェーサー Q 1243+3047 の吸収線スペクトル．横軸は各ライマン系列の吸収線の中心波長を速度のゼロとして，（波長のずれ）/（中心波長）×（光速）で定義した速度で表した（Kirkman *et al.* 2003, *ApJ. Suppl.*, 149, 1）.

と推定されている（図 4.7）. また，ザヴァリジン（E.O. Zavarygin）たちが 13 個のライマン α 系の観測から

$$\mathrm{D/H} = (2.545 \pm 0.025) \times 10^{-5} \qquad (4.39)$$

というクックたちと同様の結果を得ている．これらの値は星間での重水素の存在比である式（4.36）に比較して大きな値となっている．また，図から観測された重陽子の存在比が重元素（O/H）に依存しないことから観測値が宇宙初期に作られた存在比を表すことがわかる.

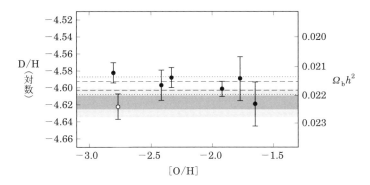

図 **4.7** 重陽子の観測値を酸素の存在比の関数としてプロット．
$[O/H] = \log_{10}(O/H) - \log_{10}(O/H)_\odot$ （Cooke *et al.* 2018,
ApJ., 855, 2）．

4.2.3 リチウム7

　宇宙初期に生成されたリチウム7の存在量は我々の銀河にある種族IIの星[*2]の
観測によって求められる．図4.8と4.9に示したように，観測されたリチウム7
の存在比は重元素（Fe）が少なく，温度が高い星では重元素量・温度に依らず一
定になっている．これは「スパイトプラトー（Spite Plateau）」と呼ばれる．温
度が低い星でリチウム7の存在比が減少するのは，そのような星では対流が表面
近くまで効いていて，表面近くのリチウム7が星の内部に運ばれ壊されるためで
あると考えられる．また，重元素の多い星でリチウム7が多いのは銀河の化学進
化の過程でリチウム7が宇宙線による相互作用で生成されるためと考えられる．
したがって，重元素（Fe）が太陽の約1/30より小さな星で一定となるリチウム
7の存在比を，宇宙初期に生成されたリチウム7の存在比に等しいと見なすこと
ができる．

　スパイトプラトーの観測から，ボニファチオ（P. Bonifacio）たちはリチウム
7の存在比を

$$\log_{10}(^7\text{Li/H}) = -9.900 \pm 0.090 \tag{4.40}$$

という値を得ている．しかし，リチウム7の観測値には大きな系統誤差が存在す

[*2] 種族IIの星は，太陽のような種族Iの星よりも前に作られたと考えられる星である．

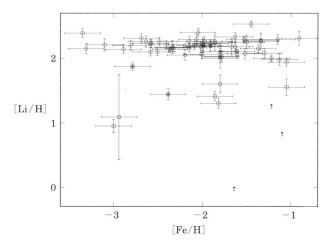

図 **4.8**　リチウム 7 の存在比の観測値を星の重元素量の関数と
して表した．丸印のデータは温度が 5770 度以上の星，四角印
は 5770 度以下の星．[Li/H] = log(Li/H) + 12. [Fe/H] も同
様（Bonifacio & Molaro 1997, *MNRAS*, 285, 847）．

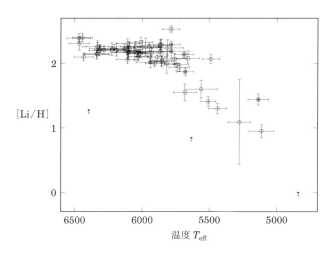

図 **4.9**　リチウム 7 の存在比の観測値を星との温度の関数とし
て表した（Bonifacio & Molaro 1997, *MNRAS*, 285, 847）．

る可能性がある．大きな系統誤差を生み出す原因としては，宇宙線によるリチウム 7 の 2 次的生成と星の外層と内部との混合によってリチウム 7 の一部が壊されることが考えられる．さらに，最近の観測では重元素が非常に少ない星でスパイトプラトーで期待されるよりずっと小さなリチウム 7 存在比が観測されている．このような小さな存在比を説明する物理的過程はまだわかっておらずリリウム 7 の宇宙初期の値に関しては不明な点が多い．

4.2.4 ヘリウム 3

ヘリウム 3 の存在比は古い隕石などの分析から測られ，観測値は太陽系ができた時期の元素の存在比を表していると考えられている．ヘリウム 3 の場合は星で壊されると同時に星で重水素から生成されるので太陽系形成時のヘリウム 3 の存在比と宇宙初期の存在比を結びつけるのは簡単ではない．しかし，次のような議論から宇宙初期におけるヘリウム 3 と重水素の比の上限を求めることができる．いま，何らかの天体物理過程でヘリウム 3 と重水素が壊されたとするとその数密度 $n_{^3\mathrm{He}}, n_\mathrm{D}$ の変化量は

$$\Delta n_{^3\mathrm{He}} = -R_3 n_{^3\mathrm{He}} \tag{4.41}$$

$$\Delta n_\mathrm{D} = -R_2 n_\mathrm{D} \tag{4.42}$$

で与えられる．ここで，R_3, R_2 はヘリウム 3 と重水素が壊される確率である．これからヘリウム 3 と重水素の比の変化は

$$\Delta\left(\frac{n_{^3\mathrm{He}}}{n_\mathrm{D}}\right) = \frac{n_{^3\mathrm{He}} + \Delta n_{^3\mathrm{He}}}{n_\mathrm{D} + \Delta n_\mathrm{D}} - \frac{n_{^3\mathrm{He}}}{n_\mathrm{D}} = \frac{R_2 - R_3}{1 - R_2}\left(\frac{n_{^3\mathrm{He}}}{n_\mathrm{D}}\right) \tag{4.43}$$

となる．重水素の方がヘリウム 3 よりも壊されやすいので $R_2 \geqq R_3$ という関係を仮定するのが自然である．したがって，$\Delta(n_{^3\mathrm{He}}/n_\mathrm{D})$ は正の数で，ヘリウム 3 と重水素の比は時間とともに単調に増加することになる．したがって，太陽系形成時の観測値 $(^3\mathrm{He}/\mathrm{D})_\odot = 0.59 \pm 0.54$ はこの比に対する上限を与えることになる．よって，宇宙初期の元素合成で生成されるヘリウム 3 に対して

$$(n_{^3\mathrm{He}}/n_\mathrm{D}) \leqq 1.13 \tag{4.44}$$

という上限が得られる．

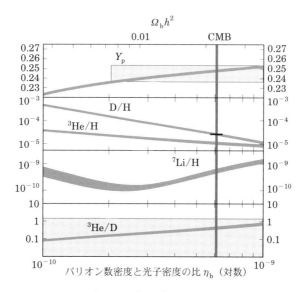

図 **4.10** 軽元素 (^{4}He, D, ^{3}He, ^{7}Li) の存在比の理論値と観測の比較．実線が理論を表し，実線の太さが理論値の誤差を表す．Y_p, D/H, ^{3}He/D の理論線にある直方形は縦が観測値の範囲で横がそれに対応するバリオン–光子比の範囲を表している．CMB と書かれた太線は宇宙マイクロ波背景放射の観測によるバリオン–光子比を表す．

4.3　標準ビッグバン元素合成とバリオン数

　4.1 節で述べたように，標準ビッグバン元素合成において，合成される軽元素の存在比は宇宙のバリオン数密度と光子数密度の比 η_b だけで決まる．ここで標準ビッグバン元素合成と呼んでいるのは標準宇宙モデルの枠組みで，ニュートリノの種類が 3 種類でその化学ポテンシャルが無視できると仮定した場合の元素合成を指している．したがって，各軽元素の観測値と理論値を比較することによって，元素合成の唯一の自由なパラメータであるバリオン–光子比を決める，あるいは，元素合成の理論が観測と矛盾していないかどうかを検証することができる．

　現在，宇宙初期に作られた元素の存在比が推定できるヘリウム 4，重水素，ヘリウム 3 の三つの元素の存在比について，理論と観測の比較を行うと図 4.10 のようになる．図ではバリオン–光子比を横軸に軽元素の存在比の理論値と 2σ の誤

差を含めた観測値の範囲がボックスで示されている. つまり, Y_p, D/H, ^{3}He/D の理論線にある直方形は縦が観測値の範囲で横がそれに対応するバリオン–光子比の範囲を表している. 直方形の横の表すバリオン–光子比の範囲で重なった部分から3つの元素の観測値を説明できることになり, バリオン–光子比が

$$\eta_\mathrm{b} \simeq 6 \times 10^{-10} \tag{4.45}$$

で観測値と理論値が大体一致することがわかる. また, 宇宙のバリオン数を決めるのに三つの元素の中では重水素が重要な役割を果たすこともわかる. それは, 理論曲線からわかるように重水素の存在比がバリオン–光子比に敏感であることと観測から精度良く存在比が推定できるためである.

バリオン–光子比は CMB の観測からも求めることができ, プランク衛星の観測から

$$\eta_\mathrm{b} = (6.11 \pm 0.04) \times 10^{-10} \quad (68\%の信頼水準) \tag{4.46}$$

が得られている (図 4.10 の縦の実線で表されている). この値は元素合成から得られたバリオン–光子比 (4.45) と一致する.

4.4 ビッグバン元素合成とレプトン数

標準ビッグバン元素合成ではニュートリノの化学ポテンシャルはゼロ, つまり, ニュートリノと反ニュートリノは同じ数だけあると仮定されている. ニュートリノと反ニュートリノの数に違いがあれば, 我々の宇宙はレプトン数を持つことになる[*3]. ニュートリノの化学ポテンシャルがゼロと仮定される一つの理由は4.3 節で明らかになったように, 宇宙のバリオン数密度は光子に比べて 10^{-10} 程度であるので, レプトン数密度もそれと同じくらいであろうと考えられるからである. 実際, 温度が約 100 GeV 以上の宇宙初期ではバリオン数をレプトン数に変えるスファレロン (sphaleron) 過程があり, それが働くと宇宙のバリオン数とレプトン数は同程度になる. しかし, それ以外の可能性もあり, 宇宙のレプトン数についてはその大きさは, まだわかっていないというべきである. そこで, ここでは宇宙が大きなレプトン数密度をもつ, つまり, ニュートリノの化学ポテ

[*3] ニュートリノはレプトン数 +1, 反ニュートリノはレプトン数 −1 をもっているためである.

ンシャルがゼロでないとして，それがビッグバン元素合成にどのような影響を与えるか見ていく．

いま，3種類あるニュートリノの化学ポテンシャルを $\mu_{\nu_e}, \mu_{\nu_\mu}, \mu_{\nu_\tau}$ とする．さらに，化学ポテンシャルを温度で割った量を $\xi_\ell\,(\ell = e, \mu, \tau)$ と定義する．すると，ニュートリノと反ニュートリノの数密度は

$$n_{\nu_\ell} = \frac{T^3}{2\pi^2} \int \frac{x^2}{1 + \exp(x - \xi_\ell)} dx, \tag{4.47}$$

$$n_{\bar{\nu}_\ell} = \frac{T^3}{2\pi^2} \int \frac{x^2}{1 + \exp(x + \xi_\ell)} dx \tag{4.48}$$

となる．ここで，$\bar{\nu}_\ell\,(\ell = e, \mu, \tau)$ は反ニュートリノを表す．このとき，レプトン数密度は $\sum_\ell (n_{\nu_\ell} - n_{\bar{\nu}_\ell})$ となる．さらに，ニュートリノのエネルギー密度（ニュートリノと反ニュートリノを合わせて）は

$$\rho_{\nu_\ell} = \frac{T^4}{2\pi^2} \int \left[\frac{x^3}{1 + \exp(x - \xi_\ell)} + \frac{x^3}{1 + \exp(x + \xi_\ell)} \right] dx$$

$$= \frac{7}{8} \left(\frac{2\pi^2}{30} \right) T^4 \left[1 + \frac{30}{7} \left(\frac{\xi_\ell}{\pi} \right)^2 + \frac{15}{7} \left(\frac{\xi_\ell}{\pi} \right)^4 \right] \tag{4.49}$$

と計算できる．ここで，注意すべきはニュートリノ化学ポテンシャルが有限の値をもつとゼロの場合よりもエネルギー密度が大きくなるということである．

ニュートリノが大きなレプトン数を担っている場合，それが元素合成に与える影響は二つある．一つはニュートリノのエネルギー密度が上がることによって宇宙膨張の速さを増加させ，結果的に n–p 比を増加させることであり，もう一つは電子ニュートリノの化学ポテンシャルが n–p 反応の化学平衡を変化させることである．

4.1 節で述べたように，宇宙の温度が数 MeV 以上では中性子と陽子は弱い相互作用による化学平衡状態にある．

$$p + e^- \longleftrightarrow n + \nu_e. \tag{4.50}$$

この反応は温度が約 1 MeV になると弱い相互作用の反応率が宇宙の膨張率に比較して小さくなり，実質的に反応が起こらず n–p 比が固定される．このとき，同じ温度で比べてニュートリノの密度が増加すれば，宇宙膨張率も増加し，標準

よりも早い時期（温度が高い時期）に反応（4.50）が起こらなくなる．n–p 比は反応が起こらなくなる温度を T_f とすると

$$\frac{n_{\mathrm{n}}}{n_{\mathrm{p}}} = \exp\left(-\frac{\Delta m}{T_f}\right) \tag{4.51}$$

（$\Delta m = m_{\mathrm{n}} - m_{\mathrm{p}} = 1.293\,\mathrm{MeV}$）と表せるので，ニュートリノが化学ポテンシャルを持つことで T_f が増加すると n–p 比も増加し，その結果合成されるヘリウム4も増加する．この効果は宇宙の密度の増加によるものなのでニュートリノの種類によらず化学ポテンシャルの大きさだけで決まる．

　一方，電子ニュートリノが化学ポテンシャルをもっている場合にはもっと直接的に n–p 反応（4.50）に影響を与える．この場合，化学平衡の条件は

$$\mu_{\nu_{\mathrm{e}}} + \mu_{\mathrm{n}} = \mu_{\mathrm{p}} \tag{4.52}$$

となる．μ_{n} と μ_{p} は中性子と陽子の化学ポテンシャルである．これから，化学平衡が成り立つときの n–p 比は

$$\frac{n_{\mathrm{n}}}{n_{\mathrm{p}}} = \exp\left(-\frac{\Delta m}{T} - \xi_{\mathrm{e}}\right) \tag{4.53}$$

となる．したがって，電子ニュートリノの化学ポテンシャルが正，つまり，電子ニュートリノが反電子ニュートリノより多いと n–p 比は小さくなり合成されるヘリウム4の存在比が小さくなる．

　電子ニュートリノの化学ポテンシャルが直接的に n–p 比を変える効果は宇宙膨張率を上げる効果より非常に大きく，$\xi_\mu, \xi_\tau \gg \xi_{\mathrm{e}}$ という極端な場合を除けば，電子ニュートリノの化学ポテンシャルだけを考えて元素合成に与える影響を調べることができる．図 4.11 は $\xi_{\mathrm{e}} = 0, \pm 0.1$ の場合の軽元素（ヘリウム4，重水素，リチウム7）の存在比をバリオン–光子比の関数として表したもので，ヘリウム4の存在比が化学ポテンシャルによって大きく影響されることがわかる．ヘリウム4の存在比 Y_{p} と ξ_{e} との間には

$$\frac{Y_{\mathrm{p}}}{1 + e^{\Delta m/T_f}(1+\xi_{\mathrm{e}})} \simeq \frac{2}{1 + e^{\Delta m/T_f + \xi_{\mathrm{e}}}} \quad (T_f \simeq 0.7\,\mathrm{MeV}) \tag{4.54}$$

という関係が成り立つ．宇宙のバリオン–光子比 η_{B} と電子ニュートリノの化学ポテンシャル ξ_{e} の二つのパラメータでヘリウム4と重水素の観測値と比較して

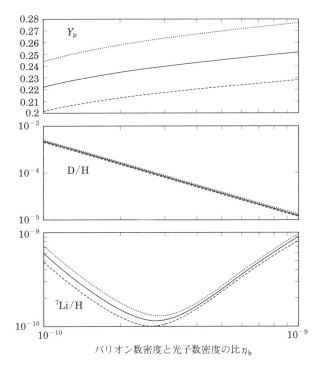

図 **4.11** ビッグバン元素合成に対する電子ニュートリノの化学ポテンシャルの影響. $\xi_e = 0.1$ （破線）, 0 （実線）, -0.1 （点線）.

許される範囲を示したのが図 4.12 である. これから

$$-0.03 < \xi_e < 0.05 \tag{4.55}$$

となる. 宇宙のレプトン–光子比は大体 ξ_e で与えられるので, 光子の数に対して約 5%のレプトン数が許されることがわかる.

　ここまで電子ニュートリノが化学ポテンシャルを持つとしてきたが, $\xi_\mu, \xi_\tau \gg \xi_e$ の場合にはミューニュートリノ（または, タウニュートリノ）の化学ポテンシャルによって宇宙膨張が速くなり, ヘリウム 4 の存在比が増えるという効果が重要になる. ヘリウム 4 の観測値の上限から, ξ_μ, ξ_τ に対して

$$|\xi_\mu|, |\xi_\tau| < 40 \tag{4.56}$$

という制限が得られる. ただし, ニュートリノの種類によって化学ポテンシャル

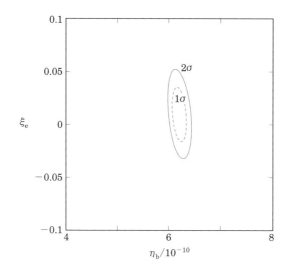

図 **4.12** ビッグバン元素合成からのバリオン–光子比と電子
ニュートリノの化学ポテンシャルに対する制限.

が大きく異なるということは不自然であり,また,たとえ宇宙初期に化学ポテン
シャルが種類ごとに異なっていてもニュートリノ振動によって元素合成前に各
ニュートリノの化学ポテンシャルが平均化されるので,通常の場合,式 (4.55)
の制限はすべての種類のニュートリノに当てはまると見なして良い.

4.5 ビッグバン元素合成とニュートリノ世代数

4.4 節でも説明したように,元素合成で作られるヘリウム 4 の存在比は n–p 比
が固定する時期,つまり,宇宙が誕生して 1 秒頃の宇宙膨張の速さによって変化
する.このことから,宇宙膨張を決めている宇宙の密度,それを担っている粒子
に対して情報を得ることができる.このようにして,元素合成から有用な制限が
得られるものとして有名なものがニュートリノの世代数(ニュートリノの種類の
数)である.実際,歴史的には,加速器実験で通常のニュートリノの世代数が 3
であるとわかる前に,ビッグバン元素合成からニュートリノの世代数が 4 より少
ないと予想されていた.現在では弱い相互作用を行う通常のニュートリノの種類
は 3 であることがわかっているので,ニュートリノ世代数の制限を元素合成から

決めることの意味は，おもに，通常のニュートリノ以外の相対論的な粒子の存在やニュートリノが熱平衡分布をしていない場合を調べることにある．したがって，有効ニュートリノ世代数 N_ν を

$$N_\nu = \frac{\sum_{e,\mu,\tau} \rho_{\nu_i} + \rho_{\mathrm{ns}}}{\rho_{\nu,\mathrm{std}}} \tag{4.57}$$

と定義する．ここで，ρ_ν はニュートリノのエネルギー密度を表し，$\rho_{\nu,\mathrm{std}}$ は 1 種類のニュートリノが熱平衡にある場合の密度である．また，ρ_{ns} はニュートリノ以外の非標準的な粒子の寄与を表す．したがって，N_ν の標準値[*4]は 3 になる．

有効ニュートリノ世代数 N_ν が増加すると，同じ温度で見た宇宙の密度が増加し，宇宙膨張率も増加する．そのため，n–p 比を決めている中性子–陽子間の弱い相互作用が起こらなくなる温度が高くなり，n–p 比も増加し，結果として，ヘリウム 4 の存在比が大きくなる．

$$N_\nu \nearrow \implies \rho \nearrow \implies \mathrm{n/p} \nearrow \implies Y_\mathrm{p} \nearrow. \tag{4.58}$$

図 4.13 は $N_\nu = 2,3,4$ の場合の軽元素の存在比を表したもので，ヘリウム 4 の存在比が N_ν に敏感であることがわかる．また，重水素の存在比も N_ν によって多少変化し，近年の重水素の観測値の精密化に伴ってこの効果も重要になっている．観測の制限である（4.34）とバリオン-光子比（4.46）を使うと N_ν の許される範囲として

$$2.5 < N_\nu < 3.3 \quad （95\%の信頼水準） \tag{4.59}$$

が得られる．

4.6 非一様な元素合成

これまでは，宇宙初期の元素合成は宇宙全体で一様に起こるとしてきた．しかし，宇宙のバリオン数が宇宙の場所によって大きくゆらいでいる可能性がある．元素合成時にそのようにバリオンの密度の高い領域と低い領域が存在しているとすると，各領域で生成される軽元素の存在比は異なり，その後の宇宙の進化で各

[*4] より正確には，電子・陽電子との相互作用がニュートリノが脱結合した後もわずかにある効果で N_ν は 3.04 になる．

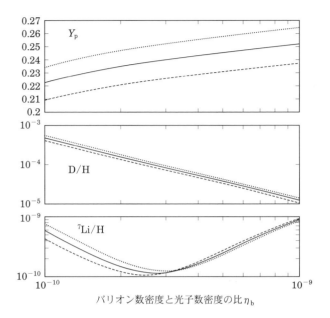

図 4.13 ビッグバン元素合成に対する有効ニュートリノ世代数の影響. 点線, 実線, 破線はそれぞれ $N_\nu = 4, 3, 2$ の場合を示す.

領域が混ざって平均化した後の軽元素の存在比は標準の場合と異なる. したがって, 非一様な元素合成を考えることによって標準の場合より許されるバリオン数密度の範囲が大きくなると期待される.

非一様な元素合成を考える場合, 簡単のため, バリオンの密度パラメータが Ω_h の高バリオン密度領域と密度パラメータが Ω_l の低バリオン密度領域を考え, 各領域が体積割合で $f_v, (1 - f_v)$ を占めるものとする. したがって, 平均的なバリオン密度は

$$\Omega_{\mathrm{b}} = f_v \Omega_h + (1 - f_v)\Omega_l \tag{4.60}$$

となる. また, 密度コントラスト R を

$$R = \frac{\Omega_h}{\Omega_l} \tag{4.61}$$

とする.

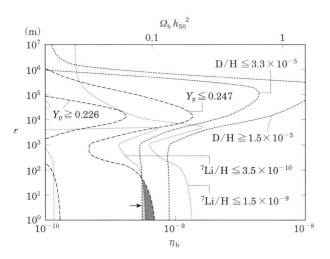

図 **4.14** 非一様ビッグバン元素合成での軽元素の存在比（$R \sim 10^6$, $f_v^{1/3} \sim 0.5$）．灰色の領域はヘリウム 4 と重水素の観測を満たす領域で，その中で薄い灰色の領域（矢印）はヘリウム 4 と重水素とリチウム 7 の制限を満たす領域である（Orito *et al.* 1997, *ApJ*, 488, 515）．

　二つの領域では宇宙の温度が 1 MeV 程度になると，宇宙膨張率が陽子と中性子間の弱い相互作用の反応率を上回り，n–p 反応が起こらなくなり，n–p 比が固定する．その後，陽子と光子は電磁相互作用によってほとんど拡散しないが，中性子はバックグラウンドの粒子との相互作用が弱く，密度の高い領域から低い領域に拡散する．これによって，バリオン密度の低い領域では中性子の割合が高くなり，逆にバリオン密度の高い領域では陽子の割合が高くなる．

　この結果，高バリオン密度領域でのヘリウム 4 の生成量は単純に標準元素合成でバリオン密度を高くした場合に比べて抑えられる．しかし，領域のサイズがあまり大きくない場合はもう少し複雑になる．元素合成はバリオン密度の高い領域で先に始まるので，そこでは中性子が元素合成に使われて減少する．すると，低バリオン密度領域の中性子が拡散によって再び高バリオン領域に戻ってくることになる．その結果，低バリオン密度領域での元素の生成量が減少することになる．このように，非一様な元素合成では中性子の拡散が非常に重要な役割を果たし，この効果を考慮した計算では各領域の大きさが問題になる．

　したがって，実際の計算では高バリオン密度領域の大きさ r をパラメータにして R, f_v, Ω_b と合わせて四つの理論パラメータで非一様な元素合成を特徴づける.

　図 4.14 はバリオン–光子比 η_b と温度が 1 MeV での高バリオン密度領域の大きさ r のパラメータ空間で，軽元素の観測の制限を表したもので，これから，軽元素の観測を説明できるのは r が小さく，中性子が拡散によって n–p 比が決まる頃に低バリオン密度領域に入り，それが陽子に変わって二つの領域を一様化する場合，つまり，標準元素合成とほぼ同じになる場合のみであり，元々の期待とは異なり，非一様の元素合成を考えても，許されるバリオン密度は標準の場合と変わらないことを示している.

第5章

素粒子理論と宇宙初期

5.1 素粒子の標準モデル

　素粒子の標準モデルでは，物質はクォーク（quark）とレプトン（lepton）で構成されている．ともにスピン $1/2$ のフェルミオンで，クォークは核子や中間子を構成して，バリオン数 $1/3$ をもつ．電子やニュートリノはレプトンに属し，レプトン数 $+1$ をもつ．クォークにはアップ（up）タイプとダウン（down）タイプがあり，レプトンにはマイナスの電荷をもった荷電レプトンと中性のニュートリノがあり，同じ量子数をもつが質量の違う粒子の組（これを世代と呼ぶ）が存在する．1 章の表 1.1（32 ページ）に 3 世代のクォークとレプトンの名前，質量，電荷を示した．これらのクォークとレプトンにはすべて質量が同じで，電荷，バリオン数，レプトン数が正反対の反粒子（反クォークと反レプトン）が存在することが知られている．たとえば，電子の反粒子は正の電荷をもち陽電子と呼ばれる．

　これらクォークとレプトンの間に重力を除いて働く力は電磁気力，弱い相互作用，強い相互作用の三つが存在するが，1970 年代にワインバーグとサラムによって電磁気力と弱い相互作用は電弱相互作用として統一的に記述できることが明らかになった（ワインバーグ–サラム理論）．これらの相互作用は $SU(3)_c \times SU(2)_L \times U(1)_Y$ という対称性をもったゲージ理論で記述される．$SU(3)_c$ はカ

ラー（color）をもつクォーク間に働く強い相互作用の対称性を表し，$SU(2)_\mathrm{L} \times$ $U(1)_\mathrm{Y}$ はクォークとレプトン間に働く電弱相互作用のもつ対称性を表す．

　電弱相互作用は，ウィークアイソスピン（weak isospin）をもつ左巻きのクォークとレプトンに働く相互作用（$SU(2)_\mathrm{L}$ に対応する）とハイパーチャージ（hypercharge）をもつクォークとレプトンに働く相互作用（$U(1)_\mathrm{Y}$ に対応する）を統一したもので，この電弱相互作用の対称性 $SU(2)_\mathrm{L} \times U(1)_\mathrm{Y}$ は約 100 GeV 以下の低エネルギーでは自発的な対称性の破れによって破れており，電磁相互作用の対称性 $U(1)_\mathrm{em}$ が残る．

　クォークとレプトンの間に働くこれらのゲージ相互作用にはそれを媒介するゲージボソンが存在する．ゲージボソンはスピン 1 の粒子で，強い相互作用を媒介するグルーオン（g），電弱相互作用を媒介するウィークボソン（$SU(2)_\mathrm{L}$ に対応する W$^+$, W$^-$, W^0 と $U(1)_\mathrm{Y}$ に対応する B）があり，ゲージ対称性が成り立つときはすべて質量ゼロの粒子である．しかし，$SU(2)_\mathrm{L} \times U(1)_\mathrm{Y}$ の対称性の破れによって，W$^+$, W$^-$, W^0, B のほとんどが質量を獲得し，重い W ボソン（W$^\pm$）と Z ボソン（Z^0）になり，弱い相互作用を媒介し，W^0 と B の混合状態である光子（γ）が質量ゼロのゲージボソンとして，$U(1)_\mathrm{em}$ の電磁相互作用を媒介する．1 章の表 1.2 にゲージボソンの名前，質量，電荷を示した．

　上述した，電弱相互作用の対称性 $SU(2)_\mathrm{L} \times U(1)_\mathrm{Y}$ の自発的破れは，ヒッグス機構と呼ばれるメカニズムによって引き起こされると考えられている．ヒッグス機構は次のような簡単なモデルで理解することができる．いま，$U(1)$ 対称性をもつゲージ場 A_μ とスカラー場 ϕ_h を考える．スカラー場のラグランジアンは

$$\mathcal{L} = (\partial_\mu + iqA_\mu)\phi_h^*(\partial^\mu - iqA^\mu)\phi_h - V(\phi_h), \tag{5.1}$$

$$V(\phi_h) = \lambda \left(|\phi_h|^2 - v^2\right)^2 \tag{5.2}$$

で与えられる．ここで，q は $U(1)$ の電荷（チャージ）で，V はスカラー場のポテンシャルを表し，λ, v は定数である．このラグランジアンは次の $U(1)$ 変換

$$A_\mu \longrightarrow A_\mu + \partial_\mu \chi, \quad \phi_h \longrightarrow \phi_h e^{iq\chi} \tag{5.3}$$

に対して不変である（χ は任意の関数）．しかし，スカラー場の真空はポテンシャルエネルギーが最小になる配位で決まり，式（5.2）から真空では $|\phi_h| = v$ を満たすことがわかる．いま，ϕ_h がこれを満たすある値，たとえば，v を取ったとし，

これを $\langle \phi_h \rangle = v$ と書き，$\langle \phi_h \rangle$ を ϕ の真空期待値と呼ぶ．明らかに，この真空はもはや $U(1)$ 変換に対して不変ではない．したがって，スカラー場 ϕ_h が有限の真空期待値を取ることによって理論が本来もっていた対称性が壊れるのである．

　これが自発的対称性の破れである．このとき，式（5.1）からわかるように，もともと質量ゼロのゲージ場 A_μ に対して，質量項

$$q^2 |\phi_h|^2 A_\mu A^\mu = q^2 v^2 A_\mu A^\mu \tag{5.4}$$

が生じ，ゲージ場が質量 $\sqrt{2}qv$ をもつことがわかる．また，スカラー場 ϕ_h の質量も $\sqrt{\lambda}v$ 程度になる．この簡単なモデルでの自発的対称性の破れの特徴は実際の $SU(2)_\mathrm{L} \times U(1)_\mathrm{Y}$ の自発的破れにも当てはまり，ヒッグス場と呼ばれるスカラー場が $100\,\mathrm{GeV}$ 程度の期待値をもつことによって，ウィークボソンが質量を獲得するのである．ヒッグス場に対応して標準モデルではスピン 0 で質量が $100\,\mathrm{GeV}$ オーダーのヒッグスボソン H が予言されるが，実際 2012 年に欧州原子核研究機構（CERN）の大型ハドロン衝突型加速器（LHC）によって発見され，その質量が $125\,\mathrm{GeV}$ であることが明らかになった（表 1.2）．ヒッグス粒子の発見によって標準模型のすべての粒子が発見されたことになる．

5.2　超対称性理論

　$SU(3)_\mathrm{c} \times SU(2)_\mathrm{L} \times U(1)_\mathrm{Y}$ のゲージ理論に基づく標準モデルは，現在までのところ，数 $100\,\mathrm{GeV}$ のエネルギー以下でのさまざまな実験事実を見事に説明し，大成功を収めている．しかし，素粒子の標準モデルが電弱相互作用のスケールである $O(100)\,\mathrm{GeV}$（表 1.2）よりさらに高いエネルギースケールまでそのまま成り立つとすると「階層性問題」という問題が生じる．

　前節で述べたように標準理論にはヒッグスボソンが存在し，自発的対称性の破れ $SU(2)_\mathrm{L} \times U(1)_\mathrm{Y} \to U(1)_\mathrm{em}$ に重要な役割を果たす．このヒッグスボソンの質量 m_H は $125\,\mathrm{GeV}$ である．ここで図 5.1 のダイアグラムで表されるフェルミオン f による m_H^2 の量子補正を考える．f は標準モデルに存在するクォークやレプトンである．いま，ヒッグスボソンとの相互作用を $\lambda_f H \bar{f} f$ とすると補正 Δm_H^2 は

$$\Delta m_\mathrm{H}^2 = -\frac{\lambda_f^2}{8\pi^2} \Lambda_\mathrm{UV}^2 + \cdots \tag{5.5}$$

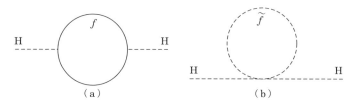

図 5.1　ヒッグスボソンの質量 2 乗に対する量子補正.（a）は
標準モデルにおける量子補正（式 (5.5)）を表し，（b）は超対称
理論で現れる量子補正（式 (5.9)）を表す.

で与えられる.Λ_{UV} は理論が適応できる限界を示すカットオフスケールである.
ヒッグスボソンの質量の補正は Λ_{UV}^2 に比例して大きくなる.標準モデルがプラ
ンクスケール（$\sim 10^{19}\,\mathrm{GeV}$）まで使えるとすると，$\Delta m_{\mathrm{H}}^2$ は $10^{38}\,\mathrm{GeV}^2$ となり，
繰り込まれた質量 $m_{\mathrm{H,R}}$ と「裸の質量」$m_{\mathrm{H,B}}$ との関係

$$m_{\mathrm{H,R}}^2 = m_{\mathrm{H,B}}^2 + \Delta m_{\mathrm{H}}^2 \tag{5.6}$$

から $m_{\mathrm{H,R}} \sim 100\,\mathrm{GeV}$ を得るためには $m_{\mathrm{H,B}}$ と Δm_{H}^2 との間で 30 桁以上もの
微調整が必要になることになり，きわめて不自然である.別の言い方をすると，
電弱相互作用のスケールは量子補正に対して安定ではない.これが階層性の問題
である.

　階層性の問題を解決する最も魅力的な理論が超対称性理論である.超対称性
はボソンとフェルミオンとの対称性で，超対称変換 Q は

$$Q\,|\,\text{ボソン}\,\rangle = |\,\text{フェルミオン}\,\rangle, \tag{5.7}$$

$$Q\,|\,\text{フェルミオン}\,\rangle = |\,\text{ボソン}\,\rangle \tag{5.8}$$

のように，ボソン（フェルミオン）をフェルミオン（ボソン）に変換する.この
結果，理論にフェルミオン f が存在すればそれに対応したボソン $\tilde{f}$ が存在する
ことを予言する.したがって，超対称性があれば，ヒッグスボソンの量子補正の
ダイアグラム図 5.1（a）に加えて，ダイアグラム図 5.1（b）のようにボソン $\tilde{f}$
がループを回る補正が存在し，

$$\Delta m_{\mathrm{H}}^2 = \frac{\lambda_f^2}{8\pi^2}\Lambda_{\mathrm{UV}}^2 + \cdots \tag{5.9}$$

という寄与を与える.これはちょうどフェルミオン f からくる Λ_{UV}^2 に比例する

表 **5.1**　超対称性粒子.

標準モデルの粒子		超対称性パートナー	
スピン	粒子	スピン	粒子
1/2	ニュートリノ（ν_e, ν_μ, ν_τ） 荷電レプトン（e, μ, τ） クォーク（u, d, c, s, t, b）	0	スニュートリノ（$\tilde{\nu}_e, \tilde{\nu}_\mu, \tilde{\nu}_\tau$） 荷電スレプトン（$\tilde{e}, \tilde{\mu}, \tilde{\tau}$） スクォーク（$\tilde{u}, \tilde{d}, \tilde{c}, \tilde{s}, \tilde{t}, \tilde{b}$）
1	グルーオン（g） ウィークボソン（W, Z） 光子（γ）	1/2	グルイーノ（$\tilde{g}$） ウィーノ（$\tilde{W}$），ジーノ（$\tilde{Z}$） フォティーノ（$\tilde{\gamma}$）
0	ヒッグスボソン（H_u, H_d）	1/2	ヒッグシーノ（$\tilde{H}_u, \tilde{H}_d$）
2	重力子（$h_{\mu\nu}$）	3/2	グラビティーノ（$\tilde{\psi}_\mu$）

寄与を打ち消しており，Δm_H^2 に Λ_{UV} の 2 次の発散は起きないため，階層性の問題が解決される.

　素粒子の標準モデルを超対称性理論に拡張すると，スピン 1/2 のフェルミオンであるクォークやレプトンに対して，スピン 0 のスカラークォークやスカラーレプトンが存在し，さらに，スピン 1 のゲージボソンに対してはスピン 1/2 のゲージフェルミオンが存在することになる. さらに，重力まで含めて超対称化すると（超重力理論），重力を媒介するスピン 2 の重力子に対してスピン 3/2 のグラビティーノが存在する.

　表 5.1 に，標準モデルに含まれる粒子と，それに対応して，超対称性によって予言される粒子（超対称性パートナーと呼ぶ）を示した. また，超対称性理論で新たに予言される粒子を超対称性粒子と総称する. さらに，表 5.1 でヒッグスボゾンが 2 種類あることに注意してほしい. 超対称性理論では超対称性の要請とゲージ対称性に対するアノマリー（量子異常）がないという要請からヒッグス場が 2 種類必要になるためである.

　超対称性パートナーの電荷，バリオン数，レプトン数などの量子数は対応する標準モデルの粒子とまったく同じである. さらに，超対称性が完全に成り立っているとすると，質量も等しくなる. したがって，たとえば，電子と同じ質量で同じ電荷をもつスカラー粒子が実験で見つかるはずである. しかし，現実には超対称性粒子はまだ一つも発見されていない. このことは，現在の実験が行われて

いるような低エネルギーの世界では超対称性が壊れていて，そのためすべての超
対称性粒子の質量は実験で作り出せないぐらい重くなったと解釈される．ただ
し，階層性の問題を解決するという超対称性理論の利点を損なわないためには，
超対称性の破れのスケールは 1–10 TeV 程度以下だと考えられる．その場合，超
対称性粒子の質量は 1–10 TeV 程度になるので将来の加速器実験で超対称性粒子
が発見されることを期待したい．

5.3　大統一理論

　ワインバーグ–サラム理論の成功によって弱い相互作用と電磁相互作用は
$SU(2)_{\mathrm{L}} \times U(1)_{\mathrm{Y}}$ のゲージ対称性をもつ電弱相互作用として統一的に理解でき
るようになった．この統一理論の考えをさらに推し進めた理論が大統一理論
（Grand Unified Theory, 略して GUT）である．ワインバーグ–サラム理論は統
一理論としてまだ不完全な部分があった．それは，電弱相互作用が $SU(2)_{\mathrm{L}}$ と
$U(1)_{\mathrm{Y}}$ で表される二つのゲージ相互作用で記述され，それぞれの相互作用の強
さも異なっていることである．さらに，$SU(3)_{\mathrm{c}}$ で表される強い相互作用が統一
されないままであった．大統一理論はこれらの不完全さをなくし，標準模型の
$SU(3)_{\mathrm{c}} \times SU(2)_{\mathrm{L}} \times U(1)_{\mathrm{Y}}$ のゲージ相互作用を一つのゲージ相互作用で記述し
ようというものである．大統一理論の最も簡単な模型は $SU(5)$ 対称性に基づくも
のである（$SU(5)$ は $SU(3) \times SU(2) \times U(1)$ を含む最も小さな半単純群である）．
　$SU(5)$ 大統一理論では，クォークとレプトンは $SU(5)$ の 5 次元表現（**5**）と
10 次元表現（**10**）に属す．具体的には，第 1 世代に関して，右巻きのダウン
クォークの荷電共役（$\mathrm{d}^{\mathrm{c}}_{\mathrm{L}}$）と左巻きの電子（$\mathrm{e}_{\mathrm{L}}$），電子ニュートリノ（$\nu_{\mathrm{e,L}}$）が **5̄**
表現に属し，

$$\Psi_{\mathrm{L}} = \begin{pmatrix} \mathrm{d}^{\mathrm{c}}_1 \\ \mathrm{d}^{\mathrm{c}}_2 \\ \mathrm{d}^{\mathrm{c}}_3 \\ \mathrm{e} \\ \nu_{\mathrm{e}} \end{pmatrix}_{\mathrm{L}} \tag{5.10}$$

のように表される．ここで，d の下添字はカラーのインデックスで，添字 c は荷

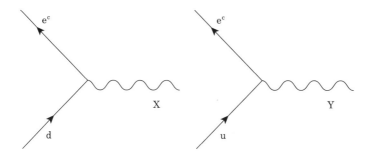

図 5.2 クォークをレプトンに変えるダイアグラム.

電共役を表す.（多少不正確だが）荷電共役はある粒子の反粒子を表す．また荷電共役をとると，右巻きの粒子は左巻きになるので，右巻きのダウンクォークの荷電共役に添字 "L" をつける．右巻きのアップクォーク（u_L^c），左巻きのクォーク（u_L, d_L），右巻きの電子（e_L^c）は **10** 表現に属し，

$$\chi_L = \begin{pmatrix} 0 & u_3^c & -u_2^c & -u_1 & -d_1 \\ -u_3^c & 0 & u_1^c & -u_2 & -d_2 \\ u_2^c & -u_1^c & 0 & -u_3 & -d_3 \\ u_1 & u_2 & u_3 & 0 & -e^c \\ d_1 & d_2 & d_3 & e^c & 0 \end{pmatrix}_L \tag{5.11}$$

のように行列の形でまとめられる.

　相互作用を媒介するゲージボソンは $SU(5)$ の 24 次元表現に属し，標準理論に含まれるゲージボソンに加えて，新たに X ボソンと Y ボソンが現れる．上で見たようにクォークとレプトンが同じ表現に入っているために，図5.2 のように，X,Y ゲージボソンによってクォークをレプトンに変える（またはその逆）反応が起きる．このため，標準理論では安定であると考えられていた陽子もより軽いレプトンに崩壊することができる．しかし，陽子崩壊は実験的には観測されていないため，理論的に予言される陽子崩壊の寿命はきわめて長いことが要請され（たとえば大統一理論で期待される $p \to e^+ + \pi$ の崩壊の寿命は約 10^{34} 年以上）大統一理論模型に対する強い制限となっている.

　電弱相互作用の対称性 $SU(2)_L \times U(1)_Y$ がヒッグス機構によって自発的に壊

れ，電磁相互作用の対称性 $U(1)_{\mathrm{em}}$ が残ったのと同様，$SU(5)$ 対称性もヒッグス機構によって，$SU(3)_{\mathrm{c}} \times SU(2)_{\mathrm{L}} \times U(1)_{\mathrm{Y}}$ 対称性に自発的に壊れたと考えられる．後で述べるように大統一理論のスケールは $10^{16}\,\mathrm{GeV}$ 程度であり，電弱相互作用のスケール $100\,\mathrm{GeV}$ と大きな違いがあるので，自発的対称性の破れを引き起こすヒッグス場は少なくとも 2 種類必要である．$SU(5)$ 大統一模型では 24 次元表現と 5 次元表現のヒッグス場を導入し，24 次元表現ヒッグスが $SU(5)$ を $SU(3)_{\mathrm{c}} \times SU(2)_{\mathrm{L}} \times U(1)_{\mathrm{Y}}$ に壊し，5 次元表現ヒッグスがさらに $U(1)_{\mathrm{em}}$ に壊す役割を果たす．

$$SU(5) \xrightarrow{\ 24\ } SU(2)_{\mathrm{L}} \times U(1)_{\mathrm{Y}} \xrightarrow{\ 5\ } U(1)_{\mathrm{em}}. \tag{5.12}$$

素粒子の標準模型において，$U(1)_{\mathrm{Y}}, SU(2)_{\mathrm{L}}, SU(3)_{\mathrm{c}}$ に対応する三つのゲージ相互作用の強さを表す結合定数 $\alpha_1, \alpha_2, \alpha_3$ はエネルギー依存性があり，図 5.3 のように変化する．もし，すべての結合定数があるエネルギースケールで一致すればそこでゲージ相互作用の強さが等しくなり，大統一理論の存在を支持することになる．しかし，図に見られるように標準模型ではエネルギースケールが $10^{15}\,\mathrm{GeV}$ 付近で三つの結合定数が近づくが，一致はしない．ところが，超対称化された標準模型を考えると図 5.3（b）のように約 $10^{16}\,\mathrm{GeV}$ で大統一理論で望まれる結合定数の統一が起こる．このことは，超対称化された大統一理論が存在し，統一理論のスケールは約 $10^{16}\,\mathrm{GeV}$ であることを強く示唆している．

5.4　位相的欠陥

素粒子相互作用の大統一理論を古典ビッグバン宇宙初期の高温高密度時代に単純に適用すると，強い相互作用，弱い相互作用，電磁相互作用の三つの相互作用は一つに統一されていたが，宇宙の温度の低下とともに相転移が起こり，相互作用の分化が起こったということになる．これを支配するのが，自発的対称性の破れによってゲージ場に質量を与えるヒッグス場の振る舞いである．高温時にヒッグス場の期待値が 0 になるとすべてのゲージ場の質量も 0 になり，対称性が回復する．逆に温度の低下に伴って相転移が起こると，ヒッグス場は有限の期待値をもち，対称性が破れるのである．ヒッグス場の最低エネルギー状態が真空を決めているので，この相転移を真空の相転移という．真空の相転移は全空間で一斉

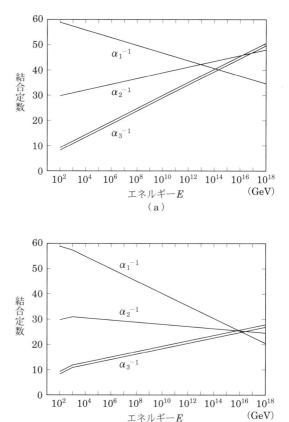

図 **5.3** 結合定数のエネルギー依存性.（a）標準模型,（b）超
対称化された標準模型の場合.

に起こるわけではなく，因果関係を持ちうる範囲でのみ一様に起こる．このこと
から真空の相転移の際，位相的欠陥とよばれるものが宇宙に取り残される可能性
がある．ここではその位相的欠陥と宇宙論的意義について述べる．

5.4.1 高温時の対称性の回復と相転移

宇宙初期に起こった真空の相転移を次のようなラグランジアン密度をもつ実ス
カラー場 ϕ で調べてみよう．

$$\mathcal{L} = \frac{1}{2}\partial_\mu\phi\partial^\mu\phi - V_0[\phi]. \tag{5.13}$$

ただし簡単のため，ゲージ場との結合がない場合を考えた．このポテンシャル $V_0[\phi]$ は $\phi = \pm v$ に最小値をもち，$\phi = 0$ での質量項は $M^2[0] \equiv V_0''[0] = -\lambda v^2$ という負の値をもつ．これに対し，ϕ の量子的期待値の挙動を表す指標となる有効ポテンシャルを1ループ近似で求めると，これは $V_0[\phi]$ に質量 $M[\phi]$ の粒子のゼロ点振動のエネルギーと熱的自由エネルギーを足し合わせればよい．ここで，有限温度の場の理論によって1ループの有効ポテンシャルを求めると，温度を T として，

$$V_T[\phi] = V_0[\phi] +$$

$$\int \frac{d^3k}{(2\pi)^3}\left\{\frac{1}{2}\sqrt{\boldsymbol{k}^2 + M^2[\phi]} + T\ln\left[1 - \exp\left(-\frac{\sqrt{\boldsymbol{k}^2 + M^2[\phi]}}{T}\right)\right]\right\} \tag{5.14}$$

を得る．上式は，$T \gg |M|$ かつ λ が小さいとすると，

$$V_T[\phi] = V_0[\phi] - \frac{\pi^2}{90}T^4 + \lambda\frac{3\phi^2 - v^2}{24}T^2 \tag{5.15}$$

と展開できる．これより $T > 2v \equiv T_c$ のときは $V_T[\phi]$ の最小値は $\phi = 0$ で実現し，対称性の回復が起こることがわかる．ϕ がゲージ場やクォークとレプトンなどのフェルミオンとも相互作用している場合には，臨界温度 T_c はゲージ結合定数や湯川結合定数にも依存することになるが，多くの場合やはり $T_c \sim v$ の程度である．

さて，$T < T_c$ になると ϕ は真の真空に向かって相転移を起こすが，これは宇宙全体で一様に起こることはできず，ある相関距離を超えたスケールでは，ϕ はランダムな方向に動くことになる．相関距離 ξ の大きさは相転移の次数やモデルの詳細によるが，相転移する時刻 t_c の地平線を超えることはできない．t_c は臨界温度に達したときの時刻である．したがってフリードマン宇宙では $\xi \lesssim t_c$ である．

こうして，式（5.13）のモデルでは各領域ごとに $+v$ と $-v$ に向かって相転移が進むことになる．しかし，相転移後も ϕ の値は空間的には連続に変化するか

ら，$\phi = v$ の領域と $\phi = -v$ の領域の間には必ず大きなポテンシャルエネルギーをもった $\phi = 0$ の領域が面状に存在することになる．これが位相的欠陥の一種，ドメインウォールである．また，こうしたポテンシャルの高温補正に基づく相転移に伴う位相的欠陥生成をキッブル（Kibble）機構という．位相的欠陥にはドメインウォールのほか，ひも状のストリング，点状のモノポール，そして大きなポテンシャルエネルギーを持つ領域をもたず，場の歪みだけでできているテクスチャーがある．いかなる形状の欠陥ができるかは，相転移後の真空多様体 $\mathcal{M}$ のホモトピークラス $\Pi_n(\mathcal{M})$ によって決まる[*1]．以下に位相的欠陥の分類と，各々のもつ宇宙論的意義をまとめることにしよう．

5.4.2 ドメインウォール

式（5.13）のように $\mathcal{M}$ が $\Pi_0(\mathcal{M}) \neq 1$ を満たすときに生成する[*2]．対称性が離散的に破れる場合がこれに相当する．式（5.13）が与えるドメインウォールの厚さはスカラー場のコンプトン波長，すなわち $\sim 1/(\sqrt{\lambda}v)$ 程度で，したがってエネルギー面密度 σ は $\sigma \sim \sqrt{\lambda v^3}$ 程度である．初期宇宙の相転移で生成したドメインウォールは，そのほとんどが「無限大」の大きさをもつが，相転移時の相関距離のスケールで凸凹している．しかし，これは他の粒子との相互作用で徐々になめらかになっていく．こうして地平線スケール程度までなめらかになったドメインウォールは非相対論的な運動をせず，宇宙膨張によってその面積は $a^2(t)$ に比例して広がるため，そのエネルギーも同じ割合で増加する．一方，個数密度は $a^{-3}(t)$ で減少するから，ウォールのエネルギー密度 $\rho_w(t)$ は $\rho_w(t) \propto a^{-1}(t)$ というように，放射や冷たい物質よりゆっくりとしか減少しないことがわかる．このため v がよほど小さくない限り，宇宙はすぐにドメインウォール優勢になってしまう．たとえば，現在の宇宙に地平線スケール $H_0^{-1} \simeq 10^{28} h^{-1}$ cm（h については 5.6.1 節参照）のドメインウォールがあったとすると，そのエネルギースケールが $v \lesssim 10^{-1.5} \lambda^{-1/6}$ GeV でない限り，現在の宇宙のエネルギー密度に対し，過大な寄与をしてしまうことになる．

[*1] $\Pi_0(\mathcal{M})$ は 1 点と $\mathcal{M}$ の間，$\Pi_1(\mathcal{M})$ は単位円周上と $\mathcal{M}$ の間，$\Pi_2(\mathcal{M})$ は単位球面上と $\mathcal{M}$ の間の写像の分類を表したものである．

[*2] すなわちこの場合 $\mathcal{M}$ は $\phi = \pm v$ という 2 つの点から成り，1 点からこの 2 点への写像は一通りではない（$+v$ にいくのと $-v$ にいくのと 2 通りある）ので $\Pi_0(\mathcal{M}) \neq 1$ なのである．

5.4.3　ストリング

ストリングは相転移後の真空多様体 $\mathcal{M}$ が $\Pi_1(\mathcal{M}) \neq \mathbf{1}$ を満たすときに生成する．たとえば $U(1)$ 対称性が破れると生成する[*3]．エネルギースケール v で生成するストリングの線密度 μ は $\mu \simeq v^2$ の程度である．ストリングも生成時はそのエネルギー密度の約 80% は「無限」に長いもので占められ，残りは閉じたループである．膨張宇宙においてストリングは，南部–後藤作用

$$S = -\mu \int dA = -\mu \int \sqrt{-\det(\gamma_{ab})}\, d^2\zeta \tag{5.16}$$

から導かれる運動方程式にしたがって進化する．ここで dA はストリングが掃引する世界面の面積素片，$\zeta^a = (\tau, \sigma)$ は世界面上の座標，γ_{ab} は世界面の時空座標 $x^\alpha(\tau, \sigma)$ によって $\gamma_{ab} = \partial_a x^\alpha(\tau,\sigma) \partial_b x^\beta(\tau,\sigma) g_{\alpha\beta}$ と表される世界面上の計量である．つまり，ストリングはそれが掃引する世界面の面積が最小になるように進化する．運動方程式の具体形は，たとえばミンコフスキー（Minkowski）時空で考え，$\tau = t$ とし，σ をストリングに沿って任意の点から測った長さとすると，ゲージ条件

$$\dot{\boldsymbol{x}}^2 + \boldsymbol{x}'^2 = 1, \quad \boldsymbol{x}' \cdot \dot{\boldsymbol{x}} = 0 \tag{5.17}$$

の下で

$$\ddot{\boldsymbol{x}} - \boldsymbol{x}'' = 0 \tag{5.18}$$

という簡単な波動方程式の形になる．ただし，$\boldsymbol{x}$ はストリングの空間座標，$'$ は σ に関する微分を表す．

さて，二本のストリング片が交差すると，組み替えが起こったり，ループの生成が起こったりする．こうして膨張宇宙での平衡分布とでもいうべきスケール解と呼ばれる数分布が実現する．これは，ストリングの交差によってループ形成を繰り返すことで，地平線 $\sim t$ を超えて長いストリングが地平線体積 $\sim t^3$ 内につねに一定本数存在するようになった分布である．したがって長いストリングのエネルギー密度は

[*3] この場合 $\mathcal{M}$ は複素場の位相自由度，すなわちある円周上を動くだけの自由度をもつが，ここから単位円への写像はもとの円周を一周する間に単位円上を N 周する，という巻き数（N は $-\infty \leq N \leq \infty$ の整数）だけの任意性をもつので一通りに限らない．したがって，$\Pi_1(\mathcal{M}) \neq \mathbf{1}$ である．

$$\rho_{\mathrm{L}}(t) = \frac{A\mu}{t^2} \tag{5.19}$$

で与えられる. A は放射優勢時と物質優勢時とで若干異なった値をとる定数である. シミュレーションによると, 長いストリングは小さなスケールにギザギザした構造をもつことが示され, 各時刻で生成するループの典型的な半径は地平線の長さの $\sim 10^{-3}$ 程度以下であるとされ, また, $A = \mathcal{O}(10)$ という値が得られている. このように宇宙に広く分布するひも状の位相的欠陥をコズミックストリングと呼んでいる.

生成したループは, 半径の逆数に光速を乗じた程度の周波数の重力波を放出しながらエネルギーを失って崩壊する. そのエネルギー放出率はループの半径によらず,

$$\frac{dE}{dt} = \gamma G\mu^2, \quad \gamma = 50\text{--}100 \tag{5.20}$$

と求められている. G は重力定数. スケール解が予言するループ分布と式 (5.20) などから, 現在の重力波背景放射が求められる. こうして求められた重力波のエネルギー密度が過大であると, ミリ秒パルサーの観測される周期が乱れてしまうため, このことからストリングの線密度に対して制限が課される. 現在のところ, 無次元化した線密度 $G\mu$ に対して $G\mu < 2 \times 10^{-6}$ という制限が与えられている. また, 元素合成時に重力波のエネルギー密度が大きすぎると, 宇宙膨張率が過大になり, ヘリウムの存在量が正しく再現されなくなってしまう. このことから得られる上限は, $G\mu < 7 \times 10^{-6}$ 程度である.

コズミックストリングのもつ宇宙論的意義として, 宇宙の構造形成の種となる密度ゆらぎを与える可能性があることが指摘され, 一時期活発に研究された. 各時刻の地平線スケールのゆらぎの振幅の簡単な評価として, 式 (5.19) と全エネルギー密度 $\rho \propto (Gt^2)^{-1}$ の比をとると,

$$\frac{\delta\rho}{\rho} \sim \frac{\rho_{\mathrm{L}}}{\rho} \sim O(10)G\mu \tag{5.21}$$

という時刻によらない形を得る. こうしてスケール解の性質から, スケール不変なスペクトルをもった密度ゆらぎができることがわかる. この振幅が 10^{-5} 程度であるためには, $G\mu \sim 10^{-6}$, すなわち $v \sim 10^{16}$ GeV であればよいことになる.

つまり，大統一理論の典型的なスケールのストリングが望ましいのである．具体的な構造形成のプロセスとしては，ストリングループによる周りの物質の降着，および長いストリングの航跡に物質が面上に降着する性質をあげることができる．

しかし，ストリング進化のシミュレーションの結果，生成するループの半径がきわめて小さいことがわかったため，後者の方が重要であると考えられるようになった．なお，ストリングによるこうした構造形成論の重要な性質として，ダークマターがニュートリノ等のホットダークマターであったとしても，ストリングによる密度ゆらぎはダークマターの自由拡散によって消されることがないため，構造形成が可能であるということがあげられる．

しかしながら，近年発表された WMAP 衛星等による宇宙背景放射の温度ゆらぎの角度依存性の観測データはストリングによる構造形成論を支持するものではなく，むしろ $G\mu$ に対するより強い制限を与えるものとなった．すなわち，10^{-6} 以上の $G\mu$ を持ったストリングは宇宙背景放射の制限に抵触し，コズミックストリングは我々の宇宙の構造のタネを与える機構ではなかったのである．

5.4.4　モノポール

モノポールは相転移後の真空 $\mathcal{M}$ が $\Pi_2(\mathcal{M}) \neq 1$ を満たすと生成する．とくに $\mathcal{M}$ に $U(1)$ が含まれるとモノポール解が存在することが知られている．したがって，最終的に $SU(3) \times SU(2) \times U(1)$ に破れなければならない統一理論は，必然的にモノポールの存在を予言する．モノポール解を許す簡単なモデルの例として，次のような $SO(3)$ モデルをあげることができる．

$$
\begin{aligned}
\mathcal{L} &= \frac{1}{2}D_\mu\chi^a D^\mu\chi^a - \frac{1}{4}G^a_{\mu\nu}G^{\mu\nu a} - \frac{\lambda}{4}(\chi^a\chi^a - v^2)^2, \\
D_\mu\chi^a &= \partial_\mu\chi^a - e\varepsilon^{abc}W^b_\mu\chi^c, \\
G^a_{\mu\nu} &= \partial_\mu W^a_\nu - \partial_\nu W^a_\mu - e\varepsilon^{abc}W^b_\mu W^c_\nu
\end{aligned}
\tag{5.22}
$$

ε^{abc} $(a,b,c=1\sim3)$ は完全反対称テンソルである．原点にモノポールの存在する解は，原点で対称性が回復して $\chi^a=0$ だが全エネルギーは有限で安定な球対称な場の配位として得られる．原点から十分離れた点では $\chi^a\chi^a \longrightarrow v^2$ とならなければならないが，モノポール解は $\chi^a(\boldsymbol{r}) \longrightarrow v\hat{\boldsymbol{r}}^a$ $(r\to\infty)$ というハリネズミ型を持ち，その球対称性より位相的に安定であることがわかる．また，$r\to$

∞ で $D_i\chi^a \longrightarrow 0$ となるため，ゲージ場は，$W_i^b \longrightarrow \dfrac{\varepsilon^{ibc}\hat{\boldsymbol{r}}^c}{er}$ という極限をもつ．これより遠方の磁場を計算すると，

$$B_i^a = \frac{1}{2}\varepsilon^{ijk}G_{jk}^a = \frac{\hat{\boldsymbol{r}}_i\hat{\boldsymbol{r}}^a}{er^2} \tag{5.23}$$

となり，このモノポールは磁荷 $4\pi/e$ をもつ単極であることがわかる．この解の全エネルギーを数値的に計算することにより，モノポールの質量として $M \simeq 4\pi v/e \simeq 10v$ 程度が得られる．したがって，$v \sim 10^{15}\,\mathrm{GeV}$ とすると，$M \sim 10^{16}\,\mathrm{GeV} \sim 10^{-8}\,\mathrm{g}$ にもなり，素粒子のスケールからいうとモノポールはきわめて重いということがわかる．

$T_c \simeq v$ の相転移でモノポールが当時の地平線あたり一個程度生成するとすると，その数密度 n_M とエントロピー密度の比は，

$$\frac{n_\mathrm{M}}{s} \simeq 10^2\left(\frac{v}{M_\mathrm{pl}}\right)^3 \simeq 10^{-10}\left(\frac{v}{10^{15}\,\mathrm{GeV}}\right)^3 \tag{5.24}$$

で与えられる．相転移時にはモノポールと反モノポールが等量でき，これらはエネルギーを十分失って束縛系になれば対消滅することが可能である．しかし宇宙の進化においてモノポールのエネルギー損失はきわめて不効率で，はじめ $n_\mathrm{M}/s > 10^{-10}$ でない限り，対消滅はほとんど起こらないと考えてよい．したがって，上の場合生成したモノポールはほとんどそのまま生き残ることになる．一方，現在の宇宙のエントロピー密度は $s \sim 10^3\,\mathrm{cm}^{-3}$，臨界密度は $\rho_c \sim 10^{-29}\,\mathrm{g\,cm}^{-3}$ 程度であるから，モノポールのエネルギーが ρ_c を超えないためには，

$$\frac{n_\mathrm{M}}{s} \lesssim 10^{-24}\left(\frac{M}{10^{16}\,\mathrm{GeV}}\right)^{-1} \tag{5.25}$$

でなければならない．すなわち，初期宇宙の相転移で生成されるモノポールは現在の宇宙のエネルギー密度から得られる制限より 14 桁も大きいことがわかる．これがビッグバン宇宙におけるモノポール問題である．

5.4.5 テクスチャー

テクスチャーはこれまでに述べた他の位相的欠陥とは異なり，スカラー場の対称性が回復して大きなポテンシャルエネルギーをもつ芯が存在せず，場の歪みの

エネルギーだけで構成される欠陥である．したがって，これは大域的な対称性が破れ，しかも相転移後の真空が $\Pi_3(\mathcal{M}) \neq 1$ を満たすときに生成する．例としては大域的な $SU(2)$ を破るファミロンモデルをあげることができる．

　また，テクスチャーは不安定である．初期宇宙の相転移によってテクスチャーが生成すると，はじめスカラー場は各地平線ごとにランダムな値をとるが，宇宙膨張によって地平線が広がるにつれて徐々に一様化し，場の歪みは小さな領域にしわ寄せられる．これがテクスチャーのノットと呼ばれるものである．ノットのもつ場の歪みのエネルギーが，その領域内で対称性が回復していたとして得られるポテンシャルエネルギーの極大値程度に達すると，場の組み替えが起こってテクスチャーは崩壊する．数値計算によるとその崩壊率は単位膨張時間，地平線あたり一定数 0.01 程度をとる．したがってテクスチャーの分布もストリング同様ある種のスケール不変性をもち，やはり $v \sim 10^{16}\,\mathrm{GeV}$ のエネルギースケールをもったテクスチャーがあれば，これによって構造形成を引き起こす密度ゆらぎの種を与えることが可能である，と主張された．しかし，このモデルもコズミックストリング同様宇宙背景放射の温度ゆらぎのスペクトルの観測と適合しなかったため，正しくないことがわかった．

5.5　バリオン数生成

　素粒子では粒子とその反粒子が対称的に存在することが知られているが，現在の宇宙では，少なくとも我々が観測できる範囲において，宇宙は物質からできており，反物質からできていない．まず，我々を含めて地球，さらには，太陽系は水素やヘリウムなど陽子，中性子，および電子からなる原子，つまり，物質でできている．これは，人工衛星などによる月や惑星の探査などから明らかである．

　我々の銀河が物質からできていることは宇宙線の観測から知ることができる．宇宙線は銀河磁場によって，銀河に束縛されている．そのおもな成分は陽子であり，その反粒子である反陽子は陽子に比べて 10^{-4} 程度の割合にすぎない．しかも，宇宙線中の反陽子（$\bar{\mathrm{p}}$）は元々存在するものではなく宇宙線の陽子（p）が銀河中の陽子と

$$\mathrm{p} + \mathrm{p} \longrightarrow \mathrm{p} + \mathrm{p} + \mathrm{p} + \bar{\mathrm{p}} \tag{5.26}$$

という反応を起こして，2 次的に生成されたものと考えられる．つまり，我々の銀河に，反物質が存在する証拠はなく，物質からできていると考えられる．

さらに，大きなスケールの系として，銀河が集まった銀河団を考える．銀河団の中に，反物質からできた銀河が存在すると，物質からなる銀河と反物質からなる銀河の境界では粒子と反粒子の対消滅が起こり，強いガンマ線が発生することになる．しかし，近傍の銀河団でそのような強いガンマ線が発生しているものは見つかっていない．したがって，少なくとも我々が観測できる銀河団は物質でできている．

このように，観測から我々の宇宙は物質からできていて，反物質はほとんど存在していないように見える．ここで，物質と呼んでいるものは，陽子，中性子，電子，また，それらからなる原子を意味している．陽子，中性子はバリオン（核子）と総称されるので，宇宙が物質からできていることを言い換えると，我々の宇宙にはバリオンと反バリオンは対称的に存在するのではなく，バリオンは多く存在するが，反バリオンはほとんどないということができる．また，陽子と中性子はバリオン数 $+1$ をもち，反陽子と反中性子はバリオン数 -1 をもつ．したがって，バリオンと反バリオンの非対称性は定量的には，バリオン数密度とエントロピー密度 s の比をとって

$$Y_\mathrm{b} \equiv \frac{n_\mathrm{b} - n_{\bar{\mathrm{b}}}}{s} \approx \frac{n_\mathrm{b}}{s} \qquad (5.27)$$

で表すことができる．ここで $n_{\bar{\mathrm{b}}}$ は n_b に比べて無視できるので $n_{\bar{\mathrm{b}}} = 0$ とした．このバリオン–エントロピー比は宇宙初期の元素合成の理論と観測から，

$$Y_\mathrm{b} = (8\text{--}9) \times 10^{-11} \qquad (5.28)$$

と評価される．宇宙初期の元素合成ではバリオン密度は光子との比で表現するが，元素合成以前の宇宙初期を考える場合には，光子の密度は電子など他の粒子の対消滅で変化してしまうので，そのようなことがないエントロピー密度との比をとる方が便利である．

式 (5.28) で与えられるバリオン数は元々宇宙の始まりから存在していたのかというと，そうではない．我々の宇宙は誕生直後にインフレーションと呼ばれる急激な宇宙膨張を経験したと信じられている．インフレーション宇宙では，インフレーションによってそれ以前に存在していたバリオン数は薄められてその密度

はゼロになってしまう．したがって，現在の宇宙にあるバリオン数はインフレーション終了後から元素合成が始まるまでの間に生成されたと考えられるのである．インフレーション後のバリオンと反バリオンが対称的な宇宙からバリオン非対称性を作ることをバリオン数生成とよぶ．

　バリオン数生成のためには，よく知られたサハロフ（A. Sakharov）の3条件が必要である．それらは

（1）　バリオン数を破る反応の存在
（2）　CとCPの両方が破れていること（C：荷電共役，P：パリティ）
（3）　熱平衡からの離脱

である．1番目の条件はバリオン数ゼロの状態から有限のバリオン数をもつ状態を作る必要性から，自明な条件である．2番目の条件を理解するために，次のような四つの粒子 A, B, C, D によるバリオン数を破る反応を考える．

$$A + B \longrightarrow C + D. \tag{5.29}$$

この反応の前後でバリオン数が +1 変化すると，各粒子を C（荷電共役）変換した粒子 $A^{\rm C}, B^{\rm C}, C^{\rm C}, D^{\rm C}$ による反応

$$A^{\rm C} + B^{\rm C} \longrightarrow C^{\rm C} + D^{\rm C} \tag{5.30}$$

は反応の前後でバリオン数を −1 変える[*4]．もし，理論が C に対して対称的であれば，上の二つの反応はまったく同じ反応率で起こる．つまり，バリオン数が +1 変化する反応と −1 変化する反応が同じだけ起こり，正味にはバリオン数が生成されないのである．したがって，C が破れている必要がある．CP についてもまったく同じ議論でそれが破れている必要があることがわかる．

　3番目の条件は，熱平衡状態では粒子の分布は質量と温度だけで決まることから理解できる．粒子と反粒子で質量は同じなので，平衡分布では粒子と反粒子が同じ数だけ存在することになる．したがって，バリオン数を生成するためにはそれに関与する反応が熱平衡から離脱している必要がある．あるいは，理論が CPT（T：時間反転）に対して不変であることから，バリオン数 B の熱平衡値

[*4] バリオン数 B は C 変換に対して $B \to -B$ と変わる．また，P 変換と T 変換に対して B は不変である．

$\langle B \rangle$ をハミルトニアン H と温度 T を使って表し,

$$\langle B \rangle = \mathrm{Tr}(e^{-H/T}B) = \mathrm{Tr}((\mathrm{CPT})(\mathrm{CPT})^{-1}e^{-H/T}B)$$

$$= \mathrm{Tr}((\mathrm{CPT})^{-1}e^{-H/T}B(\mathrm{CPT}))$$

$$= -\mathrm{Tr}(e^{-H/T}B) = 0 \tag{5.31}$$

と $\langle B \rangle = 0$ を示すことができる. ここで, CPT と H が交換可能であることを使った.

以上から, バリオン数生成を行うためにはサハロフの三つの条件を満たさなければならないことがわかった. では, 具体的に, そのようなバリオン数生成機構があるかということが次の問題となる. 以下に, 代表的なものを説明する.

5.5.1 GUT バリオン数生成

大統一理論（GUT）に基づいたバリオン数生成機構であり, バリオン数生成機構として, 最初に提案されたものである. 大統一理論では一般にバリオン数を破る反応が存在する. それは, 大統一理論においてクォークとレプトンが統一群の同じ表現に属するので, ゲージ相互作用を媒介するゲージボソンがバリオン数の異なるフェルミオンの間の相互作用を媒介することができるからである.

最も簡単な $SU(5)$GUT を例にとると, クォークとレプトンは $\bar{\mathbf{5}}$ 表現と $\mathbf{10}$ 表現に属し, 標準理論の $SU(3)_c \times SU(2)_L \times U(1)_Y$ に分解すると,

$$\bar{\mathbf{5}} = \left(\bar{\mathbf{3}}, \mathbf{1}, \frac{1}{3}\right) + \left(\mathbf{1}, \mathbf{2}, -\frac{1}{2}\right) = [\mathrm{d^c}, \ell], \tag{5.32}$$

$$\mathbf{10} = \left(\mathbf{3}, \mathbf{2}, \frac{1}{6}\right) + \left(\bar{\mathbf{3}}, \mathbf{1}, -\frac{2}{3}\right) + (\mathbf{1}, \mathbf{1}, 1) = [\mathrm{q}, \mathrm{u^c}, \mathrm{e^c}] \tag{5.33}$$

となる. ここでたとえば $\left(\mathbf{3}, \mathbf{2}, \frac{1}{6}\right)$ は, それに属する粒子が $SU(3)_c$ の 3 重項, $SU(2)_L$ の 2 重項で, ハイパーチャージが 1/6 であることを表している. また, ゲージボソンは $\mathbf{24}$ 表現に属し, フェルミオンとの相互作用は模式的に

$$\frac{g}{\sqrt{2}}(\mathbf{24})[(\bar{\mathbf{5}}_\mathrm{f})^\dagger(\bar{\mathbf{5}}_\mathrm{f}) + (\mathbf{10}_\mathrm{f})^\dagger(\mathbf{10}_\mathrm{f})] \tag{5.34}$$

と表現できる. ここで g は結合定数である. また添字 f はフェルミオンであることを表している. このゲージボソンは標準理論に含まれる 12 個以外に $SU(3)_c \times$

$SU(2)_{\mathrm{L}} \times U(1)_{\mathrm{Y}}$ の表現で

$$\left(\mathbf{3}, \mathbf{2}, -\frac{5}{6}\right) + \left(\bar{\mathbf{3}}, \mathbf{2}, \frac{5}{6}\right) \tag{5.35}$$

の変換性を持つ 12 個のゲージボソン (X, Y) が存在し，次のようなバリオン数を破る崩壊を行う．

$$\mathrm{X} \quad \longrightarrow \quad \mathrm{d}\nu, \ \mathrm{ue}, \ \mathrm{d^c u^c}, \tag{5.36}$$

$$\mathrm{Y} \quad \longrightarrow \quad \mathrm{de}, \ \mathrm{u^c u^c}. \tag{5.37}$$

さらに，統一理論には $SU(5)$ の対称性を自発的に破り，標準理論にないゲージボソンに非常に大きな質量を与えるヒッグス場が存在する．そのうち $\mathbf{5}_{\mathrm{H}}$ 表現に属するヒッグス場は，フェルミオンと以下のように結合している．

$$h_{\mathrm{U}}(\mathbf{10}_{\mathrm{f}})^T(\mathbf{10}_{\mathrm{f}})\mathbf{5}_{\mathrm{H}} + h_{\mathrm{D}}(\bar{\mathbf{5}}_{\mathrm{f}})^T(\mathbf{10}_{\mathrm{f}})\bar{\mathbf{5}}_{\mathrm{H}}. \tag{5.38}$$

ここで，湯川結合定数 $h_{\mathrm{U,D}}$ は一般に複素数である．上の項を CP 変換すると結合定数は $h_{\mathrm{U,D}}^*$ となり，$h_{\mathrm{U,D}}$ が実数でないと CP 変換に対して不変ではなく，CP の破れが生じる．$\mathbf{5}_{\mathrm{H}}$ には標準モデルのヒッグス以外にカラーヒッグス $\mathrm{H}_3 = (\mathbf{3}, \mathbf{1}, -1/3)$ が含まれ，X ボソン同様にバリオン数を破る崩壊を行う．

$$\mathrm{H}_3 \quad \longrightarrow \quad \mathrm{d}\nu, \ \mathrm{ue}, \ \mathrm{d^c u^c}. \tag{5.39}$$

バリオン数生成を行うためには，バリオン数を破る X, Y, H_3 の崩壊で CP が破れている必要がある（C は標準理論のレベルで大きく破れているので問題にならない）．$SU(5)$ モデルでは CP の破れは湯川結合の複素位相から生じる．崩壊の最低次では複素位相は生じず，高次の補正ダイアグラムとの干渉項から生じる．しかし，1 ループ補正では複素位相は $\mathrm{Im}\,\mathrm{Tr}(h_{\mathrm{U}}^\dagger h_{\mathrm{U}} h_{\mathrm{D}}^\dagger h_{\mathrm{D}})$ に比例しゼロになり，その結果，CP の破れはきわめて小さくなる．この問題はヒッグスの表現を変えるなどのモデルの変更によって解決できるかもしれないが，$SU(5)$ モデルでのバリオン数生成の大きな困難となっている．

次に，GUT バリオン数生成機構でサハロフの条件の 3 番目，つまり，熱平衡からの離脱がどう実現されるかを説明する．上で述べたようにバリオン数を破る反応は X,Y ボソンやカラーヒッグス粒子 H_3 の崩壊である．ここではこれらの粒子を総称して X 粒子とよぶことにする．X 粒子の崩壊率が宇宙膨張率に比べ

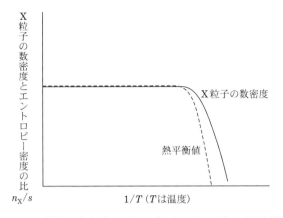

図 **5.4** X 粒子の密度(エントロピー密度との比)の時間変化.
破線は熱平衡値を表す.

て十分大きければ,崩壊とその逆崩壊(たとえば d + ν → X)によって X 粒子は熱平衡状態にあり,その数密度は熱平衡分布に従って温度とともに変化する.特に,X 粒子が非相対論的になったとき,平衡分布はボルツマンファクター $\exp(-M_X/T)$(M_X: X 粒子の質量)によって温度とともに急激に減少する.このとき X 粒子の崩壊率が宇宙膨張の速さに比べて小さければ崩壊が熱平衡分布の変化に追いつくほど十分に起こることができずに,X 粒子の数密度が熱平衡値より大きくなり(図 5.4),熱平衡からの離脱が実現できるのである.

ここで述べた熱平衡から離脱した X 粒子の崩壊によって,バリオン数を生成する機構が働くためには,宇宙の温度が X 粒子の質量よりも高い($T > M_X \sim 10^{15}$ GeV)ことが必要である.しかし,インフレーション宇宙ではインフレーションがおこった後の再加熱温度は一般に低く,X 粒子を十分に作ることができない.このため,現在では GUT バリオン数生成機構がうまく働くのは難しいと考えられている.

5.5.2 電弱バリオン数生成

素粒子の標準モデルであるワインバーグ–サラム理論(電弱理論)において,バリオン数を生成できる可能性がある.電弱理論ではサハロフの 3 条件は以下のように(原理的には)満たされている.

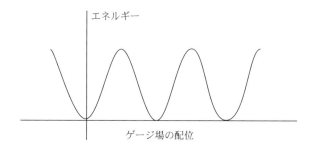

図 **5.5**　電弱理論における真空の構造.

(1)　バリオン数を破る反応の存在 ⟸ スファレロン過程
(2)　C と CP の両方が破れていること ⟸ 小林–益川行列の複素位相
(3)　熱平衡からの離脱 ⟸ 1 次オーダーの電弱相転移

　個々の条件について以下説明するが，もし，標準理論の枠組みでバリオン数生成を行うことができれば非常に魅力的である．

　バリオン数非保存過程を理解するために，まず，標準モデルにある $SU(2)_{\rm L}$ のゲージ場 A^a_μ ($\mu = 0, 1, 2, 3,\ a = 1, 2, 3$) について考える．真空はゲージ場の強さはゼロ ($W^a_{\mu\nu} = \partial_\mu A^a_\nu - \partial_\nu A^a_\mu + g\varepsilon^{abc}A^b_\mu A^c_\nu = 0$, g は結合定数) である．図 5.5 の概念図のように，$SU(2)$ のゲージ場では $W^a_{\mu\nu} = 0$ を満たす A^a_μ の配位は複雑で，真空を与える配位が多数存在することが知られている．そして，各真空はチャーン–サイモンズ（Chern–Simons）数とよばれる整数 $N_{\rm CS}$

$$N_{\rm CS} = \frac{g^2}{8\pi^2} \int dx^3 \varepsilon^{ijk}{\rm Tr}\left[A_i\partial_j A_k - \frac{2}{3}ig\,A_i A_j A_k\right] \tag{5.40}$$

で区別することができる．ただし，$A_0 = 0$ となるゲージをとり，$A_j = A^a_j\tau^a/2$（τ^a: パウリ行列）である．

　ここで，バリオンカレント $j^\mu_{\rm B}$ を考える．$j^\mu_{\rm B}$ は

$$j^\mu_{\rm B} = \frac{1}{3}\sum \bar{q}\gamma^\mu q = \frac{1}{6}\sum[\bar{q}\gamma^\mu(1 - \gamma_5)q + \bar{q}\gamma^\mu(1 + \gamma_5)q] \tag{5.41}$$

と表される．ここで q はクォークを表し，和はカラーとクォークの種類についてとる．電弱理論では $SU(2)$ のゲージ場はバリオンカレントの左巻き部分（$(1 - \gamma_5)$ を含む部分）に結合する．標準理論において，古典的にはバリオンカレント

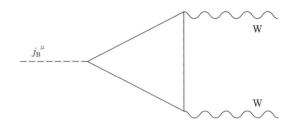

図 **5.6** バリオンカレントのアノマリーに寄与するダイアグラム.

は保存するがバリオンの左巻きカレントはアクシャルカレント（$\sim \bar{q}\gamma_\mu\gamma_5 q$）を含むため量子効果で保存しなくなる. これをアノマリーとよびその大きさは図 5.6 のグラフを計算することによって見積もることができ, バリオンカレントの発散 $\partial_\mu j_{\mathrm{B}}^\mu$ が

$$\partial_\mu j_{\mathrm{B}}^\mu = \partial_\mu j_{\mathrm{L}}^\mu = n_f \left(\frac{g^2}{32\pi^2} W_{\mu\nu}^a \tilde{W}_{\mu\nu}^a - \frac{g'^2}{32\pi^2} F_{\mu\nu}\tilde{F}_{\mu\nu} \right) \qquad (5.42)$$

となる. ここで n_f は世代の数, $F_{\mu\nu}$ は $U(1)_{\mathrm{Y}}$ のゲージ場 B_μ の強さで, $\tilde{W}_{\mu\nu}^a = \frac{1}{2}\varepsilon^{\mu\nu\alpha\beta}W_{\alpha\beta}^a$, $\tilde{F}_{\mu\nu} = \frac{1}{2}\varepsilon^{\mu\nu\alpha\beta}F_{\alpha\beta}$ である. また, 式 (5.42) で示してあるようにレプトンカレント j_{L}^μ に対してもバリオンカレントとおなじアノマリーが生じる.

バリオンカレントのアノマリーは多数あるゲージ場の真空における遷移において重要になる. いま, 時刻 $t = 0$ にゲージ場がある真空の配位にあり, 時刻 $t = t_f$ で別の真空の配位に移ったとする. このとき $\partial_\mu j_{\mathrm{B}}^\mu$ を二つの時間面を境界とする 4 次元体積で積分すると

$$\int d^4x \partial_\mu j_{\mathrm{B}}^\mu = \int_{t=t_f} d^3x j_{\mathrm{B}}^0 - \int_{t=0} d^3x j_{\mathrm{B}}^0 = \Delta B \qquad (5.43)$$

となる. ΔB はバリオン数の変化である. さらに, 式 (5.42) が

$$\partial_\mu j_{\mathrm{B}}^\mu = \partial_\mu j_{\mathrm{L}}^\mu = n_f \left(\frac{g^2}{32\pi^2} \partial_\mu K^\mu - \frac{g'^2}{32\pi^2} \partial_\mu k^\mu \right), \qquad (5.44)$$

$$K^\mu = \varepsilon^{\mu\nu\alpha\beta} \left(W_{\nu\alpha}^a A_\beta^a - \frac{1}{3} g\varepsilon_{abc} A_\nu^a A_\alpha^b A_\beta^c \right), \qquad (5.45)$$

$$k^\mu = \varepsilon^{\mu\nu\alpha\beta} F_{\nu\alpha} B_\beta \qquad (5.46)$$

と表され, 真空では場の強さがゼロになることを使うと, 簡単な計算から

$$\Delta B = n_f \frac{g^2}{32\pi^2} \left[\int_{t=t_f} d^3 x \, K^0 - \int_{t=0} d^3 x \, K^0 \right]$$

$$= n_f [N_{\mathrm{CS}}(t_f) - N_{\mathrm{CS}}(0)]$$

$$\equiv n_f \Delta N_{\mathrm{CS}} \tag{5.47}$$

となることがわかる. ここで,

$$K^0 = \varepsilon^{ijk} \left(W_{ij}^a A_k^a - \frac{g}{3} \varepsilon_{abc} A_i^a A_j^b A_k^c \right)$$

$$= 4\varepsilon^{ijk} \mathrm{Tr}[A_i \partial_j A_k - \frac{2}{3} ig \, A_i A_j A_k] \tag{5.48}$$

である. つまり, ある真空から別の真空に遷移が起こるとバリオン数が $n_f \times$（整数）だけ変わる. 実際には, 最も近傍の真空（$\Delta N_{\mathrm{CS}} = 1$）に遷移が起こると考えればバリオン数は $n_f = 3$ 変化する.

　ここまで, 電弱理論には多数の真空が存在し, ある真空から別の真空に遷移が起こればバリオン数が変化し, つまり, バリオン数が保存しなくなることがわかった. この遷移は量子的なトンネル効果によって起こると考えられ, その遷移確率 Γ は

$$\Gamma \sim \exp\left(-\frac{16\pi^2}{g^2} \right) \sim 10^{-170} \tag{5.49}$$

と見積もられ, きわめて小さく, 実質上遷移は起こらない.

　しかし, 異なる真空間の遷移が起こらないというのは温度がゼロの場合の結果であり, 有限温度の場合には熱的な励起によって遷移が可能となる. 熱的な励起の際に, 二つの真空を結ぶゲージ場の配位にはエネルギー極大値が存在するが, その中で最もエネルギーが最小の配位が遷移確率を決定付けることになる. つまり, ゲージ場の配位でエネルギーの鞍点となっているような状態を通じて熱的遷移は起こる. 電弱理論での鞍点解は実際に存在し, スファレロン（sphaleron）とよばれる. 模式的にはスファレロン解は図 5.7 のように表され, 熱的にスファレロンが作られれば, エネルギーの山を越えて別の真空へ遷移することができる. スファレロンのエネルギー E_{sph} は

$$E_{\mathrm{sph}} = \frac{M_{\mathrm{W}}(T)}{\alpha_{\mathrm{W}}} \varepsilon \qquad (3.2 < \varepsilon < 5.4) \tag{5.50}$$

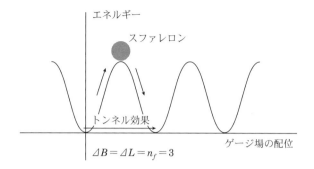

エネルギー

スファレロン

トンネル効果

$\Delta B = \Delta L = n_f = 3$

ゲージ場の配位

図 **5.7** スファレロンを通じての遷移.

で与えられる. ここで $\alpha_{\mathrm{W}} = g^2/(4\pi)$ で, $M_{\mathrm{W}}(T)$ は有限温度での W ボソンの質量である. したがって, 温度が M_{W} よりも低い場合はスファレロンによるバリオン数を破る遷移の率はボルツマンファクターの $\exp(-E_{\mathrm{sph}}/T)$ の抑制を受け,

$$\Gamma \simeq M_{\mathrm{W}}^4 \exp\left(-\frac{E_{\mathrm{sph}}}{T}\right) \tag{5.51}$$

で与えられる.

一方, 高温では $SU(2)_{\mathrm{L}} \times U(1)_{\mathrm{Y}}$ の対称性が回復しており, W ボソンの質量はゼロで, ボルツマンファクターの抑制を受けることがなく頻繁にスファレロン遷移が起こる. この対称性が回復している場合での重要な物理スケールはゲージ場の磁気スクリーン長 $(= (\alpha_{\mathrm{W}} T)^{-1})$ で, バリオン数を破る遷移の率は

$$\Gamma = \kappa(\alpha_{\mathrm{W}} T)^4 \quad (\kappa \sim 0.1\text{--}1) \tag{5.52}$$

となる.

このように, スファレロン過程によってバリオン数が変化するが, 注意しておくべきことは式 (5.42) から明らかなように, 同時に同じだけレプトン数も変化する. つまり, スファレロン過程では $B - L$ が保存するのである[*5].

電弱理論ではバリオン数を破る過程が存在することがわかった. 次に CP の破れについて考える. CP の破れはクォークの質量項にある複素位相によって引き起こされる. $SU(2)_{\mathrm{L}}$ 2 重項の左巻きクォーク, 右巻きのアップタイプクォー

[*5] 反応の前後でバリオン数 (B) とレプトン数 (L) の差 ($B - L$) が保存するのである.

ク，ダウンタイプクォークをそれぞれ

$$q_{jL} = \begin{pmatrix} u_j \\ d_j \end{pmatrix}_L, \quad u_{jR}, \quad d_{jR} \tag{5.53}$$

とする $(j=1,2,\cdots,n_f)$. クォークの質量項は

$$\mathcal{L}_{\mathrm{mass}} = -M_{jk}^{D}\bar{\mathrm{d}}_{jR}\mathrm{d}_{kL} - M_{jk}^{U}\bar{\mathrm{u}}_{jR}\mathrm{u}_{kL} \tag{5.54}$$

と書ける．上の質量項を CP 変換すると，質量行列が $M \to M^{\dagger}$ と変換し，CP が破れるためには M が複素行列であることが必要であることがわかる．まず，u_L と u_R をユニタリー行列 V_L^U と V_R^U を用いて再定義（$u'_{L(R)} = V_{L(R)}^U u_{L(R)}$）し，アップタイプのクォークの質量行列を対角化することができる．

$$\mathcal{L}_{\mathrm{mass}}^{U} = -\tilde{M}_{jk}^{U}\bar{\mathrm{u}}'_{jR}\mathrm{u}'_{kL}, \tag{5.55}$$

$$\tilde{M}^{U} = V_R^U M^U V_L^{U\dagger} = \mathrm{diag}\,(m_u, m_c, m_t, \cdots). \tag{5.56}$$

さらに，ユニタリー行列 V_L^D を用いて d_R を再定義し，

$$\mathcal{L}_{\mathrm{mass}}^{D} = -\tilde{M}_{j\ell}^{D}U_{\ell k}^{\dagger}\bar{\mathrm{d}}'_{jR}\mathrm{d}'_{kL}, \tag{5.57}$$

$$\tilde{M}^{D} = V_R^D M^D V_L^{D\dagger} = \mathrm{diag}\,(m_d, m_s, m_b, \cdots), \tag{5.58}$$

$$U = V_L^U V_L^{D\dagger} \tag{5.59}$$

のように対角化する[*6]．ここで U はユニタリー行列で小林–益川行列とよばれ，質量の固有状態 $(d,s,b,\cdots)$ と相互作用の固有状態 d_{jL} は U を用いて

$$d_L = U \begin{pmatrix} d \\ s \\ b \\ \vdots \end{pmatrix}_L \tag{5.60}$$

と関係づけられる．ここで，d'_L を改めて d_L とした．さらに，以下のように質量の固有状態の位相を再定義する自由度があり，

$$U \implies V_1 U V_2^{\dagger}. \tag{5.61}$$

[*6] ここで，左巻きのダウンタイプクォーク d_L は $d''_L = V_L^U d_L$ のように再定義されることに注意．これは u_L と d_L が同じ $SU(2)_L$ の 2 重項に属することから要請される．

ここで，V_1, V_2 は対角ユニタリー行列であり，すべての固有状態の位相を一様に変える位相を除く $2n_f - 1$ の意味のある位相自由度をもつ．これを考慮して，小林–益川行列の独立な位相は

$$n_f^2 - (2n_f - 1) - \frac{1}{2}n_f(n_f - 1) = \frac{1}{2}(n_f - 1)(n_f - 2) \tag{5.62}$$

だけある．第 1 項はユニタリー行列の自由度，第 3 項は直交行列の自由度である．上の式から，$n_f = 3$ で一つの位相 $\delta_{\rm CP}$ が残り，これが CP の破れを担うことがわかる．

　バリオン数生成を行うための残る条件である熱平衡からの離脱は，電弱理論のゲージ相互作用の対称性 $SU(2)_{\rm L} \times U(1)_{\rm Y}$ が自発的に破れて，電磁相互作用の対称性 $U(1)_{\rm em}$ が残る相転移が 1 次相転移であれば実現される．つまり 1 次相転移では，対称性の高い真空中に，よりエネルギーの低い対称性が壊れた真空の「泡」ができ，それが広がって最終的に全空間が対称性の壊れた真空になる．その過程で二つの相の境では物理状態が急激に変化しており，それが全空間を通過することによって熱平衡から離れた状態を作るのである．

　電弱転移はヒッグス場 $\phi_{\rm h}$ が期待値を持つことによって起こる．いま，温度ゼロのヒッグス場のポテンシャルを

$$V(\phi_{\rm h}) = \lambda \left(|\phi_{\rm h}|^2 - v^2\right)^2 \tag{5.63}$$

とする．ここで，λ は結合定数である．このポテンシャルは $\phi_{\rm h} = v$ で最小になり，真空はヒッグス場が有限の期待値をもち，対称性が破れている（図 5.8）．しかし，温度が高いときには有限温度の効果でヒッグス場が質量を持ち図 5.8 のように $\phi_{\rm h} = 0$ でポテンシャルが最小となって，対称性が保たれた真空になっている．有限温度の効果は温度が減少するとともに弱まり，$\phi_{\rm h} \sim v$ 付近にポテンシャルの極小が現れ，最後には $\phi_{\rm h} = v$ がポテンシャルの最小となる．この途中段階で $\phi_{\rm h} = 0$ がポテンシャルの極小のまま，$\phi_{\rm h} \sim v$ 付近が最小になることが起これば，その途中にポテンシャル障壁ができ相転移は 1 次となる．

　では，実際に相転移が 1 次になる条件を大雑把に求めてみる．ヒッグス場 $\phi_{\rm h}$ は電弱相互作用のゲージ場 A と

$$\mathcal{L} \supset -\frac{1}{4}g^2|A|^2|\phi_{\rm h}|^2 \tag{5.64}$$

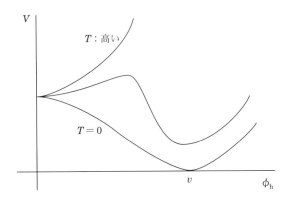

図 **5.8**　ヒッグス場のポテンシャル.

のように結合している. これからウィークゲージボソンの有効質量が $M_{\mathrm{W}} \sim$ $g|\phi_{\mathrm{h}}|/2$ になる. したがって, $\phi_{\mathrm{h}} \sim 0$ 付近ではウィークゲージボソンは質量がない粒子として, 熱平衡状態にある. 熱的ゆらぎ $\langle A^2 \rangle \sim T^2/2$ と上の結合からヒッグス場に質量項 $\sim g^2 T^2 |\phi_{\mathrm{h}}|^2$ ができ, $\phi_{\mathrm{h}} \sim 0$ 付近で, 有効ポテンシャルは

$$V_{\mathrm{eff}} \simeq \frac{g^2}{8} T^2 |\phi_{\mathrm{h}}|^2 - 2\lambda v^2 |\phi_{\mathrm{h}}|^2 \tag{5.65}$$

となり, $\phi_{\mathrm{h}} = 0$ が極小値となるためには

$$T \gtrsim \frac{4\sqrt{\lambda}}{g} v \tag{5.66}$$

が必要である. 次に, $\phi_{\mathrm{h}} \sim v$ で最小値をとる条件を考える. そのためには有限温度の効果が効かなければよい. 前に述べたように, ゲージボソンの有効質量は $g|\phi_{\mathrm{h}}|/2 \sim gv/2$ 程度であるので, 温度がこれよりも低ければゲージボソンは熱浴になく有限温度による質量項が無視できる. したがって,

$$T \lesssim \frac{gv}{2} \tag{5.67}$$

であればよい. 上の二つの条件から結合定数に対して,

$$\sqrt{\lambda} \lesssim \frac{g^2}{8} = \frac{\pi \alpha_{\mathrm{W}}}{2} \tag{5.68}$$

が導かれ, ヒッグスの質量が $m_{\mathrm{H}} \simeq 2\sqrt{\lambda} v$ で与えられることから, 電弱理論で

のヒッグス場の期待値（$v = 174\,\text{GeV}$）を考慮して，結局，1 次相転移が起こるためにはヒッグスの質量に対して

$$m_\text{H} \lesssim \pi \alpha_\text{W} v \simeq 16\,\text{GeV} \tag{5.69}$$

という条件が必要になる．つまり，ヒッグスの質量が小さくなければならない．ここでは，非常に簡単化したポテンシャルで議論したが，もっと正確にワインバーグ–サラム理論でこの条件を求めると $m_\text{H} < 80\,\text{GeV}$ となる．しかし，残念ながらこれは現在のヒッグス粒子の質量の実験値 $125\,\text{GeV}$ に比べて小さく，電弱相転移は少なくとも期待されるような強い 1 次相転移ではない．モデルを拡張してスカラー場を導入することによってこの問題を避けることができるかもしれないが，元々，電弱バリオン生成がもっていた，標準理論の枠組みでバリオン数が作れるという最大の魅力は失われてしまう．

5.5.3 レプトン数生成

　電弱バリオン数生成で述べたように，スファレロン過程によってバリオン数とレプトン数は変化するが $B - L$ は保存する．このことから，宇宙初期にレプトン数を生成すれば，その一部がスファレロン過程によってバリオン数に変えられ宇宙のバリオン数が説明できる可能性がある．

　そこで，まず，宇宙にレプトン数 L が作られたとき，スファレロン過程でバリオン数に転化される割合を求めてみる．いま，温度 T が電弱スケール（〜$100\,\text{GeV}$）より高い場合を考える．このとき，クォーク（$q_\text{L}, u_\text{R}, d_\text{R}$），レプトン（$\ell_\text{L}, e_\text{R}$）とヒッグス ϕ_h は質量ゼロで，化学平衡状態にある．各粒子の化学ポテンシャルを μ_j とすると，粒子 j とその反粒子の密度の差が

$$n_j - n_{\bar{j}} = \begin{cases} \dfrac{g_s T^2}{6}\mu_j & （\text{フェルミオン}） \\[2mm] \dfrac{g_s T^2}{3}\mu_j & （\text{ボソン}） \end{cases} \tag{5.70}$$

となる（g_s はスピン自由度）．スファレロン過程ではすべての世代の左巻きクォークとレプトンがつくられるので化学平衡の条件から

$$\sum_i^{n_f} (3\mu_{q_i} + \mu_{\ell_i}) = 0. \tag{5.71}$$

μ_{q_i} の前の 3 は，クォークのカラーの自由度からくる．また，ハイパーチャージが保存することから

$$\sum_i^{n_f} (\mu_{\mathrm{q}_i} + 2\mu_{\mathrm{u}_i} - \mu_{\mathrm{d}_i} - \mu_{\ell_i} - \mu_{\mathrm{e}_i} + 2\mu_{\phi_{\mathrm{h}}}/n_f) = 0. \tag{5.72}$$

（ここで q, u, d, ℓ, e, ϕ_{h} のハイパーチャージがそれぞれ，　$1/3, 4/3, -2/3, -1,$ $-2, 1$ であることと，q, u, d はカラーの自由度 3 があり，　q, ℓ, ϕ_{h} は $SU(2)_{\mathrm{L}}$ の 2 重項（自由度 2）であることに注意）さらに，湯川相互作用

$$\mathcal{L}_{\mathrm{Yukawa}} = -h_{ij}^{\mathrm{d}} \bar{\mathrm{d}}_{\mathrm{R}i} \mathrm{q}_{\mathrm{L}j} \phi_{\mathrm{h}} - h_{ij}^{\mathrm{u}} \bar{\mathrm{u}}_{\mathrm{R}i} \mathrm{q}_{\mathrm{L}j} \phi_{\mathrm{h}}^{c} - h_{ij}^{\mathrm{e}} \bar{\mathrm{e}}_{\mathrm{R}i} \ell_{\mathrm{L}j} \phi_{\mathrm{h}} \tag{5.73}$$

によって

$$\mu_{\mathrm{q}_i} - \mu_{\phi_{\mathrm{h}}} - \mu_{\mathrm{d}_j} = 0, \tag{5.74}$$

$$\mu_{\mathrm{q}_i} + \mu_{\phi_{\mathrm{h}}} - \mu_{\mathrm{u}_j} = 0, \tag{5.75}$$

$$\mu_{\ell_i} - \mu_{\phi_{\mathrm{h}}} - \mu_{\mathrm{e}_j} = 0 \tag{5.76}$$

が成り立つ．また，湯川相互作用はフレーバー間の混合があるためクォーク，レプトンの化学ポテンシャルは

$$\mu_{\mathrm{q}_i} = \mu_{\mathrm{q}}, \quad \mu_{\ell_i} = \mu_{\ell}, \cdots \tag{5.77}$$

のようにフレーバー間で平均化される．これらの式から化学ポテンシャルについてはそれぞれ，

$$\mu_{\mathrm{e}} = \frac{2n_f + 3}{6n_f + 3}\mu_{\ell}, \quad \mu_{\mathrm{d}} = -\frac{6n_f + 1}{6n_f + 3}\mu_{\ell}, \tag{5.78}$$

$$\mu_{\mathrm{u}} = \frac{2n_f - 1}{6n_f + 3}\mu_{\ell}, \quad \mu_{\phi_{\mathrm{h}}} = \frac{4n_f}{6n_f + 3}\mu_{\ell}, \tag{5.79}$$

$$\mu_{\mathrm{q}} = -\frac{1}{3}\mu_{\ell} \tag{5.80}$$

と書ける．バリオン数密度とレプトン数密度をそれぞれ $n_{\mathrm{b}} = (B/6)T^2$ $n_{\ell} = (L/6)T^2$ とすると，$B = n_f(2\mu_{\mathrm{q}} + \mu_{\mathrm{u}} + \mu_{\mathrm{d}}) = -(4/3)n_f\mu_{\ell}$, $L = n_f(2\mu_{\ell} + \mu_{\mathrm{e}}) = -(10n_f + 11)/(6n_f + 3)n_f\mu_{\ell}$ となり，最終的に

$$B = \frac{8n_f + 4}{22n_f + 13}(B - L) \simeq 0.3(B - L) \tag{5.81}$$

が得られる．ここで，2番目の等号では $n_f = 3$ を使った．これから宇宙にレプトン数を生成すればスファレロン効果でその30%程度のバリオン数が作られることがわかる．ただし，レプトン数とバリオン数の符号は反対になる．

次に，具体的に宇宙にレプトン数を生成する機構について述べる．GUT バリオン数生成では重い X,Y ボソンやカラーヒッグスの熱平衡から離脱した状態での崩壊によってバリオン数を作ったが，ここでは重い右巻きニュートリノがその役割を果たす．右巻きニュートリノの存在は左巻きニュートリノの非常に小さな質量を説明するシーソー機構でも必要とされているものである[*7]．

重いニュートリノ N とレプトン ℓ, ヒッグス ϕ_h は次のような結合を持つ．

$$\mathcal{L} = h_{ij}\bar{\ell}_i \phi_h N_j + \frac{1}{2}M_j \bar{N}^c_j N_j. \tag{5.82}$$

第2項が重いニュートリノの質量項である．右巻きニュートリノの質量項は通常の右巻きと左巻きのフェルミオンからなる質量項（ディラック質量項）と異なり，右巻きのフェルミオンだけから作られているので M_j はマヨラナ質量[*8]と呼ばれる．重い右巻きニュートリノは次のようにヒッグス粒子と（反）レプトンに崩壊する．

$$N \rightarrow \begin{cases} \ell + \phi_h & (\Delta L = +1) \\ \bar{\ell} + \phi_h & (\Delta L = -1). \end{cases} \tag{5.83}$$

したがって，重いニュートリノのレプトン数をゼロとすると，上の反応ではそれぞれレプトン数が $+1$, -1 変化する．CP の破れは質量項の複素位相から生じる．重いニュートリノの崩壊の最低次のダイアグラムと1ループ補正のダイアグラムを図5.9に示した．図のダイアグラムはヒッグス粒子（ϕ_h），軽いニュー

[*7] すぐ後で述べるマヨラナニュートリノの場合，右巻きニュートリノに対するマヨラナ質量を大きくとることによって，左巻きニュートリノの質量を小さくする機構．

[*8] ニュートリノに質量があるとき，観測されている左巻きニュートリノに加えて右巻きニュートリノが存在するが，ニュートリノは電荷をもたないので，右巻きニュートリノが左巻きニュートリノの反粒子である可能性と，そうでない可能性の両方が考えられる．前者の場合，マヨラナニュートリノと呼ばれ，粒子と反粒子の区別がなくなる．マヨラナニュートリノの場合，ラグランジアンの中で右巻き成分同士，あるいは左巻き成分同士で質量項がつくられ，そのような質量をマヨラナ質量という．一方，電子の質量項のように左巻き成分と右巻き成分の組み合わせでつくる質量を，ディラック質量という．

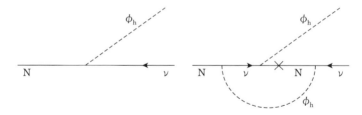

図 5.9　重いニュートリノの崩壊に対する最低次のダイアグラ
ム（左）と 1 ループ補正（右）.

トリノ（ν），重いニュートリノ（N）の相互作用が点線と実線の交わる点で起こ
ることを表し，最低次（1 ループ補正）のダイアグラムでは 1 つ（3 つ）の点で
相互作用が起きている．なお右図の「×」は重いニュートリノと軽いニュートリ
ノの変換が起こることを表している．これらのダイアグラムの確率振幅をそれぞ
れ $\mathcal{M}_0$, $\mathcal{M}_1$ とすると，崩壊率は $|\mathcal{M}_0 + \mathcal{M}_1|^2$ に比例する．CP の破れの原因
となる重いニュートリノの質量項の複素位相は $\mathcal{M}_0$, $\mathcal{M}_1$ に含まれるが，絶対値
の 2 乗をとるので二つの項の干渉項 $\mathcal{M}_0\mathcal{M}_1^*$ のみが複素位相を持つことになる．
したがって重いニュートリノの崩壊の CP の破れは 1 ループの補正まで考えて
初めて生じる（図 5.9）.

　重いニュートリノ崩壊率は

$$\Gamma_{N_i} = \Gamma(N_i \to h_\phi + \ell) + \Gamma(N_i \to h_\phi + \bar{\ell}) = \frac{1}{8\pi}(hh^\dagger)_{ii}M_i \qquad (5.84)$$

で与えられ，CP の破れによる ℓ 崩壊と $\bar{\ell}$ 崩壊の非対称性パラメータ ε は $M_1 \ll$
M_2, M_3 の場合

$$\begin{aligned}
\varepsilon_1 &= \frac{\Gamma(N_1 \to h_\phi + \ell) - \Gamma(N_1 \to h_\phi + \bar{\ell})}{\Gamma(N_1 \to h_\phi + \ell) + \Gamma(N_1 \to h_\phi + \bar{\ell})} \\
&\simeq \frac{3}{8\pi}\delta_{\mathrm{eff}}\frac{m_{\nu 3}M_1}{\langle\phi_{\mathrm{h}}\rangle^2}. \qquad (5.85)
\end{aligned}$$

ここで，δ_{eff} は CP の破れの位相で，$m_{\nu 3}$ は第 3 世代の軽いニュートリノの質量
である．$\langle\phi_{\mathrm{h}}\rangle = 174\,\mathrm{GeV}$, $M_1 \sim 10^{10}\,\mathrm{GeV}$, $m_{\nu 3} \sim 0.05\,\mathrm{eV}$, $\delta_{\mathrm{eff}} \sim 1$ ととると，
$\varepsilon \sim 10^{-6}$ となる．この程度 ε が大きければ図 5.10 に示したように十分なレプト
ン数を宇宙に作ることができる．

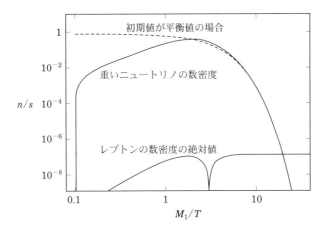

図 **5.10** 重いニュートリノとレプトン数の温度（時間）変化
（Buchmüller *et al.* 2002, *Nucl. Phys.*, B643, 367）.

重いニュートリノが熱平衡から離脱して崩壊するためには，重いニュートリノ
が非相対論的になったときの崩壊率が宇宙膨張率（＝ハッブルパラメータ）に比
べて小さくなければならない．この条件は，第1世代の軽いニュートリノの質量
に対する上限

$$m_{\nu 1} \lesssim 10^{-3}\,\mathrm{eV} \tag{5.86}$$

を導く.

重いニュートリノの崩壊によるレプトン数生成のシナリオはインフレーション
後の再加熱温度が $10^9\,\mathrm{GeV}$ 程度あれば現在の宇宙のバリオン数を説明すること
ができる．さらに，先に述べたように重いニュートリノの存在はカミオカンデな
どの実験で見つかったニュートリノの質量を説明する上でも重要な役割を果たす
と考えられるので，レプトン数生成のシナリオは有望なバリオン数生成機構とい
える.

5.6　ダークマター

5.6.1　ダークマター存在の証拠

我々の宇宙がどのような構成物からできているのかというのは当然のことなが
ら宇宙論にとって重要な問題である．現在，さまざまな観測から我々の宇宙には

星などのように光っていない物質が多数あることがわかっている．これをダークマター（暗黒物質）とよぶ．

　宇宙のさまざまなスケールでダークマターの存在の証拠がある．銀河スケールにおいてダークマターが存在する最も強い根拠は銀河の回転曲線である．銀河の回転曲線とは銀河の周りを回っている星や水素原子の回転速度 v を銀河の中心からの距離 r の関数として図示したものでニュートンの法則から

$$v(r) = \sqrt{\frac{GM(r)}{r}} \tag{5.87}$$

となる．ここで，$M(r)$ は中心から半径 r 内にある全質量である．この式から明らかなように，もし，銀河の質量のほとんどを星が担っているとすると中心から遠くの暗い部分では回転速度は $\propto r^{-1/2}$ で減少していくはずである．しかし，実際には図 5.11 に示したように銀河の遠方でも回転速度は一定となる．このことは光を発しないが $M(r) \propto r$ となる物質分布（ダークマターのハロー）が広がっていることを示している．ダークマターの量は，たとえば図に示した NGC 6503 では中心から $22\,\mathrm{kpc}$ のところでおもに星が寄与している銀河円盤の寄与の 7 倍程度あることがわかる．

　さらに，大きなスケールである銀河団でもダークマターが大量に存在する．銀河団の質量を推定する一つの方法は銀河団の中にある高温のガスから放出される X 線の分布を使うものである．いま，銀河団のガスが球対称で静水圧平衡にあるとすると

$$\frac{dP}{dr} = -\frac{GM(r)\rho}{r^2} \tag{5.88}$$

が成り立つ．ここで，P と ρ はガスの圧力と密度である．状態方程式

$$P = \frac{T\rho}{\mu m_\mathrm{p}} \quad (\mu : 平均分子量) \tag{5.89}$$

を使うと

$$M(r) = \frac{Tr}{G\mu m_\mathrm{p}} \left[-\frac{d\ln\rho}{d\ln r} - \frac{d\ln T}{d\ln r} \right] \tag{5.90}$$

となり，ガスの温度と密度分布がわかれば質量が決まる．銀河団の温度は中心から離れたところでほぼ一定であり，密度は $\rho \propto r^{-(1.5-2)}$ であることを使い，典

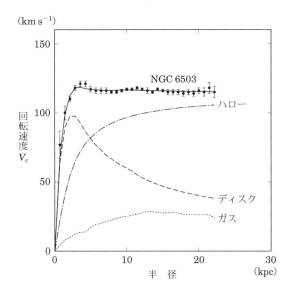

$(\mathrm{km\,s^{-1}})$

NGC 6503

ハロー

ディスク

ガス

半　径　(kpc)

図 **5.11**　銀河 NGC 6503 の回転曲線（Begeman *et al.* 1991, *MNRAS*, 249, 523）.

型的な銀河団の温度を $10\,\mathrm{keV}$ とすると

$$M(r) \sim 10^{15} M_\odot \left(\frac{r}{\mathrm{Mpc}}\right)\left(\frac{T}{10\,\mathrm{keV}}\right) \tag{5.91}$$

であるが，典型的な銀河団のバリオンの質量はこれより約 1 桁小さい．つまり，バリオンに比べて 10 倍程度のダークマターが存在する．

　このように，銀河や銀河団のスケールでダークマターが存在する有力な証拠があるが，次に，宇宙全体としてダークマターがどれだけの量存在するかが問題になる．宇宙論的なスケールでのダークマターの存在量は宇宙背景放射の温度ゆらぎから導かれる．

　宇宙背景放射の温度ゆらぎ δT は天空上の方向 (θ, ϕ) の関数で，次のように，球面調和関数 $Y_{\ell,m}$ で展開できる．

$$\frac{\delta T}{T}(\theta, \phi) = \sum_{\ell,m} a_{\ell,m} Y_{\ell,m}(\theta, \phi). \tag{5.92}$$

さらに，展開の係数 $a_{\ell,m}$ から

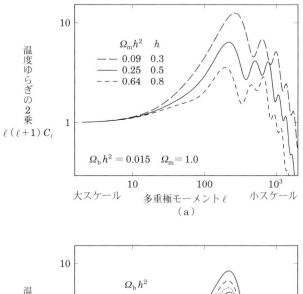

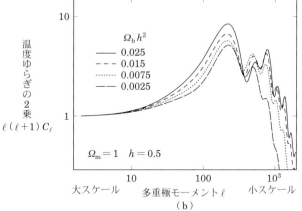

図 **5.12**　宇宙背景放射の温度ゆらぎのスペクトルと物質密度，およびバリオン密度との関係．図は $\ell = 2$ で $\ell(\ell+1)C_\ell = 1$ となるように規格化されている（Hu & White 1996, *ApJ*, 471, 30）．

$$C_\ell = \langle |a_{\ell,m}|^2 \rangle = \frac{1}{2\ell+1} \sum_{m=-l}^{l} |a_{\ell,m}|^2 \tag{5.93}$$

のように定義された C_ℓ は温度ゆらぎの2乗平均に対応し，ℓ の関数として理論的に図 5.12 のように予言される．図からわかるように温度ゆらぎのスペクトルの形は宇宙の物質密度 (Ω_{m}) やバリオン密度 (Ω_{b}) によって変化し，このことから逆に，温度ゆらぎの観測データから物質密度やバリオン密度を（他の宇宙論的パラメータとともに）決めることができる（詳しくは第 3 巻参照）．最近の Planck 衛星の観測データからダークマター密度は

$$\Omega_{\mathrm{dm}}h^2 = (\Omega_{\mathrm{m}} - \Omega_{\mathrm{b}})h^2 = 0.120 \pm 0.001 \tag{5.94}$$

と求められている．ここで h はハッブル定数を $100\,\mathrm{km\,s^{-1}\,Mpc^{-1}}$ で測った値で，$h = 0.674 \pm 0.005$ である．

5.6.2 ダークマターの候補

　ダークマターが宇宙に存在し，それは通常の星やガスではないという十分な観測的証拠があることがわかった．そこで，問題になるのはダークマターの正体は何かということである．その有力な候補として，ニュートリノ，超対称性粒子，アクシオンが挙げられる．また，ダークマターの候補の優劣を考える上で重要になるのがダークマターを担っている粒子がどれだけの速さで運動しているかということである．宇宙の構造形成の時期（宇宙が物質優勢になって以後）にダークマター粒子の速度が大きいとその運動によって小さなスケールのゆらぎが消されてしまい銀河などの小さな構造が宇宙にできないという問題が生じる．このように大きな速度をもったダークマターを「熱い」ダークマター，逆に，構造形成の時期にほぼ速度ゼロと見なせるダークマターを「冷たい」ダークマターと呼び，その中間を「温かい」ダークマターと呼ぶ．構造形成にとっては冷たいダークマターが好ましいことがわかっている．

ニュートリノ

　ニュートリノはその存在が確かめられており，その質量が数 eV 程度あるとダークマターの重要な構成要素となり得る．現在のニュートリノの密度 Ω_ν とニュートリノの質量 m_ν の関係は

$$\Omega_\nu h^2 = \frac{\sum m_\nu}{94\,\mathrm{eV}} \tag{5.95}$$

である．ここで，$\sum m_\nu$ は 3 種類のニュートリノの質量の和を表している．ニュートリノがダークマターになるかどうかはその質量によって決まっているが，スーパーカミオカンデなどによる大気ニュートリノや太陽ニュートリノの観測でニュートリノ振動が発見されたことから，3 種類のニュートリノ質量に関して次のような関係があることが明らかになった．

$$|m_2^2 - m_1^2| \simeq 7 \times 10^{-5}\,\mathrm{eV}^2, \tag{5.96}$$

$$|m_3^2 - m_2^2| \simeq 3 \times 10^{-3}\,\mathrm{eV}^2. \tag{5.97}$$

ここで，m_1, m_2, m_3 はそれぞれ電子ニュートリノ，ミューニュートリノ，タウニュートリノに対応する質量の固有値を表す．式 (5.96)，(5.97) からニュートリノの質量がクォークのように世代によって階層性があれば，つまり，$m_3 \gg m_2 \gg m_1$ となっていれば，$m_3 \simeq 0.05\,\mathrm{eV}$，$m_2 \simeq 0.008\,\mathrm{eV}$ となり，式 (5.95) からニュートリノの密度はバリオンの密度よりも小さくダークマターを説明できない．しかし，ニュートリノの質量がほぼ縮退している，つまり，$m_1 \simeq m_2 \simeq m_3$ である場合，ニュートリノ振動に関する実験は質量の 2 乗の差しか測ることができないので，ニュートリノが数 eV 程度の質量をもつ可能性は残る．ニュートリノの質量の絶対値に関しては，トリチウムのベータ崩壊から放出される電子ニュートリノのエネルギースペクトルを測定する実験から質量の制限が得られ，ドイツで行われている KATRIN 実験によって

$$m_{\nu_\mathrm{e}} < 1.1\,\mathrm{eV} \quad (90\%\text{の信頼水準}) \tag{5.98}$$

という上限がつけられている．これは $\Omega_\nu h^2 < 0.035$ に対応し，ダークマターの一部，宇宙のバリオン密度（$\Omega_\mathrm{b} = 0.0224 \pm 0.0001$）程度の量を説明できる可能性がある．

　さらに，宇宙論的な考察からニュートリノの質量に対する強い制限を得ることができる．5.6.1 節で紹介したように，宇宙背景放射の温度ゆらぎのスペクトルは，宇宙のダークマター密度やバリオン密度に敏感であるが，図 5.13 に示したように，ニュートリノの質量によってもその形が変わる．ニュートリノはその質量に比べて宇宙の温度が高いときには相対論的粒子として振る舞うが，温度が質

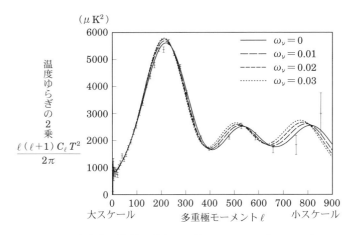

図 **5.13** 宇宙背景放射の温度ゆらぎのスペクトルとニュートリ
ノの質量. $\omega_\nu \equiv \Omega_\nu h^2$ である.

量より低くなると非相対論的粒子となる. 相対論的粒子の間は光速度で運動する
ため運動距離に対応する小スケールのゆらぎを減少させる（熱いダークマター）.
また，ニュートリノが非相対論的粒子となると，状態方程式が変化することに
よって，重力ポテンシャルのゆらぎを変化させる. これらの効果は最終的に温度
ゆらぎに影響を与えることからニュートリノの質量に厳しい制限を与えられる.
実際，Planck 衛星の観測データ（と他の宇宙論的観測を組み合わせて）から

$$\sum m_\nu < 0.12\,\mathrm{eV}, \tag{5.99}$$

$$\Omega_\nu h^2 < 0.0013 \tag{5.100}$$

という結果が得られている. この結果からニュートリノがダークマターではない
と結論される.

アクシオン

　アクシオンは量子色力学（Quantum Chromodynamics 略して QCD）にお
ける CP の破れの問題を解決するために導入された粒子である. QCD はクォー
クやグルーオン間に働く強い相互作用を記述する理論で，現在の素粒子の標準理
論の一部をなしている. 相対論的場の量子論では一般に荷電反転（C），空間反転
（P），時間反転（T）のすべての操作をしても理論が不変であるという CPT 対称

性をもつが，QCD ではラグランジアンに次のような CP 対称性を破るような項を加えることが許される．

$$\mathcal{L} = \mathcal{L}_{\theta=0} + \frac{\theta}{32\pi^2} G_{\mu\nu}^a \tilde{G}^{a\mu\nu}. \tag{5.101}$$

ここで，$G_{\mu\nu}^a$ はグルーオン場の強さ（$\mu, \nu = 0, 1, 2, 3$, a は $SU(3)$ の指数）を表し，$\tilde{G}^{a\mu\nu} = \varepsilon^{\mu\nu\alpha\beta} G_{\alpha\beta}^a / 2$ である．CP の破れの大きさは任意のパラメータ θ で決まる．しかし，この CP の破れを決める θ の大きさは中性子の電気双極子を計る実験から

$$|\theta| < 0.7 \times 10^{-11} \tag{5.102}$$

という制限が得られ，θ はほとんどゼロであることがわかっている．つまり，実験から QCD が CP を保存する理論であるということが強く示唆されているのである．しかし，QCD 自体には CP を破るような項を禁止する理由がまったくないのである．素粒子理論では禁止する理由のない項はすべて現れるのが自然だと考えられるので，QCD で CP が保存していることは逆に QCD が不自然な理論であるということになる．

　この問題に解決を与えたのがペチャイ（R.D. Peccei）とクイン（R. Quinn）である．彼らはペチャイ-クイン（PQ）対称性とよばれる新しい対称性を導入し，θ をスカラー場と見なし，$\theta = 0$ がポテンシャル最小の解として得られ，CP が保存することを導いた．このモデルにおいてペチャイ-クイン対称性はあるエネルギースケール F_a で破れ，その際に南部-ゴールドストーン粒子と呼ばれるスカラー粒子が生成される[*9]．このスカラー粒子がアクシオンである．アクシオンは QCD のインスタントン効果[*10]で次の式で与えられる質量 m_a を獲得する．

$$m_a \simeq 6.1 \times 10^{-4}\,\text{eV} \left(\frac{10^{10}\,\text{GeV}}{F_a} \right). \tag{5.103}$$

アクシオンの質量はペチャイ-クイン対称性の破れるスケール（PQ スケール）F_a に依存して，スケールが大きければ大きいほど質量は小さい．

[*9] 対称性が自発的に破れたとき現れる，質量がゼロのボソン．

[*10] ユークリッド化した場の量子論の作用を有限にする古典解．場の理論におけるトンネル効果を表す．

アクシオンはまだその存在が実験的に検証されていないが,アクシオンの質量,または PQ スケールは地上の実験や天体現象の解析から厳しく制限されている.アクシオンと他の粒子の相互作用の強さも質量同様 F_a に反比例するので,実験や天体現象からは F_a の下限(m_a の上限)

$$F_a \gtrsim 10^9 \,\text{GeV}, \quad m_a \lesssim 0.01 \,\text{eV} \tag{5.104}$$

が得られる.最も厳しい制限は超新星 SN 1987A から得られる.F_a が大きなアクシオンは他の物質と非常に弱くしか相互作用しないため,超新星のコアでアクシオンが作られるとそのまま超新星の外にエネルギーを持ち出すことができ超新星の冷却を早める.アクシオンによる冷却が効くと,ニュートリノがコアから持ち出すエネルギーが減少し,SN 1987A から放出されたニュートリノの観測結果と矛盾するため,強い制限が得られるのである.上の制限を満たすような非常に軽いアクシオンは,二つの光子を放出して崩壊するが,その寿命は

$$\tau_a \simeq 10^{25} \,\text{sec} \left(\frac{m_a}{\text{eV}}\right)^{-5} \tag{5.105}$$

で,宇宙年齢よりずっと長いため実質的に安定な粒子と見なせる.したがって,宇宙に数多く存在すればダークマターになり得る.

質量の小さなアクシオンは,非熱的に生成される.PQ 対称性が自発的に壊れたとき,アクシオンは質量ゼロ(ポテンシャルが平坦)なので,アクシオン場 A は宇宙の各領域である一定の値 $A_i \equiv \theta_i F_a$ $(-\pi < \theta_i < \pi)$ をもつ.その後宇宙の温度 T が下がるにつれて,アクシオン場のポテンシャルは図 5.14 のように変化し,アクシオンの質量 $\tilde{m}_a(T)$ は増加する.アクシオン場の運動方程式は

$$\ddot{A} + 3H\dot{A} + \tilde{m}_a(T)^2 A = 0 \tag{5.106}$$

で与えられ,$3H$ が質量 $\tilde{m}_a(T)$ より小さくなると,アクシオン場は振動を始める.振動が始まる温度は $\tilde{m}_a(T) \simeq 0.1 m_a (\Lambda_{\text{QCD}}/T)^{3.7}$ (Λ_{QCD}:QCD スケール $\sim 100\,\text{MeV}$)を使うと

$$T_i \simeq 1 \,\text{GeV} \left(\frac{m_a}{10^{-5}\,\text{eV}}\right)^{0.19} \tag{5.107}$$

となる.アクシオンの振動のエネルギー密度を $\rho_a = \dot{A}^2/2 + \tilde{m}_a^2/2$,数密度を $n_a = \rho_a/\tilde{m}_a(T)$ とすると,密度の変化は以下のように評価できる.式 (5.106)

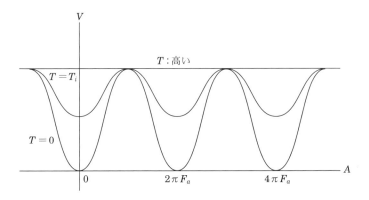

図 **5.14**　アクシオン場のポテンシャル.

の両辺に $\dot{a}$ を書けることにより

$$\frac{d}{dt}\left(\frac{1}{2}\dot{A}^2 + \frac{1}{2}\tilde{m}_{\mathrm{a}}^2 A^2\right) = -3H\dot{A}^2 + \dot{\tilde{m}}_{\mathrm{a}}\tilde{m}_{\mathrm{a}}A^2. \tag{5.108}$$

ここで，アクシオン場の振動の周期は宇宙膨張（$\dot{a}$：a スケール因子）やアクシオンの質量の変化（$\dot{\tilde{m}}_{\mathrm{a}}$）の時間スケールに比較して短いとすると（断熱条件とよばれる），上式を振動の 1 周期平均で評価することができる．$H = \dot{\tilde{m}} = 0$ とすれば運動方程式の解は $A = B\sin(\tilde{m}_{\mathrm{a}}t + \delta)$（$B, \delta$：定数）とおけることから A^2, $\dot{A}^2$ の 1 周期平均はそれぞれ $B^2/2 = \rho_{\mathrm{a}}/\tilde{m}_{\mathrm{a}}^2$, $B^2\tilde{m}_{\mathrm{a}}^2/2 = \rho_{\mathrm{a}}$ となり，式（5.108）は

$$\dot{\rho}_a = -3H\rho_{\mathrm{a}} + \frac{\dot{\tilde{m}}_{\mathrm{a}}}{\tilde{m}_{\mathrm{a}}} \implies \frac{d}{dt}\left(\frac{\rho_{\mathrm{a}}a^3}{\tilde{m}_{\mathrm{a}}}\right) = 0 \tag{5.109}$$

と表せる．これから n_{a} は宇宙膨張とともに a^{-3} で変化することがわかる．

したがって，アクシオン-エントロピー比 n_{a}/s は振動の間一定で

$$\frac{n_{\mathrm{a}}}{s} = \frac{45\tilde{m}_{\mathrm{a}}(T_i)a_i^2}{4\pi^2 g_* T_i^3}\beta = \frac{45a_i^2\sqrt{G}}{2T_i\sqrt{5\pi g_*}}\beta \tag{5.110}$$

で与えられる．ここで β は振動の始まりで断熱条件があまり良く成り立たないないことによる補正で $\beta \simeq 1.85$ 程度である．よって現在のアクシオンの密度パラメータ Ω_{a} は臨界密度とエントロピー密度の比が $\rho_{c0}/s_0 = 3.64 \times 10^{-9}h^2$ GeV であることを使うと

$$\Omega_a h^2 \simeq 0.10 \left(\frac{m_a}{10^{-5}\,\mathrm{eV}} \right)^{-1.19} \bar{\theta}_i^2 \tag{5.111}$$

となる. $\bar{\theta}_i$ は振動開始時の θ_i の平均値である. インフレーション宇宙の場合,
宇宙全体である一定の θ_i をとる. いずれの場合も $\bar{\theta}_i \sim O(1)$ であるので, ア
クシオンの質量が $m_a \sim 10^{-5}\,\mathrm{eV}$ ($F_a \sim 10^{12}\,\mathrm{GeV}$) であれば, 宇宙のダークマ
ターを説明することができる.

アクシオンは宇宙初期においても熱平衡状態になく, 速度ゼロで静止した粒子
と見なすことができる. したがって, 次に述べる超対称性粒子の場合と同様, 冷
たいダークマターに分類され宇宙の構造形成にとっても好ましいものとなってい
る. アクシオンは, 非常に相互作用が小さいためにその存在を実験的に確かめる
のは極めて難しいが, 検出に向けて現在いくつかの実験が行われている. しか
し, 現在までのところ残念ながらアクシオン自身はまだ見つかっていない.

超対称性粒子

5.2, 5.3 節で述べたように, 超対称性理論は素粒子の標準モデルの階層性問題
を解決し, 大統一理論で期待される三つの力(強い相互作用・弱い相互作用・電
磁気力)の強さを決める結合定数の統一を実現できるなどの好ましい特徴を持っ
ている. 超対称性は低いエネルギースケールでは壊れていて, 超対称性粒子は
$O(1) - O(10)\,\mathrm{TeV}$ の質量をもつと考えられている.

このように超対称性に基づく素粒子のモデルはそれ自体非常に魅力的である
が, このモデルは, さらに, ダークマター候補になる粒子も含んでいる. 超対称
性理論のモデルには一般に R パリティとよばれる対称性を要請する. R は

$$R = (-1)^{3(B-L)+2S} \tag{5.112}$$

と定義され, B, L, S はそれぞれバリオン数, レプトン数, スピンを表す. こ
れによると, 標準理論に存在する粒子は R パリティ +1, その超対称性パート
ナー(超対称性粒子)は R パリティ −1 となる. R パリティの保存の帰結とし
て R パリティ −1 の粒子が崩壊する場合, 奇数個のより軽い R パリティ −1 の
超対称性粒子に崩壊しなければならない. このことから, 最も軽い超対称性粒子
(Lightest supersymmetric particle 略して LSP)は安定になる. 一般に, 素粒
子論では質量の大きな粒子は不安定でもっと軽い粒子に崩壊すると考えられるの

だが，R パリティのために LSP は質量が重くても安定に存在できるのである．
この LSP がダークマターの有力な候補となっている．実際，LSP の質量は大き
く，数百 GeV 程度以上と考えられるので，宇宙初期に熱平衡にあっても大きな
速度を持って動き回ることはできず，冷たいダークマターになる．

　具体的な LSP として可能性が高いと考えられているのは，中性のゲージボ
ソン B，W^3 とヒッグス粒子 H_u，H_d の超対称性パートナーであるビーノ $\tilde{B}$，
ウィーノ $\tilde{W}^3$，ヒッグシーノ $\tilde{H}_u$，$\tilde{H}_d$ の混合状態であるニュートラリーノ $\tilde{\chi}_n^0$ ($n =$
$1, 2, 3, 4$) で最も軽いものである．

　ニュートラリーノの宇宙における密度は，3 章で説明した熱平衡からの脱結合
の過程で決められる．つまり，宇宙初期において，ニュートラリーノは熱平衡に
あり，その数密度は熱平衡分布に従うが，温度が下がり密度が減少し，ニュート
ラリーノが非相対論的になるとその数密度はボルツマン分布に従って急激に減少
する．しかし，ニュートラリーノは相互作用が弱いために，十分な対消滅が起き
ず平衡分布に追従することができないため熱平衡から離脱し，その密度が宇宙膨
張によって薄められるだけになる．したがって，ニュートラリーノの密度は対消
滅の断面積によって決まる．断面積はフェルミオン対を生成するモード

$$\tilde{\chi}_1^0 \ \tilde{\chi}_1^0 \ \longrightarrow \ f \ \bar{f} \quad (f = \mathrm{q}, \ell, \nu) \tag{5.113}$$

とボソン対を生成するモード

$$\tilde{\chi}_1^0 \ \tilde{\chi}_1^0 \ \longrightarrow \ W^+ \ W^-, \ Z^0 \ Z^0, \ W^\pm \ H^\mp \ \cdots \tag{5.114}$$

があり，その計算は複雑である．また，超対称性粒子の質量やヒッグス粒子の
質量など多数の自由なパラメータが存在するため解析は容易でない．そこで，
理論的仮定に基づいてモデルパラメータを大幅に少なくして解析を行うことが
主流になっている．そのようなモデルとしてよく調べられているのが CMSSM
(Constained Minimal Supersymmetric Standard Model) と呼ばれるもので，
GUT スケール（M_U）で

- ゲージ相互作用の結合定数の統一
- 統一されたゲージフェルミオンの質量（$m_{1/2}$）
- 共通の超対称性スカラー粒子の質量（m_0）
- 共通のスカラー 3 点の結合定数（A_0）

を仮定したモデルである．CMSSM ではさらに 2 つのヒッグス場の期待値の比 $\tan\beta$ と超対称性ヒッグス質量項に関係した μ パラメータの符号（$\mu > 0$ か $\mu < 0$）を与えれば全ての超対称性粒子の質量が決まる．

前に述べたようにヒッグスの質量が大きいことや未だ超対称性粒子が見つかっていないことから超対称性の破れるスケールは電弱スケールに比較して大きく，ニュートラリーノの質量も重いと考えられる．その結果，大雑把にいって質量の 2 乗に反比例するニュートラリーノの対消滅断面積は小さく，残存量は大きくなりダークマターの密度を超えてしまう．したがって，ニュートラリーノがダークマターとしてちょうど適切な密度になるのは比較的特殊な状況のみで，

（1）ストップ（トップクォークの超対称性パートナー）またはスタウ（タウの超対称性パートナー）と質量が縮退してそれらの粒子との対消滅が有効に働いて残存量を少なくする場合 [coannihilation 領域]
と
（2）ニュートラリーノが大きなヒッグシーノ成分を持つ場合 [Focus-point 領域]，
（3）ニュートラリーノ質量が CP がマイナスの重いヒッグス粒子の質量の半分で対消滅が共鳴的に起きる場合 [A-funnel 領域]
がある[*11]．

図 5.15 は $A_0 = 3m_0$, $\tan\beta = 5$, $\mu > 0$ の場合の CMSSM のパラメータに対する制限を示している．濃い灰色の領域 [A] はストップが LSP になり，領域 [B] はスタウが LSP になる領域で，いずれも電荷を持った粒子が LSP になるために禁止される．実線が理論的に計算されたヒッグスの質量を表している．理論計算の不定性を考慮して，125 ± 3 GeV（領域 [C]）が許されるとしてある．ニュートラリーノがダークマターを説明するのはニュートラリーノの質量とストップ（スタウ）の質量が縮退している場合でストップ（スタウ）が LSP になる領域とニュートラリーノが LSP になる境界領域で実現される．

近年，ダークマターのニュートラリーノを直接地上の検出器を使って検出し

[*11] 超対称性理論ではヒッグス場が 2 種類あることからヒッグス場が期待値を持った後に現れるヒッグス粒子も 5 種類あり（$h, H, A, h^{\pm}$），そのうち 3 種類が中性で CP 変換に対して even(h, H) と odd(A) のものがある．

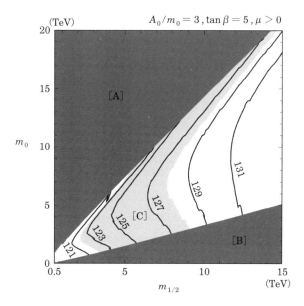

図 **5.15** CMSSM のパラメータに対する制限（E. Bagnaschi *et al.* 2019, *Eur. Phys. J. C*, 79, 149）.

ようとする試みが続けられている．これはキセノンなどの物質を用い，それにニュートラリーノが衝突したときに原子核が得る反跳エネルギーを電気信号として検出しようとするもので，将来のニュートラリーノの直接検出が期待される．

　ニュートラリーノ以外に，ダークマターの候補となる超対称性粒子としては，グラビティーノが挙げられる．グラビティーノは重力を媒介する重力子の超対称性パートナーで重力でしか他の粒子と相互作用をしない．グラビティーノの質量は超対称性の破れが標準モデルの粒子に伝えられるモデルによっている．大きく分けて超対称性の破れを媒介するものとして重力とゲージ相互作用がある．重力が媒介するモデルではグラビティーノの質量 $m_{3/2}$ は他の超対称性粒子と同じく 0.1–10 TeV 程度になる．一方，ゲージ相互作用が超対称性の破れを伝えるモデルでは 1 GeV 以下の小さな質量を持ち，この場合，グラビティーノが LSP になると期待される．質量が 2 keV より大きいグラビティーノはおもにインフレーション後の再加熱期につくられ，したがって，その宇宙における存在量 $\Omega_{3/2}$ はインフレーション後の再加熱温度 T_R を用いて次のように見積もられる．

$$\Omega_{3/2}h^2 \simeq 0.36 \left(\frac{T_R}{10^7\,\mathrm{GeV}}\right)\left(\frac{m_{\tilde{g}}}{1\,\mathrm{TeV}}\right)^2\left(\frac{m_{3/2}}{\mathrm{GeV}}\right)^{-1}. \tag{5.115}$$

ここで，$m_{\tilde{g}}$ は（GUT スケールでの）グルイーノの質量である．また，質量が 2keV 以下のグラビティーノは温度約 100 GeV で熱平衡にあるので，その存在量は

$$\Omega_{3/2}h^2 \simeq 0.5 \left(\frac{m_{3/2}}{\mathrm{keV}}\right) \tag{5.116}$$

となる．したがって，数 keV から 1 GeV の質量のグラビティーノは再加熱温度によって，また，500 eV 程度のグラビティーノは再加熱によらずダークマターを説明できる．ただし，500 eV のグラビティーノは温かいダークマターに分類され，構造形成に難点が生じる．

　ここで，グラビティーノ問題について少し触れておく．上で見たように超対称性の破れがゲージ相互作用で標準モデルの粒子に伝えられる場合にはグラビティーノは軽いため安定である．このとき式 (5.115) を見るとわかるようにインフレーション後の再加熱温度が高いとグラビティーノが作られすぎてしまい，宇宙の物質の観測値を大きく超えてしまうという問題が生じる．また超対称性の破れを重力が伝えるモデルではグラビティーノの質量が 0.1–10 TeV 程度になり，一般に，グラビティーノはより軽い超対称性粒子に崩壊する．しかしその寿命は長く，たとえば，グラビティーノが光子とフォティーノ（光子の超対称パートナー）に崩壊する寿命は

$$\tau_{3/2} = 4 \times 10^8 \mathrm{sec} \left(\frac{m_{3/2}}{100\,\mathrm{GeV}}\right)^{-3} \tag{5.117}$$

となり，グラビティーノは元素合成後に崩壊することになる．この場合，崩壊によって生じた光子が軽元素を壊してしまい元素合成に深刻な影響を与える．さらに，崩壊によって陽子や中性子のようなハドロンが生じる場合には光子以上に大きな影響を与える．このようにグラビティーノの存在は宇宙論にとってきわめて大きな影響を与え，深刻な問題を引き起こす．これをグラビティーノ問題と呼ぶ．グラビティーノ問題を避けるにはインフレーション後の再加熱温度が非常に低い（$T_R \lesssim 10^6\mathrm{GeV}$）ことが要求され，インフレーションモデルの構築やバリオン生成に強い制限を与えている．

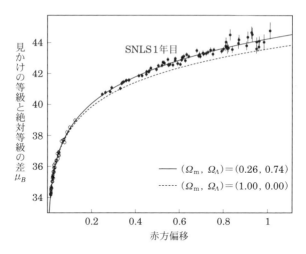

図 **5.16** Ia 型超新星の光度距離と赤方偏移の関係. μ_B は見かけの等級と絶対等級の差を表し, 光度距離と $\mu_B \simeq 5 \log_{10}(d_L/\mathrm{Mpc}) + 25$ の関係がある (Supernova Legacy Survey: Astier *et al.* 2006, *A&A*, 447, 31).

5.7 ダークエネルギー

ダークエネルギーの観測

　宇宙の時間発展はアインシュタイン方程式 (フリードマン方程式) で記述され, 宇宙膨張の速さは宇宙を構成しているエネルギー密度で決まっている. 宇宙がバリオンやダークマターのように圧力ゼロの物質で支配されていれば, アインシュタイン方程式から宇宙は減速しながら膨張することになる. 一方, 宇宙定数 (真空のエネルギー) が支配している場合には宇宙は加速膨張する. 現在に近い宇宙が減速膨張しているか加速膨張しているかどうかは, 光度距離 (d_L) と赤方偏移 (z) の関係を測定することによって調べることができる. たとえば, 簡単のため平坦な宇宙を仮定し, 宇宙が物質優勢 $(\Omega_\mathrm{m} = 1)$ だとすると光度距離 (2.5 節参照) は

$$d_L = 2H_0^{-1}[(1+z) - \sqrt{1+z}\,] \tag{5.118}$$

で与えられ, 宇宙定数が支配している宇宙 $(\Omega_\Lambda = 1)$ では

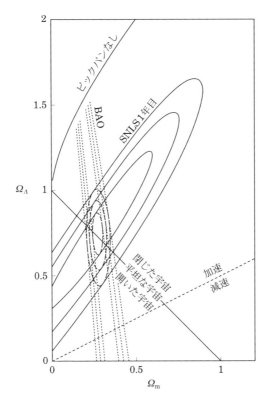

図 **5.17** Ω_{m}–Ω_Λ 面での制限．等高線は内側から 68.3%，95.5%，99.7% の信頼度での制限を表し，実線は超新星観測（SNLS），点線はスローンデジタルスカイサーベイ（SDSS）による銀河サーベイ（BAO），破線は両者を合わせた制限をそれぞれ示している（Supernova Legacy Survey: Astier *et al.* 2006, *A&A*, 447, 31）．

$$d_L = H_0^{-1} z(1 + z) \qquad (5.119)$$

となり，d_L と z の関係が異なり，同じ z に対して宇宙定数が支配している宇宙の方が d_L が大きいことがわかる．

1990 年代末からの Ia 型超新星の観測によって光度距離と赤方偏移が測定され，図 5.16 に示したような関係があることが明らかになった．この図から宇宙定数が大きな宇宙がよりデータにあうことが示唆されるが，実際，Ia 型超新星の

観測から宇宙定数 Ω_Λ と物質密度 Ω_{m} に対して図 5.17 に示した制限が得られ,現在に近い宇宙が加速膨張していることが示されたのである. さらに, 最近では WMAP や Planck といった衛星による CMB の観測から現在の宇宙のエネルギー構成要素の割合が精密に測られ Ω_Λ に対して

$$\Omega_\Lambda = 0.685 \pm 0.007 \quad (68\%\text{の信頼水準}) \tag{5.120}$$

が得られている. このことは, 現在に近い宇宙が通常の物質や放射ではなく, 宇宙定数のようなものに支配されていることを示している. この宇宙を加速膨張させているエネルギーをダークエネルギー (暗黒エネルギー) と呼ぶ.

ダークエネルギーの代表的なものは宇宙定数である. 歴史的にはアインシュタインが彼の静的な宇宙モデルを実現するためにアインシュタイン方程式に導入したが, その後, ハッブルによる宇宙膨張の発見によって取り下げられたものである. 宇宙定数の素粒子物理的な解釈は真空のエネルギーである. 素粒子物理では真空は素粒子の生成と消滅が起こる場の最もエネルギーの低い状態ということができる. したがって, 真空のエネルギーはゼロである必要はないのである. アインシュタイン方程式

$$\dot{\rho} = -3H(\rho + P) \tag{5.121}$$

(ρ : 密度, P : 圧力) から, 宇宙定数のように, 真空のエネルギーが時間とともに変化しなければ, 上の式の左辺がゼロなので,

$$P\,(\text{真空}) = -\rho(\text{真空}) \tag{5.122}$$

となる. ここで問題となるのは真空のエネルギーの大きさである. 素粒子の標準理論によれば, 約 $100\,\mathrm{GeV}$ のエネルギースケールで電弱相転移が起きて我々が観測している低エネルギーでの真空状態に移行したと考えられる. したがって, 自然な真空のエネルギーのスケールは $(100\,\mathrm{GeV})^4$ と期待される. しかし, ダークエネルギーとして要求されるのは $(10^{-12}\,\mathrm{GeV})^4$ で約 56 桁もの違いがある. さらに, 大統一理論を信じれば, その差は 112 桁にもなる. したがって, 現在観測されているダークエネルギーが真空のエネルギーだとすると素粒子物理的にはきわめて不自然であるといえる.

一般に, 状態方程式を $P = w\rho$ とすると, 真空のエネルギーは $w = -1$ のエ

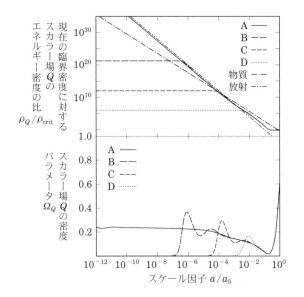

図 **5.18** AS モデルのスカラー場のエネルギーの時間変化.

ネルギーということができる. さらに, 宇宙の加速度を記述するアインシュタイン方程式

$$\ddot{a} = -\frac{4\pi}{3}G(\rho + 3P)a = -\frac{4\pi}{3}G(1 + 3w)\rho a \tag{5.123}$$

から, $w < -1/3$ を満たすエネルギーは宇宙を加速膨張させ, 現在の宇宙を支配している ダークエネルギーになりうることがわかる. $w \neq -1$ のダークエネルギーを説明する代表的なモデルは, クインテッセンス (Quintessence) と呼ばれるもので, ダークエネルギーは時間とともにゆっくり変化するスカラー場のポテンシャルエネルギーで説明される.

例として, アルブレヒト (A. Albrecht) とスコーディス (C. Skordis) が提案したモデル (AS モデル) を考える. このモデルでは, スカラー場 Q が

$$V(Q) = [(Q - b)^2 + c]e^{-\lambda Q} = f(Q)e^{-\lambda Q} \tag{5.124}$$

で与えられるポテンシャルエネルギーの下で運動する. ここで, λ, b, c はモデルパラメータである. いま, $f(Q)$ の時間変化は小さいとすると, 近似的に運動

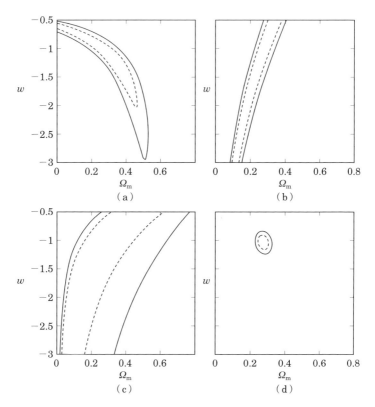

図 **5.19** 状態方程式の制限. (a) 超新星 (SNLS) からの制限,
(b) 銀河サーベイ (SDSS) からの制限, (c) 宇宙背景放射から
の制限, (d) 三つを合わせた制限. 破線が 1σ, 実線が 2σ の制
限を表す.

方程式は

$$\ddot{Q} + \frac{6}{mt}\dot{Q} - \lambda f(Q)e^{-\lambda Q} = 0 \tag{5.125}$$

となる. ここで $a \propto t^{2/m}$ ($\rho \propto a^{-m}$) とした. この運動方程式は $Q = A\ln(\lambda Bt)$
(A, B は定数) という解をもち. 広い範囲の初期条件に対して, Q の時間変化
の軌跡はこの解に収束する. この解をトラッカー解と呼ぶ. Q がトラッカー解
にあるときには, スカラー場のエネルギー ρ_Q は $\rho_Q \propto t^{-2} \propto a^{-m}$ のように変
化し, 宇宙の密度を支配している物質 (あるいは放射) と同じである. したがっ

て，Q は宇宙の比較的早い時期から宇宙のエネルギーの大きな割合を占め，最終的に宇宙の密度を支配する．図 5.18（179 ページ）にこのクインテッセンスモデルのスカラー場のエネルギー密度の変化を示した．

図 5.18 の上の図は現在での臨界密度を単位として測ったエネルギー密度で，下図は密度パラメータを表す．モデルパラメータは $\lambda = 20/M_{\rm pl}, c = 0.002M_{\rm pl}, b = 13.6M_{\rm pl}$. Q の初期条件は（A）$8M_{\rm pl}$,（B）$11.6M_{\rm pl}$,（C）$12.6M_{\rm pl}$,（D）$13.2M_{\rm pl}$ である．この図の計算においては，宇宙論パラメータは $\Omega_{\rm m} = 0.4, \Omega_{\rm b}h^2 = 0.019, h = 0.65$ とした．また $M_{\rm pl} = (\hbar c/G)^{1/2} = 2.18 \times 10^{-5}\,{\rm g}$ は重力定数 G, プランク定数 $\hbar$, 光速度 c からつくられる質量の次元をもった量でプランク質量と呼ばれる．

AS モデル以外にもクインテッセンスモデルは数多く提案されており，さまざまな w とその時間変化を予言している．しかし，これらのモデルはすべて，真空のエネルギーはほぼゼロであることを前提に作られ，なぜ現在の真空のエネルギーが小さいのかを説明していない．さらに，最近の宇宙背景放射，超新星，銀河サーベイの観測データを合わせた解析によれば $w = -1$, つまり，宇宙定数がデータに最も良くあうという結果が得られている（図 5.19）．

前述したように，観測にあう真空のエネルギーの大きさを理論的に説明するのは今のところ困難で，素粒子・宇宙物理の未解決問題として残っている．

第6章

インフレーション宇宙論

6.1　歴史的背景

　本巻 2 章で見たように，古典ビッグバン宇宙モデルは，一様な宇宙膨張，宇宙背景放射の存在，軽元素の存在量という三つの宇宙論的観測事実を整合的に説明する優れた理論であったが，同時に地平線問題と平坦性問題という困難を抱えていた．これらの問題はきわめて根源的なものであったこと，また困難の原因はごく初期宇宙に帰せられると思われてきたこと，などにより，宇宙マイクロ波背景放射の発見によって古典ビッグバン宇宙論が確立した後も，比較的長い間あまり顧みられることはなかった．結局のところ，ごく初期宇宙，すなわちプランク時代付近を記述する高エネルギー物理の信頼できる理論がなかったからである．

　しかしながら，1970 年代に素粒子の大統一理論が登場したことによって，状況が一変した．大統一理論は $M_{\mathrm{GUT}} = 10^{15-16}\,\mathrm{GeV}$ という超高エネルギースケールを持った理論であり，これは古典重力理論の適用限界であるプランクスケール $10^{19}\,\mathrm{GeV}$ にあと一歩までと迫るものであったため，これによって我々は，宇宙のごく初期まで記述し得る理論を初めて入手できたからである．そして，それを用いて初期宇宙の物理現象を研究しようという機運が徐々に生まれ，吉村太彦による宇宙のバリオン非対称の起源の説明のような，積極的な研究成果

がもたらされた[*1].

　その反面 5 章で見たモノポール問題という新たな問題が発生してしまった．これ以後の素粒子物理・宇宙論の進展は，新しい理論が提唱されるたびに新たな宇宙論的問題が発生し，それを解決する試みの中で新しい考え方がはぐくまれていく，という形で続くことになる．

　インフレーション宇宙論もこのような状況の中で誕生した．大統一理論はモノポール問題を引き起こしたが，その解決法自体も実は大統一理論の中に潜んでいたのである．このことにいち早く気づいたのは佐藤勝彦とグース（A. Guth）であった．彼らの着眼点は，大統一理論の予言する，対称性の保たれた状態から相互作用の分化した状態への相転移において，対称性の保たれた状態，すなわち対称性の破れを司るヒッグス場の値が 0 である状態は，M_{GUT}^4 程度の大きな真空のエネルギー密度を持っているということである．この状態が十分長く続けば，放射など他のエネルギー密度は宇宙膨張によって薄められ，真空のエネルギーが宇宙のエネルギー密度を支配した状態が実現する．これは正の宇宙項を持つドジッター（de Sitter）時空と同様に振る舞うから，指数関数的な宇宙膨張が起こることになる．これが宇宙のインフレーションである．このような膨張によってモノポールを十分薄め，宇宙の地平線を十分広げ，曲率半径を大きくしてしまおう，というのがインフレーション宇宙論の眼目である．

　この理論が優れているのは，このような宇宙の大域的性質のみならず，宇宙マイクロ波背景放射（CMB）の温度非等方性や銀河・銀河団等の大規模構造の種となった密度ゆらぎ・曲率ゆらぎの起源を量子論的に与えてくれる，という点である．このように宇宙の大域的一様等方平坦性と構造の起源を一挙に説明するシナリオはインフレーション宇宙論をおいて他に知られていない．とくに，2003 年に CMB 探査機 WMAP が観測結果を報告して以来，宇宙の初期密度ゆらぎのスペクトルがかなり正確にわかるようになったが，現在までに得られている観測は標準的なスローロールインフレーション（後述）の予言と基本的によく一致している．このような状況の下，超対称性・超重力理論を用いた場の理論に基づくモデル，超弦理論・高次元理論における余剰次元の幾何学的自由度を用いたモデル，修正重力理論に基づくモデル，などさまざまなインフレーションモデルが研

[*1] 本章でも $c = 1$, $\hbar = 1$ という単位系を用いる．

究され，一部のモデルは既に観測によって淘汰された一方，まだ多数のモデルが
生き残っており，どのような枠組みが正しいのかさえまだわかっていない．

6.2 地平線問題と平坦性問題の解決

佐藤やグースの理論は指数関数的膨張を実現するものであったが，地平線問題
や平坦性問題を解決するには，指数関数的膨張が必要条件とされているわけでは
ない．ここではより一般的に，どのような条件が満たされればこれらの問題が解
決可能であるかを見ておこう．

まず，平坦性問題の方であるが，フリードマン方程式

$$\left(\frac{\dot{a}}{a}\right)^2 + \frac{K}{a^2} = \frac{8\pi G}{3}\rho \tag{6.1}$$

において，放射優勢，物質優勢のいずれの時代においても，スケール因子の2乗
に反比例して減る左辺の曲率項よりも右辺のエネルギー項がより速く減少してし
まうのが，この問題の本質であった．したがってもし，宇宙が膨張してもあまり
エネルギー密度の減らない新種のエネルギー，すなわち a^{-2} よりもゆっくりと
しか減らないエネルギーが宇宙のエネルギー密度を支配すれば，曲率項の方がエ
ネルギー項よりも速く減少することになり，平坦性問題は解決可能になる．

次に，地平線問題について考える．2章で見たように，式 (6.1) において曲率
項が無視できるとき，宇宙のエネルギー密度が $\rho \propto a^{-n}$ に比例して減少する状
況では，宇宙膨張則は $a(t) \propto t^{2/n}$ のようになる．放射優勢なら $n=4$, 物質優
勢なら $n=3$ であるから，いずれの場合も宇宙は $2/n < 1$ の減速的膨張を経験
してきたことになる．このような減速的膨張時代においては，2章で定義した粒
子の地平線もハッブル地平線（67ページ参照）も時間に比例して増大するので，
時間が経てばたつほど，これまで因果関係を持ったことのなかった遠方の座標距
離の点が地平線内に入ってくる．こうして新たに見えるようになった点が我々の
周囲とよく似た性質（たとえば同じ温度）を持っているという不思議さが，地平
線問題であった．

逆にもし n が2よりも小さいようなエネルギー密度が宇宙膨張を支配すると，
宇宙膨張のべき指数が1より大きくなる加速的膨張が実現し，ハッブル地平線内
にあった点は時間が経つとハッブル地平線外に出て行くとともに，粒子の地平線

はスケール因子とともにハッブル地平線よりも速く大きくなることになる．このような時代が十分続けば，地平線を十分広げることができるようになり，地平線問題が解決できる．

　以上のように，宇宙が膨張しても a^{-2} よりもゆっくりとしか密度が減らないエネルギー——これはインフレーションを起こすエネルギーなのであるから，「インフラトンのエネルギー」と呼ぶことにしよう——が宇宙のエネルギー密度を支配して加速的宇宙膨張が実現すれば，地平線問題と平坦性問題を原理的には同時に解決可能であることがわかる．また，このときインフレーションを引き起こすエネルギーに比べて，モノポールなど後の宇宙の進化に問題を引き起こす新種の粒子も十分薄められる．しかし，インフレーションによってモノポールなどとともに宇宙のエントロピー密度も a^{-3} に比例して減少するので，モノポール密度とエントロピー密度の比はどんな急膨張が起こったからといって変化するものではない．インフレーションは現代宇宙論にはなくてはならない現象であるが，インフレーションがずっと続いてしまったのでは我々の住んでいる宇宙は実現できない．インフレーションをうまく終了させ，放射優勢のフリードマン宇宙に遷移しなければならない．つまりインフラトンのエネルギーを放射のエネルギーに転化させ，エントロピー生成を起こさなければならないのである．これを宇宙の再加熱と呼ぶ．

　すなわち，インフレーション宇宙論は単に準指数関数的あるいは加速的膨張を起こせばよいのではなく，

インフレーション＝加速的膨張＋再加熱

というように双方がうまく起こって初めて現実的な宇宙モデルとなり得るのである．

　このようなインフレーション宇宙論によって地平線問題が本当に解決可能であることを確認するため，インフレーション宇宙論における各種スケールの時間変化を図 6.1 に示しておく．

　図のように座標スケール r がハッブル地平線よりも下側にあるときには，その座標スケールの距離を隔てた 2 点は宇宙膨張時間（ハッブル時間 H^{-1}）内に相互作用することができる．インフレーション宇宙論においては図の時刻 t_k 以前には座標距離 r まではハッブル時間内に相互作用できたことになる．逆に t_k 以

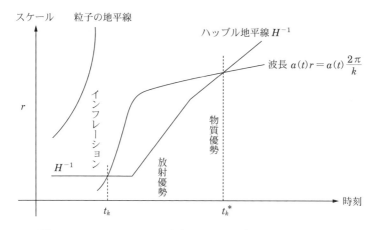

図 **6.1**　インフレーション宇宙論における各種スケールの時間
変化.

降は急激な宇宙膨張によって座標距離 r の点は遠ざけられてしまい，「見えなく」
なってしまう．インフレーションが終わり，フリードマン的膨張の時代になる
と，スケール因子は緩やかに減速的な膨張するようになるため，今度はハッブル
地平線の方が速く大きくなるようになり，ついには時刻 t_k^* になると座標スケー
ル r の点は再びハッブル地平線内に入ることになる．このとき r 離れた点が再
び「見えて」，宇宙膨張時間内に再び相互作用できるようになるが，この点と相
互作用するのはこのときが始めてではなく，インフレーション中の時刻 t_k 以前
に相互作用したことがあったので，突然「見えるようになった」点が自分自身と
同じ性質を持っていても何の不思議もない，というのがインフレーション宇宙論
による地平線問題の解決の要諦である．このことはまた，初期にインフレーショ
ンを経験した宇宙においては粒子の地平線が図のようにハッブル地平線よりも指
数関数的に大きくなっていることからも理解できる．

　それに対し，インフレーションを経験していない，古典ビッグバン宇宙論で
は，図 6.1 のインフレーション期がカットされ，座標スケール r の点が見えるよ
うになるのは時刻 t_k^* のときが有史以来初めてであるので，そのスケールの点が
自分自身と似ているというのは説明がつかないのである．

　このようなスケールの進化から，どれだけインフレーションが続けば地平線問
題や平坦性問題が解決可能であるかを，再加熱後の断熱膨張時に保存量として振

る舞う宇宙のエントロピーの観点から考えてみよう．まず，今日私たちが見渡すことのできる現在のハッブル地平線 $H_0^{-1} = 4.2 \times 10^3 \, \mathrm{Mpc}$ 内のエントロピー S_0 は，$T = 2.73 \, \mathrm{K}$ の CMB 光子と $T = 1.95 \, \mathrm{K}$ の 3 世代のニュートリノ背景放射の寄与により，$S_0 = 2.6 \times 10^{88}$ と計算される．そこで，インフレーション開始時 $t = t_i$ のハッブル地平線がインフレーションによって引き延ばされたあと，再加熱によってこれ以上のエントロピーを獲得する条件を求めてみよう．

インフレーション中，宇宙のエネルギー密度は ρ_{inf} という一定値をとり，$t = t_i$ から終了時 $t = t_f$ までスケール因子が $a_f/a_i \equiv e^N$ だけ膨張し，その後再加熱が完了して放射優勢になるまで，宇宙は状態方程式 $P = w\rho$ を満たすエネルギーに支配されて膨張を続けたとする．放射優勢になったときの温度，つまり再加熱温度を T_R とすると，そのときまでに初期のハッブル地平線は

$$H^{-1} e^N \left(\frac{\pi^2 g_* T_R^4}{30 \rho_{\mathrm{inf}}} \right)^{-\frac{1}{3(1+w)}} \equiv r_{\mathrm{H}}$$

倍になり，その中のエントロピーは，

$$S = \frac{4\pi^2 g_*}{90} T_R^3 \times \frac{4\pi}{3} r_H^3$$
$$= \frac{16\pi^3 e^{3N}}{270} \left(\frac{45 g_*^w}{4\pi^3} \right)^{\frac{1}{1+w}} \left(\frac{H}{M_{\mathrm{Pl}}} \right)^{-\frac{1+3w}{1+w}} \left(\frac{T_R}{M_{\mathrm{Pl}}} \right)^{\frac{-1+3w}{1+w}}$$

となる．g_* は全実効的相対論的自由度の数，$M_{\mathrm{Pl}} \equiv (\hbar c^5/8\pi G)^{1/2} = 1.2 \times 10^{19} \, \mathrm{GeV}$ はプランクスケールである．これが S_0 より大きくなるためには，

$$N > 67.7 - \frac{12.5 - 10.8w}{1+w} - \frac{w}{3+3w} \ln\left(\frac{g_*}{106.75} \right) + \frac{1+3w}{6(1+w)} \ln\left(\frac{r}{0.01} \right)$$
$$+ \frac{1-3w}{3+3w} \ln\left(\frac{T_R}{10^8 \, \mathrm{GeV}} \right) \equiv N_{\mathrm{min}},$$
$$r \equiv 0.01 \left(\frac{H}{2.4 \times 10^{13} \, \mathrm{GeV}} \right)^2 \tag{6.2}$$

となることが必要である．r はあとで見るように，テンソル・スカラー比と呼ばれる量に対応する．

これは，インフレーション開始時のハッブル地平線の長さが今日のハッブル地平線スケールよりも大きくなっている条件である．しかし，現在の地平線スケー

ルでの密度ゆらぎは 10^{-5} という小さな値をとっているのに対し，インフレーション開始時の地平線スケールでのゆらぎの大きさは，インフレーションを始められるという条件さえ満たしていればよいので，1程度まであったと考えられる．したがって，$N = N_{\min}$ では不十分であり，あと少なくとも $(10^{-5})^{-\frac{1}{2}} \sim 500$ 倍程度のインフレーションが続いていないと，観測と矛盾する．したがって，$N > N_{\min} + \ln 500 = N_{\min} + 6.2$ というのが地平線問題を解決するための本当の条件になる．

このことを勘案すると，$w = 0$ に対して，

$$N > 55 + \frac{1}{6} \ln \left(\frac{r}{0.01} \right) + \frac{1}{3} \ln \left(\frac{T_R}{10^8 \, \text{GeV}} \right), \tag{6.3}$$

$w = 1$ とすると，

$$N > 67 - \frac{1}{6} \ln \left(\frac{g_*}{106.75} \right) + \frac{1}{3} \ln \left(\frac{r}{0.01} \right) - \frac{1}{3} \ln \left(\frac{T_R}{10^8 \, \text{GeV}} \right) \tag{6.4}$$

のようになる．

次に平坦性問題の解決を考えるために，密度パラメータ Ω_{tot} の進化を考える．

$$\frac{K}{a^2} = H^2 (\Omega_{\text{tot}} - 1)$$

より，地平線問題を解決するという要請のもとでは，

$$\frac{\Omega_{\text{tot}}(t_0) - 1}{\Omega_{\text{tot}}(t_i) - 1} = \left(\frac{a(t_i) H_{\text{inf}}}{a_0 H_0} \right)^2 = e^{-2(N - N_{\min})} < 500^{-2} = 4 \times 10^{-6} \tag{6.5}$$

が成り立つことがわかる．したがって，インフレーションによって地平線問題が解決されたとすると，平坦性問題も自動的に解決され，現在の宇宙の密度パラメータの総和は5桁以上の精度で1に等しいこと，つまりわれわれが実質的に空間的に平坦な宇宙に住んでいることが予言されるのである．

以上がインフレーション宇宙論の原理であるが，その研究は大きく分けて，

(1) さまざまな要請を満たし，宇宙の進化を無矛盾に記述できる $\rho_{\text{inf}}(t)$ の正体に迫る，素粒子物理と密接に関連した研究

(2) $\rho_{\text{inf}}(t)$ あるいは正の実効的宇宙項があったとして一般の非一様・非等方時空から出発してインフレーションが起こり，宇宙の一様・等方化が実現できるか，という一般相対論的研究

（3）　インフレーション時に生成する密度ゆらぎの帰結を CMB の非等方性や宇宙の大規模構造の観測データと比較検討する観測的宇宙論的研究

という三つの方向性を持つ.

　まず, このうち (2) については, 「正の実効的宇宙項があれば, 一般的な初期条件から出発しても, その宇宙項の決めるタイムスケールでインフレーションが始まる」ということを主張する宇宙無毛仮説（Cosmic no hair conjecture）という仮説がある. これに対しては容易に反例を作ることができるので, これがいつも成り立つわけではないことはわかっているが, かなり広い範囲の初期条件に対して成り立つこともわかっている. 具体的には, 一様・非等方宇宙については, ビアンキ（Bianchi）によって I 型から IX 型まで分類されているが, このうち I 型から VIII 型まではつねに, 正曲率宇宙に対応する IX 型については一定の条件を満たせば, 宇宙無毛仮説が成り立つことがワルド（Wald）によって証明されている.

　非一様性がある場合も空間曲率が至るところゼロまたは負であれば, 宇宙無毛仮説が成り立つことが容易に示せるが, 空間曲率が正であってもインフレーションが始まる初期条件は多数あるので, これは十分条件にすぎない. 一般の非一様時空については, 数値解析によるしかないが, 一般的に初期のハッブル地平線の数倍程度までのスケールで非一様性が 1 程度以下にとどまっていること, また空間曲率が正の値をとる場合はあまり大きすぎないこと, が必要であることが示されている. 結論としては, インフレーションはかなり広いクラスの初期条件によって始まることができ, いったん始まると急速に宇宙は一様・等方化することになる. したがって, その後の宇宙のダイナミクスの研究は, 背景時空としては平坦なロバートソン–ウォーカー計量を採用し, そのもとで行えば十分である.

6.3　インフレーションの実現機構

　前節 (1) に関連して大問題となるのは, 何が $\rho_{\mathrm{inf}}(t)$ を担うか, ということであるが, 宇宙の等方性を実現するためには, 何らかのスカラー的な自由度で, なおかつ加速膨張を実現するため, 式 (2.10) より $P < -\frac{1}{3}\rho$ を満たす負の圧力を持った未知のエネルギーが必要である.

現在最も標準的なのは，あるスカラー場（インフラトンと呼ぼう）ϕ のエネルギーである．まず，正準運動項 $X \equiv -\dfrac{1}{2}g^{\mu\nu}\partial_\mu\phi\partial_\nu\phi$ とポテンシャルエネルギー密度 $V[\phi]$ をもつ理論を考えると，作用

$$S = \int \sqrt{-g}\, d^4x \mathcal{L} = \int \sqrt{-g}\, d^4x (X - V[\phi])$$

の変分により，エネルギー運動量テンソルは

$$T_{\mu\nu} = -\frac{2}{\sqrt{-g}}\frac{\delta S}{\delta g^{\mu\nu}} = \partial_\mu\phi\partial_\nu\phi + \mathcal{L}g_{\mu\nu} \tag{6.6}$$

で与えられるので，一様な場に対しては，エネルギー密度と圧力は

$$\rho = \frac{1}{2}\dot{\phi}^2 + V[\phi], \quad P = \frac{1}{2}\dot{\phi}^2 - V[\phi]$$

で与えられる．したがって，場の変化が緩慢でポテンシャルエネルギー優勢になれば，より正確には $V[\phi] > \dot{\phi}^2$ が満たされれば，加速膨張が起こる．これがスローロールインフレーションである．

次に，非正準的な運動項を含む可能性も勘案してラグランジアンを $\mathcal{L} = K(X, \phi)$ と書くと，式 (6.6) と同様に求めたエネルギー運動量テンソルより，$\rho = 2XK_X - K$，$P = K$ と求めることができる．これより，ポテンシャルがなくても $XK_X < -K$ を満たしていれば加速膨張が可能である．とくに $K_X = \partial K/\partial X = 0$ の場合はドジッター解を持つことが可能である．これを k-インフレーションという．$K(X, \phi) = K_1(\phi)X + K_2(\phi)X^2 + \cdots$ とべき展開で表される場合を考えると，インフレーションが起こせるためには $K_1(\phi)$ と $K_2(\phi)$ が異符号を持つことが必要であることがわかる．

以上のようなスカラー場を導入するインフレーションモデルの他，重力理論の修正によっても加速膨張を実現することができる．たとえば，アインシュタインーヒルベルト作用に曲率の 2 次項を加えた重力理論において指数関数的膨張が起こることは，インフレーション宇宙論の勃興前からスタロビンスキー（A. Starobinsky）によって指摘されていた．

6.4 インフレーションのシナリオ

ここではまず，スカラー場 ϕ のポテンシャルによって起こるインフレーションについて，その具体的な起源を問わずに，観測と整合的なモデルの一般的特徴を述べておくことにする．単に指数関数的膨張を引き起こすだけであれば，スカラー場がそのポテンシャルの偽真空[*2]に長い間落ち着いていればよいのであるが，インフレーションをスムーズに終わらせ，適切なスペクトルの密度・曲率ゆらぎを生成することまでを考えると，インフレーション中もスカラー場の値が緩慢に変化するモデルの方がより好ましい．

6.2 節で述べたように，いったんインフレーションが始まれば，宇宙は急速に一様・等方化され，放射や物質のエネルギーも指数関数的に薄まってしまうので，そのような状況を念頭に置いて，インフラトンのエネルギーだけを持った平坦なロバートソン–ウォーカー時空で場の方程式を書くと，

$$\ddot{\phi} + 3H\dot{\phi} + V'[\phi] = 0, \tag{6.7}$$

$$\left(\frac{\dot{a}}{a}\right)^2 = H^2 = \frac{8\pi\rho_\phi}{3M_{\rm Pl}^2} = \frac{\rho_\phi}{3M_G^2}, \quad \rho_\phi = \frac{1}{2}\dot{\phi}^2 + V[\phi] \tag{6.8}$$

となる．$M_G = M_{\rm Pl}/\sqrt{8\pi} = 1/\sqrt{8\pi G} = (\hbar c^5/8\pi G)^{\frac{1}{2}} = 2.4 \times 10^{18}\,{\rm GeV}$ は既約プランクスケールである．

ポテンシャルエネルギー密度 $V[\phi]$ が ρ_ϕ を支配する時代が十分長く続けば，インフレーションが起こる．そのためには ϕ はポテンシャルの坂をゆっくりと転がらなければならず，場の方程式（6.7）において $\ddot{\phi}$ が無視できるような状況になっている必要がある．そのような状況で場の方程式を改めて書くと，

$$3H\dot{\phi} + V'[\phi] = 0, \tag{6.9}$$

$$\left(\frac{\dot{a}}{a}\right)^2 = H^2 = \frac{8\pi V[\phi]}{3M_{\rm Pl}^2} = \frac{V[\phi]}{3M_G^2} \tag{6.10}$$

となり，これらをスローロール近似した方程式と呼ぶ．これらを解けばインフレーション中のインフラトンの一様部分のダイナミクスがわかるのであるが，そ

[*2] スカラー場のポテンシャルの極小値であるが，そのエネルギーが 0 ではない状態．古典的にはその状態は安定であるが，量子論的なトンネル効果によってポテンシャルエネルギーがより低い状態に遷移する．

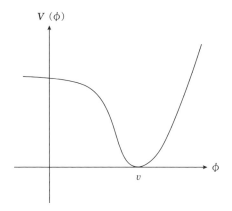

図 **6.2** インフレーションを引き起こすスカラー場のポテンシャルの典型的な形状.

の前提として，もちろんスローロール近似が正当化されていなければならない．そのためには，ポテンシャルが十分緩やかで，そこを転がる場の進化のタイムスケールが宇宙膨張のタイムスケールよりも十分長いことが必要である．具体的には，ポテンシャルの形状に対して，

$$\varepsilon_V \equiv \frac{M_G^2}{2}\left(\frac{V'[\phi]}{V[\phi]}\right)^2 \ll 1, \quad \eta_V \equiv M_G^2 \frac{V''[\phi]}{V[\phi]} \ll 1 \qquad (6.11)$$

が成り立っていることが必要である．これらをスローロールパラメータと呼ぶ．逆にこれらが成り立っていれば，よほどおかしな初期条件をとらない限り，すなわち ϕ が非常に大きな初速度を持っていて宇宙膨張時間程度で場の値が急激に変化し，不等式（6.11）が成り立たないような領域まで発展してしまうようなことが起きない限りは，インフレーションが実現する．

　こうしてスローロール近似が成り立っていれば，宇宙膨張時間内では ϕ はほとんど変化しないので，ポテンシャルエネルギー密度もほぼ一定に保たれ，それは正の宇宙項が宇宙を満たした状態とほぼ同様なので，準指数関数的な宇宙膨張が実現する．スカラー場の発展により，不等式（6.11）が満たされなくなると，インフラトンの進化の時間スケールが短くなり，インフレーションは終了することになる．

　図 6.2 に，スカラー場のポテンシャルの典型的な例を示すが，まず，極大点

$\phi = 0$ 付近ではスカラー場の勾配がきわめて緩やかなため,インフレーションを起こすことができる.これを小振幅場モデルと呼ぶ.また,場の値が大きいところでポテンシャルは ϕ のあるべき乗程度でしか増加しないとすると,場の値がプランクスケールよりも大きいところでは式(6.11)が満たされることがわかるので,そこでもインフレーションが実現可能である.これがカォティックインフレーションに代表される大振幅場モデルである.

ϕ の値がポテンシャルの最小点である $\phi = v$ 付近になると,不等式(6.11)は成り立たなくなるため,インフレーションは終了する.このような領域では,逆に ϕ の進化のタイムスケールが宇宙膨張時間より短くなるため,インフラトンは $\phi = v$ の周りを激しく振動することになる.このとき状態方程式は $w \simeq 0$ になる.それによってインフラトンと結合している場の粒子生成が起こり,インフラトンはエネルギーを放射に散逸する.これを宇宙の再加熱という.このように,十分なインフレーションが起こり,適切な温度まで宇宙が再加熱されるかどうかは,インフラトンのポテンシャルの形状や他の場との相互作用によって決定されるのである.

一方,k-インフレーションの終了については,$K(X, \phi) = K_1(\phi)X + K_2(\phi)X^2 + \cdots$ というモデルでは $K_1(\phi)$ と $K_2(\phi)$ がいずれも正になればよい.すると,X は宇宙膨張によってすぐに減衰し,第 1 項のみが効くようになり,宇宙は自由スカラー場の運動エネルギーで支配された状態になる.このとき状態方程式は $w = 1$ になる.

6.5　スローロールインフレーションのモデル

正準スカラー場のポテンシャルによって起こるスローロールインフレーションの具体的なモデルについていくつか見ていくことにしよう.

6.5.1　大振幅場モデル

宇宙開闢直後にインフレーションの始まる単純なモデルがリンデ(A. Linde)のカォティックインフレーションである.時空の古典的な記述の可能になるプランク時代の宇宙は大きな量子ゆらぎをもっていたはずである.ラグランジアン

$$\mathcal{L}_\phi = -\frac{1}{2}(\partial\phi)^2 - V[\phi], \quad V[\phi] = \frac{1}{2}m^2\phi^2 \tag{6.12}$$

に従うスカラー場を考えると，これはプランク時代には不確定性関係に伴う量子的ゆらぎにより，

$$-\frac{1}{2}(\partial\phi)^2 \lesssim M_{\mathrm{Pl}}^4, \quad \frac{1}{2}m^2\phi^2 \lesssim M_{\mathrm{Pl}}^4, \tag{6.13}$$

を保って各小領域毎にランダムな値をとり，混沌とした状況にあったと考えられる．とくに $m \ll M_{\mathrm{Pl}}$ なら $\phi \sim M_{\mathrm{Pl}}^2/m \gg M_{\mathrm{Pl}}$ となる領域が $L \sim m^{-1} \gg M_{\mathrm{Pl}}^{-1}$ にわたって広がっていることが可能である．すると，場の方程式 (6.7) とフリードマン方程式 (6.8) を連立して解くと，ϕ の運動エネルギーはすぐに減衰し，スローロール近似が使えるようになるため，

$$\phi(t) = \phi_i - \frac{mM_{\mathrm{Pl}}}{2\sqrt{3\pi}}(t - t_i), \tag{6.14}$$

$$a(t) = a_i \exp\left[\sqrt{\frac{4\pi}{3}}\frac{m}{M_{\mathrm{Pl}}}\phi_i(t - t_i) - \frac{m^2}{6}(t - t_i)^2\right]$$

$$= a_f \exp\left[\frac{1}{2} - \frac{\phi^2(t)}{4M_G^2}\right] \tag{6.15}$$

という解に近づくことがわかる．すなわち，ϕ がポテンシャルの坂をゆっくり転がるときに準指数関数的インフレーションが起こる．

ϕ の振幅が $\phi \lesssim M_{\mathrm{Pl}}/\sqrt{4\pi}$ になると ϕ の変化率 $|\dot{\phi}/\phi|$ は宇宙膨張率より大きくなり，インフレーションは終了する．したがって式 (6.15) より，$\phi_i \gtrsim 3M_{\mathrm{Pl}}$ であれば地平線問題や平坦性問題を解決するのに十分な膨張が起こることがわかる．インフレーション後の宇宙は，原点の周りの場の振動のエネルギーによって支配され，ϕ の崩壊によって再加熱が起こる．

このモデルのパラメータに最も強い制限を与えるのは，後述の機構で生成する密度・曲率ゆらぎの振幅である．質量については，$m \simeq 10^{13}\,\mathrm{GeV}$，$\lambda\phi^4/4$ の形の自己結合定数に対しては，$\lambda \lesssim 10^{-12}$ でなければならない．したがって，ϕ は自分自身や他の場ときわめて弱い結合しか許されない．

6.5.2　小振幅場モデル

有限温度での対称性の回復を仮定し，$\phi = 0$ 付近から場がゆるやかに変化するときにインフレーションを起こすニューインフレーションモデルで最初に用いら

れたような，原点で極大値をとるポテンシャルを持つ実スカラー場

$$\mathcal{L} = -\frac{1}{2}(\partial\phi)^2 - V[\phi], \quad V[\phi] = \frac{\lambda}{4}(\phi^2 - v^2)^2 \tag{6.16}$$

を考える．$\phi = \pm v$ が真空である．このような理論で自然にインフレーションを始める機構が，ビレンキン（A. Vilenkin）とリンデ（A. Linde）のトポロジカルインフレーションである．

重力を無視して $\phi = \pm v$ をつなぐ xy 面対称の解を求めると，

$$\phi(\boldsymbol{x}) = v\tanh\left(\sqrt{\frac{\lambda}{2}}vz\right) \tag{6.17}$$

という xy 平面上で $\phi = 0$ という値をもつドメインウォール解がある．このドメインウォールの厚さ d_0 は $(\nabla\phi)^2 \sim \left(\frac{v}{d_0}\right)^2$ と $V[0] \equiv V_c$ の釣り合いで $d_0 \approx vV_c^{-1/2}$ と決まっている．

ところが，エネルギー密度 V_c に相当するハッブル地平線スケールは，

$$H_c^{-1} = \left(\frac{8\pi G}{3}V_c\right)^{-1/2} = M_{\mathrm{Pl}}\left(\frac{3}{8\pi V_c}\right)^{1/2} \tag{6.18}$$

で，もし $v \gtrsim M_{\mathrm{Pl}}$ だと $d_0 \gtrsim H_c^{-1}$ になり，$V \sim V_c$ の領域がハッブル地平線内に収まってしまう．するとその領域内の宇宙のダイナミクスはその外の影響を受けず，そこでインフレーションが起こる．

すなわち，このモデルでは，インフラトンのランダムな初期分布を与えるとドメインウォールが自然にできるが，その中で自動的にインフレーションが始まるという点で，インフレーションを起こす自然な機構が与えられているのである．

インフレーションを起こしているドメインウォールは次のように進化する．まず，xy 面上の壁 $\phi = 0$ の近傍で $\phi(\boldsymbol{x}, t_c) \simeq kz$ と展開できることに注意して，$\mu^2 \equiv \lambda v^2 \ll H^2$ としてスローロール近似の運動方程式(6.9), (6.10)を各点ごとに解くと，

$$\phi(\boldsymbol{x}, t) = \phi(\boldsymbol{x}, t_c)\exp\left[\frac{\mu^2}{3H_c}(t - t_c)\right] = kz\exp\left[\frac{\mu^2}{3H_c}(t - t_c)\right]$$

$$a(t) \simeq a_c\exp[H_c(t - t_c)]$$

となる．ただし，$d_0 > H_c^{-1}$ より ϕ は空間的にも緩やかにしか変化しないことを

用い，空間微分は無視した．

ϕ がある値 $\phi_*(\ll v)$ をとる点の座標 $z_*(t)$ は，

$$z_*(t) = k^{-1}\phi_* \exp\left[-\frac{\mu^2}{3H_c}(t-t_c)\right] \tag{6.19}$$

であるが，それに対応する固有距離（物理的な長さ）は，

$$d(t) = a(t)z_*(t) = a_c k^{-1}\phi_* \exp\left[\left(H_c - \frac{\mu^2}{3H_c}\right)(t-t_c)\right] \tag{6.20}$$

となり，これは 指数関数的に増大する．

このモデルでは，$\phi = 0$ を保ち続ける $z = 0$ の点では永遠にインフレーションが続くが，(6.19)の示すように，$z \neq 0$ なら必ずいつか $|\phi| > \phi_*$ になり，転がり落ちるため，古典解を見る限りは $z \neq 0$ の点ではインフレーションは有限の時間で終了する．

6.5.3 重力理論を拡張したモデル

以上では，アインシュタインの一般相対論の下で適切なポテンシャルを持ったスカラー場を導入してインフレーションを実現しようとしたが，拡張された重力理論の下でのインフレーションも数多く考えられている．その代表的な例がスタロビンスキーの R^2 インフレーションモデルと標準模型のヒッグス場をスカラー曲率と結合させたヒッグスインフレーションである．両者を統一的に扱うため，以下のような作用汎関数を考えよう．

$$S_{\mathrm{J}} = \int d^4x \sqrt{-\hat{g}}\left[\frac{M_G^2}{2}\hat{R} + \frac{1}{2}\xi\chi^2\hat{R} + \frac{\beta}{12}\hat{R}^2 - \frac{1}{2}\hat{g}^{\mu\nu}\partial_\mu\chi\partial_\nu\chi - \frac{\lambda}{4}\chi^4\right] \tag{6.21}$$

$$\equiv \int d^4x \sqrt{-\hat{g}}\left[F(\chi,\hat{R}) - \frac{1}{2}\hat{g}^{\mu\nu}\partial_\mu\chi\partial_\nu\chi\right]. \tag{6.22}$$

$\hat{R}$ は計量 $\hat{g}_{\mu\nu}$ で表したスカラー曲率である．ξ, β, λ は無次元のパラメタで，χ はヒッグス場の中性実成分で，ゲージ場との相互作用は無視している．$\xi = -1/6$ の場合を共形結合というが，ヒッグスインフレーションで想定するのは ξ が正の大きな値を持ち，$\beta = 0$ となる場合である．また，スタロビンスキーモデルは $\chi = 0$ に固定しておけば実現される．この作用汎関数は，

$$\sqrt{\frac{2}{3}}\frac{\varphi}{M_G} \equiv \ln\left(\frac{2}{M_G^2}\left|\frac{\partial F}{\partial \hat{R}}\right|\right), \tag{6.23}$$

によって定義されるスカラロンと呼ばれる新たなスカラー場 $\varphi(x)$ を用いた共形変換

$$g_{\mu\nu}(x) = e^{\sqrt{\frac{2}{3}}\frac{\varphi(x)}{M_G}}\hat{g}_{\mu\nu}(x), \tag{6.24}$$

によって一般相対論のもとで二つのスカラー場を持つ以下の系と等価であることが示されている.

$$S_{\mathrm{E}} =$$

$$\int d^4x\sqrt{-g}\left[\frac{M_G^2}{2}R - \frac{1}{2}g^{\mu\nu}\nabla_\mu\varphi\nabla_\nu\varphi - \frac{1}{2}e^{-\sqrt{\frac{2}{3}}\frac{\varphi}{M_G}}g^{\mu\nu}\nabla_\mu\chi\nabla_\nu\chi - U(\varphi,\chi)\right]. \tag{6.25}$$

ポテンシャルは以下のように与えられる.

$$U[\varphi,\chi] \equiv \frac{\lambda}{4}\chi^4 e^{-2\sqrt{\frac{2}{3}}\frac{\varphi}{M_G}} + \frac{3M_G^4}{4\beta}e^{-2\sqrt{\frac{2}{3}}\frac{\varphi}{M_G}}\left(e^{\sqrt{\frac{2}{3}}\frac{\varphi}{M_G}} - 1 - \frac{1}{M_G^2}\xi\chi^2\right)^2. \tag{6.26}$$

上に述べたように，このモデルは $\chi = 0$ に固定すると，アインシュタイン理論の下でスタロビンスキーモデルと等価なスカラー場モデルを与える．そのポテンシャルは

$$U[\varphi] = \frac{3M_G^4}{4\beta}\left(1 - e^{-\sqrt{\frac{2}{3}}\frac{\varphi}{M_G}}\right)^2 \tag{6.27}$$

となり，φ の大きいところでは一定値 $\dfrac{3M_G^4}{4\beta}$ に漸近し，原点で最小値を持ち，そのまわりでの質量は $M \equiv M_G/\sqrt{\beta}$ で与えられる.

一方，ヒッグスインフレーションは $\beta = 0$ の極限で得られるが，ポテンシャルの最終項より

$$\chi^2 = \frac{M_G^2}{\xi}\left(e^{\sqrt{\frac{2}{3}}\frac{\varphi}{M_G}} - 1\right)$$

となるので，この関係を用いてポテンシャルから χ を消去すると

$$U[\varphi] = \frac{\lambda M_G^4}{4\xi^2} \left(1 - e^{-\sqrt{\frac{2}{3}}\frac{\varphi}{M_G}} \right)^2 \tag{6.28}$$

となり，関数形としてはスタロビンスキーモデルと同じ形になる．

6.6 宇宙の再加熱

　以上のスローロールインフレーションに共通しているのは，インフレーションが終わった後，スカラー場の振動のエネルギーが宇宙を支配するということである．たとえば，式 (6.12) のカオティックインフレーションでは，$|\phi| \lesssim M_{\rm Pl}/\sqrt{4\pi}$ になると，ϕ の変化率の方が宇宙膨張率より大きくなるため，ϕ は原点の周りを周期 $2\pi/m$ で激しく振動するようになる．こうした振動は ϕ の一様モードの凝縮と同様で，この振動は宇宙膨張で振幅を減じながら，崩壊して宇宙を加熱する．この振動の振幅が大きい初期は，ϕ と結合している場が大きな振動項を運動方程式に持つため，パラメータ共鳴によって多数の粒子が生成する．これをプリヒーティングという．しかしこれが効くのは場の振動の振幅が大きい間だけなので，再加熱の最終段階は摂動的な崩壊が支配的で，最終的には ϕ 粒子の崩壊率 Γ_ϕ で崩壊する．たとえば，湯川相互作用 $h\phi\bar{\psi}\psi$ で崩壊する場合，$\Gamma_\phi = \frac{h^2}{8\pi}m$ である．あとで述べる理由によって，$h \ll 1$ なので，$\Gamma_\phi \ll m$ を満たす．

　宇宙膨張率が Γ_ϕ に比べて大きい間は，式(6.7)に $\dot{\phi}$ を乗じることにより，

$$\frac{d}{dt}\left(\frac{1}{2}\dot{\phi}^2 + \frac{1}{2}m^2\phi^2 \right) = -3H\dot{\phi}^2 \tag{6.29}$$

が成り立つが，今考えている状況では $H \ll m$ により振動が宇宙膨張に比べて速いので，$\dot{\phi}^2$ を一周期平均 $\overline{\dot{\phi}^2}$ で置き換えてよく，さらにビリアル定理よりこの左辺の括弧の中は，$\rho_\phi = \overline{\dot{\phi}^2}$ となるので，

$$\frac{d\rho_\phi}{dt} = -3H\rho_\phi$$

となる．

　Γ_ϕ で表される崩壊による散逸も考慮すると，エネルギー密度の時間発展は，

$$\frac{d\rho_\phi}{dt} = -(3H + \Gamma_\phi)\rho_\phi \tag{6.30}$$

によって支配され，崩壊生成物が放射になるとすると

$$\frac{d\rho_r}{dt} = -4H\rho_r + \Gamma_\phi\rho_\phi \tag{6.31}$$

となる．

　この2式は連立して解けて，

$$\rho_\phi(t) = \rho_\phi(t_f) \left[\frac{a(t)}{a(t_f)}\right]^{-3} \exp[-\Gamma_\phi(t - t_f)] \tag{6.32}$$

$$\rho_r(t) = \Gamma_\phi \int_{t_f}^{t} \left[\frac{a(t)}{a(\tau)}\right]^{-4} \rho_\phi(\tau)d\tau \tag{6.33}$$

となる．

　これより，$t \simeq \Gamma_\phi^{-1}$ のときに放射優勢になることがわかり，このとき，

$$H = \left(\frac{8\pi}{3M_{\mathrm{Pl}}^2}\rho_r\right)^{1/2} = \left(\frac{8\pi}{3M_{\mathrm{Pl}}^2}\frac{\pi^2 g_*}{30}T_R^4\right)^{1/2} \simeq \frac{1}{2t} \simeq \frac{1}{2}\Gamma_\phi \quad \text{より}$$

$$T_R \simeq 0.1 \left(\frac{200}{g_*}\right)^{1/4}\sqrt{M_{\mathrm{Pl}}\Gamma_\phi} \simeq 10^{11}\left(\frac{200}{g_*}\right)^{1/4}\left(\frac{\Gamma_\phi}{10^5\,\mathrm{GeV}}\right)^{1/2}[\mathrm{GeV}] \tag{6.34}$$

となり，Γ_ϕ の平方根に比例する．

6.7　古典的量子ゆらぎの生成

　インフレーションを起こすスカラー場の量子的性質は，ドジッター時空

$$ds^2 = -dt^2 + e^{2Ht}d\boldsymbol{x}^2, \tag{6.35}$$

における実効質量がほぼゼロ[*3]のスカラー場 $\varphi(\boldsymbol{x}, t)$ の振る舞いと同様である．ドジッター時空ではこのような場は，

$$\langle\varphi(\boldsymbol{x}, t)^2\rangle = \left(\frac{H}{2\pi}\right)^2 Ht \tag{6.36}$$

というように，2乗期待値が時間に比例して増大することが知られている．

[*3] $|V''[\varphi]| \ll H^2$ という意味である．

スカラー場 $\varphi(\boldsymbol{x}, t)$ を

$$\varphi(\boldsymbol{x}, t) = \int \frac{d^3 k}{(2\pi)^{3/2}} \left(\hat{a}_{\boldsymbol{k}} \varphi_k(t) e^{i\boldsymbol{k}\cdot\boldsymbol{x}} + \hat{a}_{\boldsymbol{k}}^{\dagger} \varphi_k^*(t) e^{-i\boldsymbol{k}\cdot\boldsymbol{x}} \right) \tag{6.37}$$

$$\equiv \int \frac{d^3 k}{(2\pi)^{3/2}} \hat{\varphi}_{\boldsymbol{k}}(t) e^{i\boldsymbol{k}\cdot\boldsymbol{x}}$$

とモード分解する．$\varphi(\boldsymbol{x}, t)$ に共役な運動量は，$\pi(\boldsymbol{x}, t) = a^3(t)\dot{\varphi}(\boldsymbol{x}, t)$ で与えられるので，モード関数 $\varphi_k(t)$ を，規格化条件

$$\varphi_k(t)\dot{\varphi}_k^*(t) - \dot{\varphi}_k(t)\varphi_k^*(t) = \frac{i}{a^3(t)} \tag{6.38}$$

を満たすようにとれば，正準交換関係 $[\varphi(\boldsymbol{x}, t), \pi(\boldsymbol{x}', t)] = i\delta(\boldsymbol{x} - \boldsymbol{x}')$ は，$[\hat{a}_{\boldsymbol{k}}, \hat{a}_{\boldsymbol{k}'}^{\dagger}] = \delta(\boldsymbol{k} - \boldsymbol{k}')$ と同値になり，演算子 $\hat{a}_{\boldsymbol{k}}^{\dagger}$, $\hat{a}_{\boldsymbol{k}}$ は，通常の生成・消滅演算子の交換関係を満たす．

モード関数 $\varphi_k(t)$ は，ドジッター時空のクライン–ゴルドン方程式より，2 階の微分方程式

$$\left[\frac{d^2}{dt^2} + 3H\frac{d}{dt} + \frac{k^2}{e^{2Ht}} \right] \varphi_k(t) = 0 \tag{6.39}$$

を満たす．その解は，3/2 位のハンケル（Hankel）関数で表すことが可能であり，規格化条件（6.38）を満たす解は，

$$\varphi_k(t) = \sqrt{\frac{\pi}{4}} H(-\eta)^{3/2} H_{3/2}^{(1)}(-k\eta) = \frac{iH}{\sqrt{2k^3}}(1 + ik\eta)e^{-ik\eta} \tag{6.40}$$

となる．ここで，η は

$$\eta \equiv \int_{+\infty}^{t} \frac{dt}{a(t)} = \int_{+\infty}^{t} \frac{dt}{e^{Ht}} = -\frac{1}{He^{Ht}} \tag{6.41}$$

で定義される共形時間（conformal time）である．また，式（6.39）は，2 階微分方程式であるから，一般解は $H_{3/2}^{(1)}$, $H_{3/2}^{(2)}$ の線形結合で表されるが，宇宙膨張の無視できる波数無限大の極限でミンコフスキー時空での正振動数モードに一致するように，（6.40）の解を採用した．

この解において，$-k\eta = \dfrac{k}{Ha(t)}$ が波数とハッブルパラメータの比，すなわち波長とハッブル地平線の逆比に等しいことを用いると，$k \ll a(t)H$ の極限で

$$\varphi_k = \frac{iH}{\sqrt{2k^3}}(1 + ik\eta)e^{-ik\eta} = \frac{iH}{\sqrt{2k^3}}\left(1 - \frac{ik}{Ha}\right)e^{i\frac{k}{Ha}}$$
$$\longrightarrow \frac{iH}{\sqrt{2k^3}}\left[1 + O\left(\left(\frac{k}{Ha}\right)^2\right)\right]$$

となるので，波長がハッブル長より十分長くなると，$\varphi_k^*(t) = -\varphi_k(t)$ と等値でき，$\hat{\varphi}_k(t) = \varphi_k(t)(\hat{a}_k - \hat{a}_{-k}^\dagger)$ とみなせる．したがって，$\hat{\varphi}_k$ に共役な運動量は $\hat{\pi}_k(t) = a(t)^3\dot{\varphi}_k(t)(\hat{a}_k - \hat{a}_{-k}^\dagger)$ となり，$\hat{\varphi}_k$ と $\hat{\pi}_k$ は同じ演算子依存性を持つようになる．すなわち，減衰モードを無視できる状態では，$\hat{\varphi}_k$ と $\hat{\pi}_k$ は交換するので，宇宙膨張によって引き延ばされた長波長域では，量子ゆらぎは古典的な統計ゆらぎとして振る舞うのである．

さらに，モード関数の 2 乗は

$$|\varphi_k(t)|^2 = \frac{H^2}{2k^3}\left[1 + (k\eta)^2\right]$$
$$\longrightarrow \frac{H^2}{2k^3} \quad \left(\frac{k}{Ha(t)} \longrightarrow 0 \text{ のとき}\right) \tag{6.42}$$

と書け，波長がハッブル長より長いものについては，$|\varphi_k(t)|^2$ は一定値をとり，しかも k^{-3} に比例する．位相空間密度 $\dfrac{4\pi k^3}{(2\pi)^3}d\ln k$ をかけると，対数波数間隔ごとに定数になることがわかる．これは，このスカラー場がスケール不変なゆらぎを持つことを意味する．

なお，このモード関数の近似式を使うと，関係式 (6.36) は長波長（IR）と短波長（UV）に次のようにカットオフを入れることによって再現される．すなわち，

$$\langle\varphi(\boldsymbol{x},t)^2\rangle \simeq \int_H^{He^{Ht}} |\varphi_k(t)|^2 \frac{d^3k}{(2\pi)^3} = \left(\frac{H}{2\pi}\right)^2 Ht$$

となる．長波長側のカットオフ $k_{\min} = H$ はインフレーションの開始期にハッブル地平線を出たモードである．

2 乗期待値が t に比例するというこの関係式 (6.36) は，時間間隔 H^{-1}，1 ステップ $\pm H/(2\pi)$ のブラウン（Brown）運動と同じである．このように，ドジッター時空の質量ゼロで時空曲率と最小結合のスカラー場の量子的性質は，

宇宙膨張時間 H^{-1} ごとに，初期波長 H^{-1}，振幅 $\delta\varphi \sim H/(2\pi)$ のゆらぎが生成し，宇宙膨張によって引き伸ばされていく．

という描像でとらえることができる．

最後に，共形時間を使った計量 $ds^2 = a^2(\eta)(-d\eta^2 + d\boldsymbol{x}^2)$ における自由スカラー場の作用関数

$$S = \int \sqrt{-g}\, d^4x \left[-\frac{1}{2} g^{\mu\nu} \partial_\mu \phi \partial_\nu \phi - \frac{1}{2} m^2 \phi^2 \right]$$
$$= \frac{1}{2} \int d\eta\, d^3x \left\{ a^2 \left[\phi'^2 - (\nabla\phi)^2 \right] - a^4 m^2 \phi^2 \right\} \tag{6.43}$$

は，$\chi \equiv a\phi$ とスケール変換した変数により，

$$S = \frac{1}{2} \int d\eta\, d^3x \left[\chi'^2 - (\nabla\chi)^2 - \left(a^2 m^2 - \frac{a''}{a} \right) \chi^2 \right] \tag{6.44}$$

という形に表せるので，ミンコフスキー時空において時間に依存した質量を持つスカラー場と同等の作用に書き換えられることに注意しておこう．$'$ は η に関する微分であり，共形時間に関する部分積分を用いた．とくに，ドジッター時空 $a(\eta) = -1/(H\eta)$ において $m = 0$ とすると，χ のモード関数 χ_k の満たす方程式は，クライン-ゴルドン方程式より，

$$\chi_k'' + k^2 \chi_k - \frac{2}{(-\eta)^2} \chi_k = 0 \tag{6.45}$$

となり，規格化条件 $\chi'\chi^* - \chi\chi^{*'} = i$ を満たす解は

$$\chi_k(\eta) = \left(-\frac{\pi\eta}{4} \right)^{1/2} H_{3/2}^{(1)}(-k\eta) = \frac{\varphi_k(t)}{a(t)} \tag{6.46}$$

に一致することが確かめられる．

6.8 ゲージ不変線形摂動論

インフレーション中，このような量子ゆらぎを源として，計量のゆらぎが生じる．それを取り扱うために，しばらくの間計量の線形ゆらぎの理論について述べる．

インフレーションによって宇宙は一様・等方・平坦になるのであるから，摂動

を受ける背景時空としては,

$$ds^2 = -dt^2 + a(t)^2 d\boldsymbol{x}^2$$

という空間的に平坦なロバートソン–ウォーカー計量に限定して良い. その周り
の摂動入り計量は一般に,

$$ds^2 = -(1+2A)dt^2 - 2aB_j dt dx^j + a^2(\delta_{ij} + 2H_L \delta_{ij} + 2H_{Tij})dx^i dx^j$$

$$\mathrm{Tr}\ H_{Tij} = 0 \tag{6.47}$$

という形に書くことができる. 新たに現れた量はすべて時間と空間座標の関数で
ある. ローマ字の添え字 $i, j, \cdots$ は空間座標 $1, 2, 3$ をとるものとする.

さらに, B_j は

$$B_j = \partial_j B + \widetilde{B}_j, \quad \partial_j \widetilde{B}_j = 0$$

のように, 渦なしの部分と発散のない部分に分けて書くことができる. 渦なしの
部分は上式のようにスカラー関数 B のグラディエントで表される. さらに, ま
た, H_{Tij} は

$$H_{Tij} = \left(\partial_i \partial_j - \frac{\delta_{ij}}{3} \nabla^2 \right) H_T + \partial_i \widetilde{H}_{Tj} + \partial_j \widetilde{H}_{Ti} + H_{TTij}$$

$$\partial_j \widetilde{H}_{Tj} = 0, \quad \partial_j H_{TT}{}^k{}_j = 0, \quad H_{TT}{}^j{}_j = 0$$

と分解することができる. 最後の H_{TT} の添え字 TT は, 縦波トレースなし
(transverse-traceless) という意味で, 通常の線形解析の重力波に対応するモー
ドである. ∇^2 は 3 次元直交座標のラプラシアンである.

以上のように分解すると, 3 次元空間座標変換に対する変換性として, スカ
ラー量 (添え字のないもの), 空間ベクトル量 (添え字 1 個のもの), 空間テンソ
ル量 (H_{TTij} のみ), に分類できるが, これらは線形摂動の範囲では混ざり合う
ことはない.

密度ゆらぎや曲率ゆらぎはスカラー量であるから, これらのうち密度・曲率ゆ
らぎと関係するのはスカラー型摂動変数である A, B, H_L と H_T である. $\widetilde{B}_j$
や $\widetilde{H}_{Tj}$ はベクトル型摂動変数で, 宇宙膨張とともに減衰する解しか持たないこ
とが知られている. したがって, ここでは取り扱わない. また, 上述のように
H_{TTij} が重力波に対応するテンソル型摂動変数である. 線形摂動を考える限り,

これらは互いに孤立した方程式によって表される.

まず,密度ゆらぎに関係したスカラー摂動について考える. スカラー型摂動変数のみを取り入れた摂動入り計量は,

$$ds^2 = -(1 + 2AY)dt^2 - 2aBY_j dt dx^j$$
$$+ a^2(\delta_{ij} + 2H_L Y \delta_{ij} + 2H_T Y_{ij})dx^i dx^j \tag{6.48}$$

と表される. ここで,Y,Y_i,Y_{ij} は,

$$Y = Y_{\boldsymbol{k}} \equiv e^{i\boldsymbol{k}\cdot\boldsymbol{x}}, \quad Y_i \equiv -i\frac{k_i}{k}e^{i\boldsymbol{k}\cdot\boldsymbol{x}}$$
$$Y_{ij} \equiv \left(-\frac{k_i k_j}{k^2} + \frac{1}{3}\delta_{ij}\right)e^{i\boldsymbol{k}\cdot\boldsymbol{x}} \tag{6.49}$$

というスカラー調和関数である. ここで,摂動変数と Y の積は,たとえば,

$$AY = \sum_{\boldsymbol{k}} A_{\boldsymbol{k}} Y_{\boldsymbol{k}} = \int \frac{d^3 k}{(2\pi)^{3/2}} A_{\boldsymbol{k}} Y_{\boldsymbol{k}} \tag{6.50}$$

ということを表しており,スカラー場 ϕ のゆらぎ同様フーリエ空間($\boldsymbol{k}$-空間)で考えることにしたものである. すなわち,以下では,すべての摂動量 A,B,H_L,H_T は添え字 $\boldsymbol{k}$ を省略したフーリエ空間の量であると了解する(たとえば $A = A_{\boldsymbol{k}}(t)$). 各摂動量の意味をまとめると,次のようになる.

A:時間の経過のゆらぎ(ニュートンポテンシャル)
B:変位ベクトルのゆらぎ
H_L:空間体積のゆらぎ
H_T:空間の非等方性

ここでは,計量を一様等方なロバートソン–ウォーカー時空に摂動を入れた形で書いているが,実は非一様時空をこのような形で展開する方法は一意的ではない. そもそも,まず初めに一様等方なロバートソン–ウォーカー時空があって,その周りに線形摂動を取り入れる,というとらえ方自体が現実とは違うのである. すなわち,現実にあるのはつねに非一様・非等方な時空であり,そこに何らかの平均化をすることによって,背景としての一様・等方時空を定義し,その背景時空と現実の時空とのズレを摂動として扱う,というのが本来の順序である.

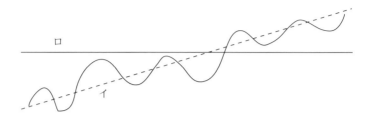

図 6.3　現実の宇宙と平均化した一様・等方時空.

図式的に述べると，現実の宇宙が図 6.3 の曲線のようなものであったとして，それを表象する一様・等方時空を破線イのように定義する立場もあれば，直線ロのように定義する立場もあるだろう．現実の宇宙は同じであっても，イの周りの摂動と見るか，ロの周りの摂動と見るかで，摂動変数は異なる形を呈することになる．一様・等方時空の定義の仕方，すなわち大域的な座標のとり方（ゲージ）分の不定性があるのである．これを摂動変数のゲージ依存性という．

x^μ 座標系（これを背景宇宙イを定義する座標系と考えよ）での摂動量 A, B, H_L, H_T に対して，少し違った座標系（これを背景宇宙ロを定義する座標系と考えよ）$\overline{x}^\mu$ 座標系で展開した摂動量 $\overline{A}, \overline{B}, \overline{H}_L, \overline{H}_T$ は異なる値，関数形を持つ．A, B, H_L, H_T と $\overline{A}, \overline{B}, \overline{H}_L, \overline{H}_T$ の間の関係式を具体的に求めよう．

二つの背景宇宙を定義する座標系 $x^\mu, \overline{x}^\mu$ が，

$$\overline{x}^0 = x^0 + \delta x^0 \equiv x^0 + TY$$
$$\overline{x}^i = x^i + \delta x^i \equiv x^i + LY^i \tag{6.51}$$

という微小変換で結びついているとする．ここで，δx^μ は x^μ の関数であり，スカラーゆらぎだけを考えているので，$T = T_k(t)$ と $L = L_k(t)$ だけで表せる．

摂動変数のある座標点における値は，その点での実際の値と，背景計量において同じ座標値の点で求めた背景値との差によって定義されるので，二つの異なるゲージの比較をする場合には，同じ座標値の点で見ないといけない．同じ座標値の点 x で見たとき，￣のついた座標系の計量 $\overline{g}_{\mu\nu}(x)$ は，もとの計量 $g_{\mu\nu}(x)$ と

$$\overline{g}_{\mu\nu}(x) = \frac{\partial x^{\alpha}}{\partial \overline{x}^{\mu}} \frac{\partial x^{\beta}}{\partial \overline{x}^{\nu}} g_{\alpha\beta}(x - \delta x) \tag{6.52}$$

$$= g_{\mu\nu}(x) - g_{\alpha\nu}(x)(\delta x^{\alpha})_{,\mu} - g_{\mu\beta}(x)(\delta x^{\beta})_{,\nu} - g_{\mu\nu,\lambda}(x)\delta x^{\lambda}$$

という関係で結びつく．ここで，コンマは偏微分（, μ は x^{μ} による偏微分）を表し，δx^{μ} は摂動の 1 次の量なので，その係数には一様等方時空の背景計量を用いればよいことに注意する．摂動量 A, B, H_L, H_T を用いて表せば，上式は

$$\overline{A} = A - \dot{T},$$

$$\overline{B} = B + a\dot{L} + \frac{k}{a}T,$$

$$\overline{H}_L = H_L - \frac{k}{3}L - HT, \tag{6.53}$$

$$\overline{H}_T = H_T + kL,$$

となる．

　線形摂動の範囲でバックグラウンドとしての一様・等方時空の座標のとり方に依らない量（このような量をゲージ不変量という）を，(6.53) 式の 4 式から T と L を消去することにより二つ作ることができる．たとえば，

$$\Phi_A \equiv A + \frac{a}{k}\dot{B} + \frac{\dot{a}}{k}B - \frac{a^2}{k^2}\left(\ddot{H}_T + 2\frac{\dot{a}}{a}\dot{H}_T\right) \tag{6.54}$$

$$\Phi_H \equiv H_L + \frac{1}{3}H_T + \frac{\dot{a}}{k}B - \frac{a\dot{a}}{k^2}\dot{H}_T \tag{6.55}$$

である．

　A はゆらぎのニュートン重力ポテンシャルであるから Φ_A は，ゲージ不変な重力ポテンシャルと考えてよい．また，

$$\mathcal{R} \equiv H_L + \frac{1}{3}H_T \tag{6.56}$$

は空間曲率ゆらぎを表すので，Φ_H はそれをゲージ不変にした摂動量である．

　ついでに，スカラー場のゆらぎを見ておく．スカラー場を

$$\phi(t, \boldsymbol{x}) = \phi(t) + \Delta\phi Y$$

のように一様等方時空部分 $\phi(t)$ と摂動項 $\Delta\phi Y$ に分けて表す．座標の取替えの前後のスカラー場は次のように関係する．

$$\overline{\phi}(t, \boldsymbol{x}) = \phi(t - TY, x^j - LY^j) = \phi(t - TY) + \Delta\phi Y$$

$$= \phi(t) - \dot{\phi}(t)TY + \Delta\phi Y$$

$$\therefore \ \overline{\Delta\phi} = \Delta\phi - \dot{\phi}T \ .$$

$\Delta\phi$ は既に 1 次の量なので，引数のずれは考慮する必要はない．したがって対応するゲージ不変な量は，

$$\delta\phi = \Delta\phi + \frac{a}{k}\left(B - \frac{a}{k}\dot{H}_T\right)\dot{\phi} \tag{6.57}$$

である．

6.9 縦波ゲージにおけるアインシュタイン方程式

実際の計量の計算を実行するに当たっては，このような一般的な計量から出発する必要はなく，非物理的なゲージモードが解に含まれないように注意すればよい．つまり，L と T の自由度が消えていれば良い．

たとえば，$H_T \equiv 0$ と強制することにより，L の自由度は固定され，それに関する不定性はなくなる．さらに $B \equiv 0$ とすれば T も決まる．このとき，残った摂動量は，式（6.54）と式（6.55）を逆向きに眺めると，$A \equiv \Phi_A$，$H_L \equiv \Phi_H$ となり，当然のことながら，ゲージ不変な量のみで書けていることがわかる．つまり，ゆらぎを入れた計量は，

$$ds^2 = -(1 + 2\Phi_A Y)dt^2 + a^2(1 + 2\Phi_H Y)d\boldsymbol{x}^2 \tag{6.58}$$

となる．これを，縦波ゲージ（longitudinal gauge）という．このとき，スカラー場のゆらぎも $\delta\phi = \Delta\phi$ となり素朴な摂動量と一致する．

ここで，完全流体 $T^{\mu\nu} = Pg^{\mu\nu} + (\rho + P)u^\mu u^\nu$ $(u^\mu u_\mu = -1)$ のスカラー型摂動も考える．ρ, P, u^μ が

$$\rho \longrightarrow \rho + \delta\rho Y, \quad P \longrightarrow P + \delta P Y,$$
$$u^\mu = (1, 0, 0, 0) \longrightarrow (1 - AY, vY^j/a), \tag{6.59}$$
$$u_\mu = (-1, 0, 0, 0) \longrightarrow (-1 - AY, avY_j),$$

と摂動を受けるとする．このとき，完全流体のエネルギー・運動量テンソルは，

$$\delta T^0{}_0 = -\rho\delta Y \tag{6.60}$$

$$\delta T^j{}_0 = -(\rho + P)\frac{v}{a}Y^j \tag{6.61}$$

$$\delta T^0{}_j = a(\rho + P)vY_j \tag{6.62}$$

$$\delta T^i{}_j = P(\pi_L\delta^i_j Y + \pi_T Y^i{}_j) \tag{6.63}$$

と摂動を受ける．ただし，$\delta \equiv \delta\rho/\rho$, $\pi_L \equiv \delta P/P$ であり，π_T は完全流体でない物質に対して現れ得る量を参考のため記したもので，非等方圧力ゆらぎを表す．

よって，完全流体のエネルギー・運動量テンソルの摂動は，δ, π_L, v で書ける．ここではスカラー型の摂動のみを考えているので，速度ゆらぎはスカラー量のグラディントで書け，その結果，v という一つのスカラー関数だけで特徴づけられることに注意されたい．物質の摂動変数も，縦波ゲージでは当然ゲージ不変な量で書けている．

摂動量の間のアインシュタイン方程式は次のように書かれる．

$$\delta G^\mu{}_\nu = 8\pi G\delta T^\mu{}_\nu. \tag{6.64}$$

ただし，

$$\delta G^0{}_0 = \left(6H^2\Phi_A - 6H\dot{\Phi}_H - 2\frac{k^2}{a^2}\Phi_H\right)Y \tag{6.65}$$

$$\delta G^j{}_0 = \left(-2\frac{kH}{a^2}\Phi_A + 2\frac{k}{a^2}\dot{\Phi}_H\right)Y^j \tag{6.66}$$

$$\delta G^0{}_j = (2kH\Phi_A - 2k\dot{\Phi}_H)Y_j \tag{6.67}$$

$$\delta G^i{}_j = \left[\left(2H^2 + 4\frac{\ddot{a}}{a}\right)\Phi_A + 2H\dot{\Phi}_A - \frac{2}{3}\frac{k^2}{a^2}\Phi_A - 6H\dot{\Phi}_H \right.$$
$$\left. -2\ddot{\Phi}_H - \frac{2}{3}\frac{k^2}{a^2}\Phi_H\right]\delta^i_j Y - \frac{k^2}{a^2}(\Phi_A + \Phi_H)Y^i{}_j \tag{6.68}$$

である．

6.10 ゆらぎの発展と保存量

図 6.1 で見たように，インフレーション中に作られた量子ゆらぎは，加速膨張によって引き伸ばされてすぐにハッブル地平線を超え，減速膨張になった後に地平線内に戻ってくる．第 3 巻 3 章で扱う構造形成論では，このゆらぎがハッブ

ル地平線に入ってきたときのパワースペクトルを初期条件として出発する．そこ
で，インフレーション時代に生成したゆらぎと後にハッブル地平線に入ってきた
ゆらぎの関係を求めることが重要になる．そのためにはゆらぎの波長がハッブル
地平線よりも長いときに保存する量があると便利である．ここではまず，摂動量
のアインシュタイン方程式を整理することから始め，そのような保存量を求める
ことにする．

まず，式 (6.60)，(6.62)，(6.65)，(6.67) より，

$$\delta G^0{}_0 - \frac{3H}{k^2}(\delta G^0{}_i)^{|i} = -2\frac{k^2}{a^2}\Phi_H Y \tag{6.69}$$

$$\delta T^0{}_0 - \frac{3H}{k^2}(\delta T^0{}_i)^{|i} = -\left[\rho\delta + 3(\rho + p)\frac{aH}{k}v\right]Y \equiv -\rho\Delta Y \tag{6.70}$$

を得る．ただし，| は空間計量に関する共変微分であり，

$$\Delta \equiv \delta + 3(1 + w)\frac{aH}{k}v \quad (w \equiv P/\rho) \tag{6.71}$$

と定めた．Δ は物質の静止系で密度ゆらぎに一致する．式(6.69)，(6.70)，(6.64)
より，

$$2\frac{k^2}{a^2}\Phi_H = 8\pi G\rho\Delta = 3H^2\Delta \tag{6.72}$$

を得る．また，(6.64) の ij 成分の式の $Y^i{}_j$ の項の比較により，

$$\Phi_H + \Phi_A = 0 \tag{6.73}$$

を得る[*4]．

これら 2 式から，ポアソン方程式

$$-\frac{k^2}{a^2}\Phi_A = 4\pi G\rho\Delta \iff \frac{\nabla^2}{a^2}\Phi_A = 4\pi G\rho\Delta \tag{6.74}$$

が得られる．

次に摂動量のエネルギー・運動量テンソルの保存則 $\delta T^\mu{}_{\nu;\mu} = 0$ から得られる
発展方程式を用いて，ゆらぎの波長がハッブル地平線より長いときに成り立つ保
存則を求めよう．$;\mu$ は x^μ による共変微分を表す．時間成分と空間成分から，

[*4] 非等方圧力ゆらぎ（anisotropic stress）π_T を 0 としていることによる．

$$\dot{\Delta} - 3Hw\Delta = -(1+w)\frac{k}{a}v \tag{6.75}$$

$$\dot{v} + Hv = \frac{1}{\rho + P}\frac{k}{a}(\delta P - c_s^2 \delta\rho + c_s^2 \rho\Delta) + \frac{k}{a}\Phi_A \tag{6.76}$$

という，連続の式およびオイラー方程式が得られる．

$$c_s^2 \equiv \frac{dP}{d\rho} = \frac{\dot{P}}{\dot{\rho}}, \tag{6.77}$$

は流体の音速の2乗である．式(6.72)を連続の式に用いると，

$$\dot{\Phi}_H + H\Phi_H = -4\pi G(\rho + P)\frac{a}{k}v = -\frac{3}{2}H^2(1+w)\frac{a}{k}v \equiv -\frac{3}{2}(1+w)H\Upsilon \tag{6.78}$$

を得る．これはアインシュタイン方程式の運動量拘束条件と同じである．ここで，

$$\Upsilon \equiv \frac{aH}{k}v \tag{6.79}$$

と定めた．Υ を用いてオイラー方程式を書き表すと，

$$\dot{\Upsilon} + \frac{3}{2}H(1+w)\Upsilon = -H\Phi_H + \frac{H}{1+w}(c_s^2\Delta + w\Gamma) \tag{6.80}$$

となる．ここで，$P\Gamma \equiv \delta P - c_s^2 \delta\rho$ であるが，1成分系では，$c_s^2 = \dot{P}/\dot{\rho} = \delta P/\delta\rho$ であるから，$\Gamma = 0$ となる．多成分系でも状態方程式が一様であればこの関係式が成り立ち，このようなゆらぎを断熱ゆらぎという．

スカラー場のエネルギーのゆらぎについては，$\Gamma = 0$ とはならないが，その代わり，

$$c_s^2\Delta + w\Gamma = \tilde{c}_s^2\Delta \tag{6.81}$$

という式が成り立つ．ここで，$\tilde{c}_s^2$ は正準スカラー場に対しては1をとり，ラグランジアンが $\mathcal{L} = K(X, \phi)$ で与えられる一般の場合には，

$$\tilde{c}_s^2 \equiv \frac{P_X}{\rho_X} = \frac{K_X}{K_X + 2XK_{XX}} \tag{6.82}$$

で与えられる．後で見るように，スカラー場の場合，流体に対する $c_s^2 = \dot{P}/\dot{\rho}$ ではなく，ここで定義した(6.82)がゆらぎの伝播速度を与える．

以下では必要に応じて c_s^2 を $\tilde{c}_s^2$ と読み替えることにして，断熱ゆらぎの場合を

考察することにする．すると，(6.78) 式と (6.80) 式の差をとることにより，

$$\frac{d}{dt}(\Phi_H - \Upsilon) = -\frac{H}{1+w}c_s^2 \Delta = -\frac{2c_s^2 H}{3(1+w)}\left(\frac{k}{aH}\right)^2 \Phi_H \tag{6.83}$$

が得られる．ただし，2 番目の等号において式(6.72) を用いた．

式(6.83)の右辺は $k \ll Ha$，すなわち，波長がハッブル長よりも長いとき，ほとんど 0 になる．よって，長波長域 $k \ll Ha$ では，$\Phi_H - \Upsilon$ は保存する．

Υ の定義より，

$$\Phi_H - \Upsilon = \mathcal{R} - \frac{aH}{k}v \equiv \mathcal{R}_c \tag{6.84}$$

であるから，以上で述べたことは，物質の静止系から見た曲率ゆらぎ，すなわち共動曲率ゆらぎ $\mathcal{R}_c$ は長波長域 $k \ll Ha$ では保存する，という物理的意味を持つ．

$\mathcal{R}_c = \Phi_H - \Upsilon$ を Φ_H のみで表すと，連続の式を用いて，

$$\Phi_H - \Upsilon = \Phi_H + \frac{2}{3(1+w)}(\Phi_H + H^{-1}\dot{\Phi}_H) \equiv \zeta \tag{6.85}$$

となる．ここで定義された ζ をバーディーン（Bardeen）の ζ と呼ぶ．ζ は $\mathcal{R}_c$ と本質的に同じものだから，断熱ゆらぎのもとではバーディーンの ζ は長波長域 $k \ll Ha$ で一定である．

この一定値を C_1 とおくと，長波長域 $k \ll Ha$ では，

$$\zeta = \Phi_H + \frac{2}{3(1+w)}(\Phi_H + H^{-1}\dot{\Phi}_H) = 一定 \equiv C_1 \tag{6.86}$$

が成り立つ．この式は，Φ_H に対する 1 階の微分方程式とみなすことができる．この微分方程式を積分すると，

$$\Phi_H = C_1 \left(1 - \frac{H}{a}\int^t a(t')dt'\right) \tag{6.87}$$

となる．実際，両辺を微分して，

$$\dot{\Phi}_H = C_1\left(-\frac{\dot{H}}{a} + \frac{H^2}{a}\right)\int^t a(t')dt' - C_1 H$$
$$= C_1\left[\frac{3}{2}H^2(1+w) + H^2\right]\frac{1}{a}\int^t a(t')dt' - C_1 H$$

$$= \frac{3}{2}H(1+w)C_1\frac{H}{a}\int^t a(t')dt' - C_1 H\left(1 - \frac{H}{a}\int^t a(t')dt'\right)$$

$$= \frac{3}{2}H(1+w)C_1\frac{H}{a}\int^t a(t')dt' - H\Phi_H$$

となるから，

$$\zeta = \Phi_H + \frac{2}{3(1+w)}(\Phi_H + H^{-1}\dot{\Phi}_H)$$

$$= C_1\left(1 - \frac{H}{a}\int^t a(t')dt'\right) + C_1\frac{H}{a}\int^t a(t')dt' = C_1$$

となる．すなわち，式 (6.87) で与えられる Φ_H は，$\zeta = C_1$ の解である．

　式 (6.87) の解に含まれる積分の下限は任意である．よって，この部分が減衰モードを与える．すなわち，

$$\text{成長断熱モード}\quad \Phi_H^{\text{grow}} = C_1\left(1 - \frac{H}{a}\int^t a(t')dt'\right) \tag{6.88}$$

$$\text{減衰モード}\quad \Phi_H^{\text{decay}} = \frac{H}{a}\times(\text{定数}) \tag{6.89}$$

となる．ここで得た断熱モードの表式は，状態方程式 $P = P(\rho)$ の形によらず正しい．特に，$w = P/\rho = $ 一定 のときには，$a(t) \propto t^{\frac{2}{3(w+1)}}$ となるので，漸近的に

$$\Phi_H = C_1\left[1 + \frac{2}{3(1+w)}\right]^{-1} \tag{6.90}$$

$$= \begin{cases} \frac{2}{3}C_1 & (\text{放射優勢期，}w = 1/3) \\ \frac{3}{5}C_1 & (\text{物質優勢期，}w = 0) \end{cases}$$

となる．放射優勢から物質優勢に遷移するときに，長波長域の Φ_H は $9/10$ 倍になる．

　数学的には，(6.88) と (6.89) は，アインシュタイン方程式の ij 成分から求められる曲率ゆらぎ Φ_H の 2 階微分方程式の，長波長極限での線形独立な 2 つの斉次解になっている．宇宙が多成分系からなり，各構成要素が独立にゆらいでいる場合，すなわち状態方程式が一様でなく，エントロピーゆらぎがある場合

は，この方程式は非斉次項を持つ．このような非斉次方程式の解で初期値ゼロを取るものを，ゆらぎの等曲率モードという．通常の単一場インフレーションモデルのように，ゆらぎを持つ成分が一種類しかない場合はこのような等曲率ゆらぎは生成しない．

6.11 インフレーション宇宙における曲率ゆらぎの生成

前節までに物質の静止系で見た共動曲率ゆらぎ $\mathcal{R}_c$ は波長がハッブル地平線より長いときに保存することを見た．したがって，インフレーション時代に生成する長波長の $\mathcal{R}_c$ を計算しておけば，後にその波長がハッブル地平線に戻ってきたときの振幅を予言できることになる．

そこでここでは，k-インフレーションの場合も含めて，一般の単一場インフレーションにおいて生成する曲率ゆらぎのスペクトルを作用関数

$$S = \int d^4 x \sqrt{-g} \left[\frac{M_G^2}{2} R + K(X, \phi) \right] \tag{6.91}$$

から出発して計算する．まず，平坦なロバートソン–ウォーカー計量のもとでの一様等方背景方程式は，

$$3M_G^2 H^2 = \rho = 2X K_X - K, \quad 2M_G^2 \dot{H} + 3M_G^2 H^2 = -P = -K \tag{6.92}$$

となる．スカラー場の運動方程式は，

$$\ddot{\phi} + 3H c_s^2 \dot{\phi} + \frac{K_{X\phi}}{K_X} c_s^2 \dot{\phi}^2 - \frac{K_\phi}{K_X} c_s^2 = 0 \tag{6.93}$$

と書ける．ここで，c_s は

$$c_s^2 \equiv \frac{P_X}{\rho_X} = \frac{K_X}{K_X + 2X K_{XX}} \tag{6.94}$$

によって定義される量で，(6.82) では $\tilde{c}_s^2$ と記したが，こちらの方がスカラー場優勢宇宙において曲率ゆらぎのしたがう音速なので，改めて c_s^2 と表すことにした．

ここでは曲率ゆらぎを表す変数の 2 次までの作用関数を求めたいのであるが，それには以下のように時間計量と空間計量が分離した形で表され，拘束条件を求めやすい (3 + 1) 形式の計量

$$ds^2 = -N^2 dt^2 + h_{ij}(dx^i + N^i dt)(dx^j + N^j dt), \quad h_{ij} \equiv a^2(t) e^{2\mathcal{R}} \delta_{ij} \tag{6.95}$$

を用いるのが便利である。この線素では $\overline{H}_T = H_T - kL = 0$ にとっていること
になるので，L の自由度は固定されている。さらに，$\overline{\Delta\phi} = \Delta\phi - \dot{\phi}T = 0$，つま
りスカラー場が一様になるような座標条件をとると，T も固定される。このよう
な条件の下では $\mathcal{R}$ は共動曲率ゆらぎ $\mathcal{R}_c$ は共動曲率ゆらぎと一致する。

そこで以下ではスカラー場はゆらがず $\Delta\phi = 0$ として，この計量で作用（6.91）
を書くと，

$$S = \frac{1}{2} \int d^4x \sqrt{h} N (M_G^2 R^{(3)} + 2K)$$
$$+ \frac{M_G^2}{2} \int d^4x \sqrt{h} N^{-1} (E_{ij}E^{ij} - E^2) + \cdots \qquad (6.96)$$
$$E_{ij} \equiv \frac{1}{2}(\dot{h}_{ij} - N_{i|j} - N_{j|i}), \quad E \equiv \mathrm{Tr}\, E \qquad (6.97)$$

となる。$\cdots$ で省略した項はすべて全微分の形で書けるので，運動方程式には効
かない。$R^{(3)}$ は時間一定面となる三次元空間のスカラー曲率であり，$|$ は h_{ij} に
関する共変微分である。

線形ゆらぎのスカラー型摂動に注目しているので，$N = 1 + \alpha$，$N_i = \partial_i \psi$ の
ように新たなスカラー摂動変数 α, ψ を導入する。作用（6.97）を N について
変分して得られるハミルトン拘束条件

$$R^{(3)} + 2\frac{K}{M_G^2} - 4X\frac{K_X}{M_G^2} - \frac{1}{N^2}(E_{ij}E^{ij} - E^2) = 0 \qquad (6.98)$$

から，

$$\frac{H}{a^2}\nabla^2\psi = -\frac{1}{a^2}\nabla^2\mathcal{R} + \Sigma\alpha, \quad M_G^2\Sigma \equiv XK_X + 2X^2K_{XX} \qquad (6.99)$$

という関係式が得られ，また作用を N^i について変分して得られる運動量拘束
条件

$$\left[\frac{1}{N}(E_i^j - E\delta_i^j)\right]_{|j} = 2H\alpha_{,i} - 2\dot{\mathcal{R}}_{,i} = 0 \qquad (6.100)$$

より $\alpha = \dot{\mathcal{R}}/H$ という関係が得られる。これらをもとの作用に代入すると，摂
動変数 $\mathcal{R}$ だけで書けた2次の作用

$$S_2 = M_G^2 \int dt d^3x\, a^3 \left[\frac{\Sigma}{H^2}\dot{\mathcal{R}}^2 - \varepsilon_H\frac{(\nabla\mathcal{R})^2}{a^2}\right], \quad \varepsilon_H \equiv -\frac{\dot{H}}{H^2} \qquad (6.101)$$

が得られる．いま，新しい変数 $z \equiv a(2\Sigma)^{1/2}/H = a(2\varepsilon_H)^{1/2}/c_s$, $v \equiv M_G z \mathcal{R}$ を導入し，さらに共形時間 η を用いると

$$S_2 = \frac{1}{2} \int d\eta d^3 x \left[v'^2 - c_s^2 (\nabla v)^2 + \frac{z''}{z} v^2 \right], \qquad (6.102)$$

という作用が得られる．これは式（6.44）と同様，時間に依存した質量項

$$\frac{z''}{z} = (aH)^2 \left[(2 - \varepsilon_H - s + \frac{\eta_H}{2})(1 - s + \frac{\eta_H}{2}) - \frac{\dot{s}}{H} + \frac{\dot{\eta}_H}{2H} \right]$$

$$\equiv (aH)^2 (2 + q), \qquad \eta_H \equiv \frac{\dot{\varepsilon}_H}{H\varepsilon_H}, \quad s \equiv \frac{\dot{c}_s}{Hc_s} \qquad (6.103)$$

をもった自由場と同じ形を持つので，音速の時間変化率が十分小さい場合は，通常の正準量子化が可能である．インフレーション中のゆらぎの生成を考えているので，宇宙膨張則はドジッター時空 $a = -1/(H\eta)$ のものを使うと，モード関数は，式（6.46）と同様にして，

$$v_k = \left(-\frac{\pi\eta}{4} \right)^{\frac{1}{2}} H_\nu^{(1)}(-kc_s\eta) \simeq \frac{1}{\sqrt{2kc_s}} \left(1 - \frac{i}{kc_s\eta} \right) e^{-ikc_s\eta},$$

$$\nu \equiv \frac{3}{2} \left(1 + \frac{4}{9}q \right)^{\frac{1}{2}} \simeq \frac{3}{2} \qquad (6.104)$$

で与えられることがわかる．ドジッター時空における質量ゼロの場の量子論で見たように，これは長波長域で一定値に近づく．

したがって，インフレーション中に生成する曲率ゆらぎの位相空間密度を乗じたパワースペクトルを求めると，$\mathcal{R}_k$ を共動曲率ゆらぎのモード関数として，

$$\mathcal{P}_\mathcal{R}(k) \equiv \frac{4\pi k^3}{(2\pi)^3} |\mathcal{R}_k|^2 = \frac{4\pi k^3}{(2\pi)^3} \left| \frac{v_k}{M_G z} \right|^2 = \frac{H^2}{8\pi^2 M_G^2 c_s \varepsilon_H} \qquad (6.105)$$

となる．ここで，各変数は緩やかな時間依存性を持つはずであるが，これらは k モードが音地平線を出たとき，すなわち $|kc_s\eta| = 1$ が満たされたときの値をとるものとする．この表式を用いると，曲率ゆらぎのスペクトル指数は

$$n_s - 1 \equiv \frac{d \ln \mathcal{P}_\mathcal{R}(k)}{d \ln k} = -2\varepsilon_H - \eta_H - s \qquad (6.106)$$

によって与えられることがわかる．

スカラー場が正準運動項を持つ場合は，$c_s = 1$ であり，$\varepsilon_H = \dot{\phi}^2/(2M_G^2 H^2)$

と表せるので，

$$\mathcal{P}_\mathcal{R}(k) = \left(\frac{H^2}{2\pi\dot\phi}\right)^2 = \left(H\frac{\delta\varphi}{\dot\phi}\right)^2 \tag{6.107}$$

と書ける．ただし，$\delta\varphi = H/(2\pi)$ は 6.7 節で求めたスカラー場の量子ゆらぎの振幅である（203 ページ参照）．この式は，曲率ゆらぎが直観的にはスケール因子の局所的なゆらぎ

$$\frac{\delta a}{a} = \delta N = H\delta t = H\frac{\delta\varphi}{\dot\phi}$$

を表すことから容易に理解できる．ここで $N \equiv \ln a$ であり，最後の等式はインフレーション中の宇宙の進化はスカラー場の一様成分が支配し，これが時計の役割を果たしていることによる．適切なゲージを取ればこの δN は長波長曲率ゆらぎの正しい表式を与えるので，これは δN 形式として利用されている．

　正準スカラー場によるスローロールインフレーションでは，スローロール方程式（6.9）〜（6.11）より，$\varepsilon_H = \varepsilon_V$ および $\eta_H = -2\eta_V + 4\varepsilon_V$ が成り立つので，

$$n_s - 1 = -6\varepsilon_V + 2\eta_V \tag{6.108}$$

と書けることがわかる．また，ランニングと呼ばれる，スペクトル指数のスケール依存性は，

$$\frac{dn_s}{d\ln k} = 16\varepsilon_V\eta_V - 24\varepsilon_V^2 - 2\xi_V, \quad \xi_V \equiv M_G^4 \frac{V'(\phi)V'''(\phi)}{V^2(\phi)}, \tag{6.109}$$

と表すことができる．

6.12　テンソルゆらぎ

　次にインフレーション中に量子的な重力波として生成されるテンソルゆらぎについて考えよう．まず，ミンコフスキー時空の周りの摂動を考えることにし，摂動変数 $h_{\mu\nu}$ を $g_{\mu\nu} = \eta_{\mu\nu} + h_{\mu\nu}$ によって導入する．$h_{\mu\nu}$ の添え字の上げ下げはミンコフスキーテンソルで行うものとする．前節と同様に摂動変数の 2 次の作用を求めることが目的なので，$g^{\mu\nu} = \eta^{\mu\nu} - h^{\mu\nu} + h^{\mu\alpha}h_\alpha^\nu$ までとれば十分である．縦波トレースレスゲージをとると，$h_{00} = h_{0i} = 0$, $h_\alpha^\alpha = h_i^i = 0$, $h_{ij}^j = 0$

となるので，リッチスカラーは

$$R = h^{ij}h_{ij,\mu}^{,\mu} + \frac{3}{4}h^{ij,\mu}h_{ij,\mu} - \frac{1}{2}h^{ij,l}h_{jl,i}$$

と書ける．ギリシャ文字は 0 から 3，ローマ字は 1 から 3 の添え字を走るものとする．実際にほしいのは宇宙論的背景時空での重力波ゆらぎ

$$ds^2 = a^2(\eta)\left[-d\eta^2 + (\delta_{ij} + h_{ij})dx^i dx^j\right] \equiv \tilde{g}_{\mu\nu}dx^\mu dx^\nu$$

であるが，それを求めるには，共形変換 $\tilde{g}_{\mu\nu} = \Omega^2 g_{\mu\nu}$ を行ったとき，新しい計量 $\tilde{g}_{\mu\nu}$ でのリッチテンソルが

$$\tilde{R}_{\mu\nu} = R_{\mu\nu} - 2(\ln\Omega)_{;\mu\nu} - g_{\mu\nu}g^{\sigma\tau}(\ln\Omega)_{;\tau\sigma}$$
$$+ 2(\ln\Omega)_{;\mu}(\ln\Omega)_{;\nu} - g_{\mu\nu}g^{\sigma\tau}(\ln\Omega)_{;\sigma}(\ln\Omega)_{;\tau} \tag{6.110}$$

と書けることを利用する．そして，$\Omega = a(\eta)$ とおき，新しい計量でのリッチスカラーが，摂動の 2 次までで

$$\tilde{R} = a^{-2}\left(R + 6\frac{a''}{a} - 3\frac{a'}{a}h^{ij}h_{ij}'\right) \tag{6.111}$$

と書けることを用いればよい．

　今興味があるのは，インフレーション中に生成する量子的重力波なので，インフレーションが実効的な宇宙項 Λ によって起こるとして，ドジッター時空の周りの摂動の 2 次の作用を求めると，

$$S_2 = \frac{M_G^2}{2}\int(\tilde{R} - 2\Lambda)\sqrt{-\tilde{g}}d^4x\Big|_{2\text{次}}$$
$$= \frac{M_G^2}{8}\int d\eta d^3x a^2(h_j^{i'}h_i^{j'} - h_{j,l}^i h_i^{j,l}) \tag{6.112}$$

と，自由スカラー場と同じ形の作用で書けることがわかる．ここで，ドジッター時空での背景場の方程式から得られる，$\Lambda a^4 = 2aa'' - a'^2$ という関係式を用いた．

　曲率ゆらぎのときと同じように新しい変数を，今度は，$z_T \equiv a/2, u_{ij} \equiv M_G z_T h_{ij}$ のように導入すると，上の作用は

$$S_T = \frac{1}{2}\int d\eta d^3x\left[u_{ij}'^2 - (\nabla u_{ij})^2 + \frac{a''}{a}u_{ij}^2\right] \tag{6.113}$$

と書き換えられ，式（6.44）と同じ形をしていることがわかる．ドジッター時空

なら $\varepsilon_H = 0$ で $a = -1/(H\eta)$ と表されるが，$\varepsilon_H \neq 0$ の場合は，任意の時刻 η_* の付近でそのときのハッブルパラメータ H_* を用いて近似的に

$$a = -\frac{1}{H_*\eta_*}\frac{1}{1-\varepsilon_H}\left(\frac{-\eta}{-\eta_*}\right)^{1/2-\nu_T}, \quad \nu_T = \frac{3}{2}\frac{1-\varepsilon_H/3}{1-\varepsilon_H}$$

と展開することができるので，正しく規格化されたモード関数は

$$u_{ij}^A = \left(-\frac{\pi\eta}{4}\right)^{1/2} H_{\nu_T}^{(1)}(-k\eta)e_{ij}^A(\boldsymbol{k}), \quad A = +, \times \tag{6.114}$$

となる．$e_{ij}^A(\boldsymbol{k})$ は偏極テンソルであり，$\langle e_{ij}^A(\boldsymbol{k})e^{*ijB}(\boldsymbol{k})\rangle = \delta^{AB}$ を満たすものとする．

したがって，長波長域でのテンソルゆらぎのパワースペクトルは

$$\mathcal{P}_T(k) \equiv \frac{4\pi k^3}{(2\pi)^3}h_{ij}h^{*ij} = \frac{4\pi k^3}{(2\pi)^3}\frac{u_{ij}^A u^{*ijA}}{M_G^2 z_T^2} = \frac{2H^2}{\pi^2 M_G^2} \tag{6.115}$$

となる．また，スペクトル指数は，

$$n_t \equiv \frac{d\ln\mathcal{P}_T(k)}{d\ln k} = -2\varepsilon_H \tag{6.116}$$

という簡単な形で書ける．

この量と曲率ゆらぎの比

$$r \equiv \frac{\mathcal{P}_T(k)}{\mathcal{P}_{\mathcal{R}}(k)} = 16c_s\varepsilon_H = -8c_s n_t \tag{6.117}$$

はテンソル・スカラー比と呼ばれ，インフレーションのエネルギースケールを表す．またこの等式は整合性関係と呼ばれる．

6.13 インフレーション宇宙論と観測

2003 年に米国の CMB 探査機 WMAP がその解析結果を発表して以来，観測的宇宙論は精細化の時代を迎え，インフレーション理論のさまざまな予言を観測によって検討することが可能になってきた．WMAP は CMB の温度非等方性の角度パワースペクトルをかなり精度良く決定するとともに，偏光の E モード（発散型のモード）のデータも得た．そして，こうした観測データに基づいてマルコフチェインモンテカルロ法によって宇宙論的パラメータや初期ゆらぎの振

幅・パワースペクトルのべき指数などをフィッティングパラメータとして決定する，という手法がとられている．その結果，さまざまなパラメータの値が誤差まで含めて精度良く推定できるようになった．ただし，理論やモデルとしてどのようなものを採用するかによって，それとは直接関係のないパラメータの中心値や誤差が変化してしまうことがしばしばあることに注意しなければならない．

　観測結果は全体として，単一場インフレーション理論の予言するほぼスケール不変なスペクトルを持つ断熱ゆらぎを初期条件とし，空間的に平坦な宇宙項入り冷たいダークマター（ΛCDM）モデルを仮定して時間発展させて得られる値ときわめて良い一致を示している．とくに温度非等方性と E モード偏光が大角度スケールで負の相関を示したことは，超ハッブルスケールの長波長ゆらぎが宇宙初期に生成したことを示すものであり，インフレーション宇宙論を支持する大きな証拠といえる．したがって，このようなパラダイムのもとでモデルのさまざまなパラメータを上述の方法で推定することが意味を持つようになった．その後欧州の CMB 探査機 Planck がさらに分解能のよい観測を行い，温度ゆらぎと偏光ゆらぎのより精細な観測データを得ている．基本的な結論は WMAP と同様であるが，宇宙論的パラメタの推算値は少しずつ変化している．

　インフレーション宇宙論に関係した諸量として，まず宇宙の空間曲率については，宇宙項と冷たいダークマター（ΛCDM）を持つモデルのもとで，空間曲率の符号と値を仮定せずに行った計算によると，

$$-0.023 < \Omega_{K0} \equiv -\frac{K}{a_0^2 H_0^2} < 0.003 \quad （95\% \text{ の信頼水準）},$$

という値が得られ，式（6.5）と整合的である．これは，観測データとしては Planck の 2018 年発表（Planck2018）のデータのみを用いた結果である．これにバリオン音響振動の観測を同時に取り入れると

$$\Omega_{K0} = 0.0007 \pm 0.0037 \quad （95\% \text{ の信頼水準）},$$

と推定精度が向上し，現在の宇宙が高い精度で空間的に平坦であると見なしてよいことがわかる．

　これ以降は，空間的に平坦な標準 ΛCDM モデルのもとでの計算結果として，Planck2018 の観測データの下では，初期曲率ゆらぎの振幅とスペクトル指数が，

$$\mathcal{P}_{\mathcal{R}}(k_0) = (2.100 \pm 0.030) \times 10^{-9}, \quad n_s = 0.9649 \pm 0.0042 \quad (68\% \text{ の信頼水準})$$

と求まり，バリオン音響振動のデータも取り入れると，

$$\mathcal{P}_{\mathcal{R}}(k_0) = (2.105 \pm 0.030) \times 10^{-9}, \quad n_s = 0.9665 \pm 0.0038 \quad (68\% \text{ の信頼水準})$$

という値が報告されている．いずれも基準となる波数を $k_0 = 0.05\,\mathrm{Mpc}^{-1}$ に取っている．しかし，スペクトル指数のスケール依存性まで許すと，この値は若干変わり，Planck2018 のデータのみを用いた結果では，スペクトル指数とそのスケール依存性は

$$n_s = 0.9641 \pm 0.0044, \quad \frac{dn_s}{d\ln k} = -0.0045 \pm 0.0067,$$

バリオン音響振動の観測も取り入れると，

$$n_s = 0.9659 \pm 0.0040, \quad \frac{dn_s}{d\ln k} = -0.0041 \pm 0.0067,$$

となる．基準とする波数と信頼水準は上と同じである．

　一方，テンソル・スカラー比 r については，B モード偏光（回転型のモード）による原始テンソルゆらぎの測定は大角度成分で行われ，また温度ゆらぎや E モード偏光への影響も大角度成分に現れるため，基準とする波数を $k_0 = 0.002\,\mathrm{Mpc}^{-1}$ に取って表す．べき乗型のパワースペクトルを持つ曲率ゆらぎを仮定し，Planck2018 のデータのみを用いた場合の解析では，95% の信頼水準で $r < 0.10$ という上限が得られている．地上観測機である BICEP2 と Keck Array の測定値とバリオン音響振動のデータも取り入れると，上限は $r < 0.065$ 程度まで厳しくなる．テンソル・スカラー比の分母は上のように正確に測定されたので，r はもっぱらテンソルゆらぎの振幅 (6.115) すなわちインフレーション中のハッブルパラメータの値に対する情報を含み，両者の関係は，式 (6.2) によって与えられる．このように，インフレーション由来の原始テンソルゆらぎの振幅が測定できれば，いつインフレーションが起こったかを特定できることになる．それに加えて，我が国の DECIGO（0.1 Hz 帯干渉計型重力波天文台）計画（口絵 2 参照）などスペースレーザー干渉計によって，原始テンソルゆらぎを直接重力波として観測できれば，そのスペクトルの形状から再加熱時期の宇宙の状態方程式を推定することができる．これによってビッグバンがいつ起こったかを知ることができると期待される．

6.14 観測によるモデルの峻別

最後に 6.5 節で見たいくつかのインフレーションモデルについて，上述の観測量との比較をしておくとともに，これら以外のモデルと峻別する方法として，ゆらぎの非ガウス性について簡単に述べておこう．

6.14.1 大振幅場モデル

まず，ポテンシャル $V[\phi] = \dfrac{1}{2} m^2 \phi^2$ によって実現するカォティックインフレーションについては，式 (6.15) より，場の値が ϕ_N であったときからインフレーションが終了するまでに宇宙が膨張した e-fold 数 N が

$$N \simeq \frac{1}{4} \left(\frac{\phi_N}{M_G} \right)^2$$

で与えられることから，スローロールパラメータは

$$\varepsilon_V = \eta_V = 2 \left(\frac{M_G}{\phi_N} \right)^2 = \frac{1}{2N}, \quad \xi_V = 0$$

で与えられる．よって曲率ゆらぎの振幅は

$$\mathcal{P}_{\mathcal{R}}(k) = \frac{1}{6\pi^2} \left(\frac{mN}{M_G} \right)^2$$

となる．仮に $N = 55$ として観測値と比較すると，まずゆらぎの振幅からスカラー場の質量として，$m = 1.6 \times 10^{13}\,\mathrm{GeV}$ という値が得られる．また，ポテンシャルの自己結合項 $\dfrac{\lambda}{4}\phi^4$ に対する制限として，$\lambda \lesssim 8 \times 10^{-13}$ というきわめて小さな値が得られる．他の場との結合定数も，量子補正によって過大な自己結合定数を誘引しないため，たとえば，再加熱の項で仮定した湯川結合定数 h は $h \lesssim 10^{-3}$ を満たすことが要請される．すると，このインフレーションを起こすスカラー場の崩壊率は，$\Gamma_\phi = \dfrac{h^2}{8\pi} m \lesssim 6 \times 10^5\,\mathrm{GeV}$ という値で抑えられることになる．

一方スペクトル指数とそのスケール依存性は，やはり $N = 55$ とすると

$$n_s = 1 - \frac{2}{N} = 0.964, \quad \frac{dn_s}{d\ln k} = -\frac{2}{N^2} = -6.6 \times 10^{-4},$$

となり，観測結果と良い一致を見せている．しかしながら，テンソル・スカラー比は $r = 16\varepsilon_V = \dfrac{8}{N} = 0.15$ となり，Planck の得た上限と整合しない結果となってしまった．

6.14.2 小振幅場モデル

次に二重井戸型ポテンシャル（6.16）の原点付近で起こる小振幅場モデルについて考える．$V[\phi] = \dfrac{\lambda}{4}(\phi^2 - v^2)^2$ より，スローロールパラメータは

$$\varepsilon_V = \frac{8M_G^2\phi^2}{(\phi^2 - v^2)^2}, \quad \eta_V = \frac{4M_G^2(3\phi^2 - v^2)}{(\phi^2 - v^2)^2}, \quad \xi_V = \frac{96M_G^4\phi^2}{(\phi^2 - v^2)^3},$$

で与えられる．インフレーションは加速膨張から減速膨張に転じる $\varepsilon_H = \varepsilon_V = 1$ になったときに終了するので，そのときの場の値 ϕ_f は，

$$\phi_f^2 = v^2 + 4M_G^2 - \sqrt{16M_G^2 + 8M_G^2 v^2} \simeq (\gamma^2 - 2\sqrt{2}\gamma)M_G^2$$

で与えられる．ただし，$v \equiv \gamma M_G$ とし，最後の式は γ が 10 程度およびそれより大きい場合に成り立つ近似式である．$\phi = \phi_N$ から ϕ_f までの e-fold 数を N とすると，

$$N = \int_{\phi_N}^{\phi_f} H\frac{d\phi}{\dot{\phi}} = \frac{\gamma^2}{4}\ln\frac{\phi_f}{\phi_N} - \frac{1}{8M_G^2}(\phi_f^2 - \phi_N^2) \simeq \frac{\gamma^2}{4}\left(\ln\frac{\phi_f}{\phi_N} - \frac{1}{2}\right)$$

となる．最後の近似式は γ が 10 から 20 程度で成り立つ．

曲率ゆらぎの振幅は

$$\mathcal{P}_\mathcal{R}(k_0) = \frac{\lambda(\phi_N^2 - v^2)^4}{768\pi^2 M_G^6 \phi_N^2} \simeq \frac{\lambda\gamma^8}{768\pi^2}\left(\frac{M_G}{\phi_N}\right)^2$$
$$\simeq \frac{\lambda\gamma^8}{768\pi^2(\gamma - \sqrt{2})^2}\exp\left(\frac{8N}{\gamma^2} + 1\right)$$

と書ける．2 番目の近似式では $\phi_N \ll v$，3 番目の近似式では $\phi_f \simeq (\gamma - \sqrt{2})M_G$ となることを用いた．またスペクトル指数とそのスケール依存性は，

$$n_s - 1 = -\frac{8(3\phi_N^2 + v^2)M_G^2}{(\phi_N^2 - v^2)^2} \simeq -\frac{8}{\gamma^2},$$

$$\frac{dn_s}{d\ln k} = -\frac{(320v^2\phi_N^2 + 192\phi_N^4)M_G^4}{(\phi_N^2 - v^2)^4} \simeq -\frac{320}{\gamma^6}\left(\frac{\phi_N}{M_G}\right)^2,$$

と表される．たとえば $\gamma = 15$, $N = 55$ と取ると，ゆらぎの振幅から $\lambda \simeq 7 \times 10^{-14}$ という小さな値が得られ，やはりこのスカラー場も他の場と弱い結合しか許されない．このとき，$n_s = 0.964$ となるが，そのスケール依存性はきわめて小さな値を取る．

6.14.3 重力理論を拡張したモデル

スタロビンスキーモデルもヒッグスインフレーションも，アインシュタイン理論でのスカラー場モデルとしては，インフレーション中のポテンシャルは同じ形をしているので，ゆらぎに関しては同等の予言をする．曲率ゆらぎのスペクトル指数とテンソル・スカラー比はそれぞれ

$$n_s - 1 \cong -\frac{2}{N}, \qquad r \cong \frac{12}{N^2}, \tag{6.118}$$

と近似的に表すことができる．N はここでも基準となるスケール $k_0 = 0.002\,\mathrm{Mpc}^{-1}$ がインフレーション中にハッブル地平線をでてからインフレーションが終わるまでの宇宙膨張の e-fold 数である．この値は標準的な宇宙の熱史の下では，再加熱温度によって決まる．スタロビンスキーモデルの場合，再加熱温度が $3 \times 10^9\,\mathrm{GeV}$ 程度の低い値を取るので，$N = 54$，ヒッグスインフレーションは $6 \times 10^{13}\,\mathrm{GeV}$ 程度まで上がるので，$N = 58$ 程度となる．これらの値を (6.118) に用いると，$n_s = 0.965 \sim 0.967$, $r = 0.0032 \sim 0.0036$ 程度となり，いずれも Planck2018 の推定値ときわめてよく一致している．

また，温度ゆらぎの振幅から，スタロビンスキーモデルのパラメタ β の値は，$\beta \cong 5.9 \times 10^9$ という大きな値を取ることがわかる．これはスカラロンの質量が $M \cong 1.3 \times 10^{-5}M_G = 3 \times 10^{13}\,\mathrm{GeV}$ となることを意味する．一方，ヒッグスインフレーションのパラメタは

$$\xi = \left(\frac{\lambda\beta}{3}\right)^{1/2} = 4.3 \times 10^3 \left(\frac{\lambda}{0.01}\right)^{1/2}$$

と測定される．このように，いずれも 1 よりはるかに大きな無次元のパラメタを含むことが特徴であり，その素粒子論的な起源に興味が持たれるところである．

6.14.4 非正準モデルと複数場モデル

k-インフレーションや場の方程式が2階微分方程式となる最も一般的な単一場インフレーションモデルであるGインフレーションのように,非正準運動項を持ち,インフレーション中も場の進化が激しいモデルと,上述のようなスローロールインフレーションモデルを峻別する指標となる量に,曲率ゆらぎの統計分布のガウス分布からのズレ,すなわち非ガウス性がある.スローロールインフレーションでは,上述のようにインフラトンはごく弱い自己結合しか持たず,自由場として振る舞うため,その真空のゆらぎから生成する曲率ゆらぎはガウス分布に従うからである.また,インフレーション中に小さな実効質量しか持たず,長波長量子ゆらぎを得る場がインフラトン以外にもあるような複数場モデルの場合[*5]も,大きな非ガウス性が実現し得るので,もし大きな非ガウス性が見つかった場合には,非正準モデルか複数場モデル等の拡張を考えなければならなくなる.

曲率ゆらぎの非ガウス性の研究における最も単純なモデルは,各点での曲率ゆらぎが

$$\Phi_H(x) = \Phi_H^{\text{Gauß}}(x) + f_{NL}^{\text{local}} [(\Phi_H^{\text{Gauß}}(x))^2 - \langle (\Phi_H^{\text{Gauß}}(x))^2 \rangle] \qquad (6.119)$$

と表される局所型モデルである.$\Phi_H^{\text{Gauß}}(x)$ はガウス分布に従う統計変数であり,f_{NL}^{local} は局所型の非ガウス性の大きさを表す.共動曲率ゆらぎの三点相関から構成されるバイスペクトルを

$$\langle \mathcal{R}_{\boldsymbol{k}_1} \mathcal{R}_{\boldsymbol{k}_2} \mathcal{R}_{\boldsymbol{k}_3} \rangle \equiv (2\pi)^3 \delta^3(\boldsymbol{k}_1 + \boldsymbol{k}_2 + \boldsymbol{k}_3) \mathcal{P}_{\mathcal{R}}^2 F(k_1, k_2, k_3) \qquad (6.120)$$

と表すと,形状関数 $F(k_1, k_2, k_3)$ は,このモデルでは

$$F(k_1, k_2, k_3) = \frac{3}{10} f_{NL}^{\text{local}} \frac{k_1^3 + k_2^3 + k_3^3}{k_1^3 k_2^3 k_3^3} \qquad (6.121)$$

と表される.ただし,パワースペクトルはスケール不変であると近似し,式(6.90)を用いた.この局所型モデルでは,位置空間における統計分布がその点の情報だけで書けているので,これをフーリエ空間で見ると,すべての波数への

[*5] 6.10節の末尾に述べたように,インフラトン以外に,それと独立なゆらぎを持つ成分があると,断熱ゆらぎのほか,等曲率ゆらぎも生成し得る.しかし,等曲率ゆらぎの振幅はすでに観測によって制限され,宇宙構造の起源の主要部分にはなり得ないので,このような成分は初期宇宙において放射などの主要構成要素に崩壊し,断熱ゆらぎに転化しなければならない.これをカーバトン機構という.

依存性を持つことになる．とくに，$k_3 \longrightarrow 0$，したがって $\boldsymbol{k}_2 \longrightarrow -\boldsymbol{k}_1$ の極限を取ると，形状関数は k_3^{-3} に比例した振る舞いを示す．これは長波長モードと短波長モードの相互作用を示すものであるが，単一場インフレーションモデルでは長波長モードは一様部分に繰り込めるので，このような相互作用に起因する非ガウス性は，曲率ゆらぎのスペクトルのスケール不変性からのズレ，すなわちスローロールパラメータの程度でしか現れない．したがって，もし仮にこのような局所型の非ガウス性が大きな値を取ることが見つかったら，単純な単一場インフレーションモデルは棄却されることになる．

　一方，k-インフレーションや G インフレーションのように非正準高階運動項を含むモデルでは，特に音速が小さい場合，実効的な自己相互作用が強くなり，大きな非ガウス性を持ち得る．その場合の形状関数は上の局所型の場合と大きく異なり，3 つの波数が同程度の場合の寄与が顕著になる．とくに，$k_3 \longrightarrow 0$，$\boldsymbol{k}_2 \longrightarrow -\boldsymbol{k}_1$ の極限を取った場合の振る舞いは一般に k_3^{-1} に比例した程度となる．そのような性質を持ち，CMB の角度バイスペクトルの計算のしやすい簡単化したモデルとして，次のような形状関数を持つ正三角形型モデル

$$F(k_1, k_2, k_3) = \frac{9}{10} f_{NL}^{\mathrm{equil}} \frac{(-k_1 + k_2 + k_3)(k_1 - k_2 + k_3)(k_1 + k_2 - k_3)}{k_1^3 k_2^3 k_3^3}$$

$$(6.122)$$

もしばしば考えられている．ここで f_{NL}^{equil} は波数空間において正三角形型となる非ガウス性の大きさを表す．

　Planck2018 のデータによるこれらのパラメータへの制限は，

$$f_{NL}^{\mathrm{local}} = -0.9 \pm 5.1, \qquad f_{NL}^{\mathrm{equil}} = -26 \pm 47, \qquad （68\% \text{ の信頼水準）}$$

となっており，いずれも有意な値は得られていない．ただしここで挙げた制限は，式（6.121）や式（6.122）のようなスケール不変スペクトルに対して定義した f_{NL} ではなく，スペクトル指数の 1 からのズレも正しく考慮して定義した f_{NL} に対するものである．

第 7 章

量子重力と量子宇宙論

7.1　特異点定理と量子重力の必要性

　ビッグバン宇宙は宇宙に始まりが存在したことを予言する．2.2 節でみたように，一様等方宇宙では $\rho c^2 + 3P \geqq 0$（ρ は質量密度，P は圧力）を満足する限り，過去に向かって有限の時間でスケール因子 $a(t)$ がゼロとなる．そこではエネルギー密度や曲率が発散し，古典的な物理法則が成り立たない領域と考えられる．また，特異点定理によって，一様等方宇宙に限らず非一様非等方な現実的な宇宙においても，時空にはじまりが存在したことが示された．重力が引力であるということがその定理の証明の本質である．宇宙創成に量子重力を積極的に考慮する理由の一つに，特異点定理から得られたこの結果があげられるため，その概観を見ておくことは意義深い．

　宇宙膨張を遡る過去向きの測地線の束を考えてみる（図 7.1 参照）．測地線の束の微小面積要素 δA の変化率を $\theta = (\delta A)\dot{}/\delta A$ とするとレイチャウドーリ（Raychaudhri）方程式

$$\dot{\theta} = -\frac{1}{3}\theta^2 - \sigma_{\mu\nu}\sigma^{\mu\nu} - R_{\mu\nu}u^\mu u^\nu \tag{7.1}$$

に従う．ここで u^μ は過去向きの測地線の 4 元速度である．4 次元のアインシュタイン（Einstein）方程式を用いると右辺第 3 項は運動量エネルギーテンソル

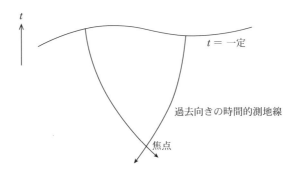

図 7.1　時間一定面からの過去向きの時間的測地線．重力の引力的な性質によって焦点を形成する．

を用いて書き直すことができる．

$$\dot{\theta} = -\frac{1}{3}\theta^2 - \sigma_{\mu\nu}\sigma^{\mu\nu} - 8\pi G\Big(T_{\mu\nu} - \frac{1}{2}g_{\mu\nu}T\Big)u^\mu u^\nu. \qquad (7.2)$$

θ は一様等方宇宙の場合，$\theta = -3H = -3\dot{a}/a$ となっている．したがって，膨張宇宙では $\theta < 0$ となっている．$\sigma_{\mu\nu}$ は測地線束の歪みを表すトレースレス（$\sigma_{\mu\nu}g^{\mu\nu} = 0$）のテンソル量で，測地線に垂直な空間成分のみを持つため（$\sigma_{\mu\nu}u^\mu = \sigma_{\mu\nu}u^\nu = 0$），$\sigma_{\mu\nu}\sigma^{\mu\nu} \geqq 0$ が成り立つ．また，右辺第 3 項も通常の古典的な物質の場合であれば正である：

$$\Big(T_{\mu\nu} - \frac{1}{2}g_{\mu\nu}T\Big)u^\mu u^\nu \geqq 0 \quad （強いエネルギー条件）.$$

たとえば，完全流体の場合 $\Big(T_{\mu\nu} - \frac{1}{2}g_{\mu\nu}T\Big)u^\mu u^\nu = \frac{1}{2}(\rho c^2 + 3P)$ となる．よって，右辺の符号はすべて負となり，$\dot{\theta}$ は負となる．これは過去に向かって測地線束の断面積は加速的に収束することを意味する．

また，

$$\dot{\theta} + \frac{1}{3}\theta^2 \leq 0 \qquad (7.3)$$

から，時刻 $t = 0$ で $\theta = \theta_0 < 0$（膨張宇宙条件）となるような点が存在すれば，式（7.3）を時間について一階積分して

$$1/\theta(t) \geq 1/\theta_0 + \frac{1}{3}t \qquad (7.4)$$

を得る．これより $3/|\theta_0|$ 以内の過去において測地線束が焦点（$\theta \to -\infty$）を形成することがわかる（図 7.1）．この焦点が特異点の発生を意味するわけではないが，この重力の性質が特異点定理の根幹をなしている．

　これまでの考察では通常の物質を想定していたが，たとえばインフレーションの時期を考え，V_0 を真空のエネルギーの値とすると $\rho c^2 + 3P \simeq V_0 - 3V_0 = -2V_0 < 0$ となり，上で仮定した強いエネルギー条件は成り立たない．しかし，インフレーション以前が放射優勢期だとすれば，条件は満足される．したがって，特異点定理をインフレーション期以前に適用すれば，宇宙が特異点から始まったと再び結論される．では，リンデ（A. Linde）が描くようなインフレーションを永遠にしつづけつるシナリオ[*1]の場合はどうであろうか．この場合も，ボルデ（A. Borde），グース（A. Guth），ビレンキン（A. Vilenkin）によって，現実的な仮定の下で初期特異点から始まったと結論されている．

　これらの一連の定理によって，一般相対論による宇宙の記述の破綻する領域が存在することが結論された．特異点定理からその位置と性質の特定はできないが，初期宇宙で発生していると考えるのが自然である．以下にみるように，膨張宇宙の歴史を遡ることによって，初期宇宙では時空の量子論的な記述が不可欠であることがわかる．実際に宇宙の地平線のサイズは特異点近傍で宇宙時間 t に比例して小さくなっていくため，重力の量子効果が効いてくると期待される．そこで，アインシュタイン方程式と不確定性関係を使ってその様子をみてみる．

　量子効果は小さな空間スケールあるいは高エネルギーで効いてくる．一方，重力の相互作用は他の相互作用と比べて小さいため，重力の量子効果が効くようなスケールでは，物質の量子効果も効いていると考えられる．さて，この物質による時空への影響はアインシュタイン方程式を通じて決定される．アインシュタイン方程式の左辺は曲率なので，時空のゆらぎを δg，興味のあるスケールを L とすると，曲率は $\sim \delta g L^{-2}$ で与えられる．ここで δg は計量と同じ次元であるので，無次元量である．

　一方，物質のエネルギーはハイゼンベルクの不確定性原理より大雑把には $E \sim \hbar c/L$ で与えられるので，エネルギー密度は $\rho \sim \hbar c/L^4$ となり，アインシュタイン方程式の右辺の運動量・エネルギーテンソルの項は $G\rho/c^4 \sim G\hbar/c^3 L^4$ と評

[*1] eternal inflation と呼ばれる．

価される（$\hbar = h/2\pi$, h はプランク定数）．よってアインシュタイン方程式は $\delta g L^{-2} \sim G\hbar/c^3 L^4$．したがって時空のゆらぎが $\delta g \sim (l_{\rm pl}/L)^2$ のように見積もられる．ここで，$l_{\rm pl} := (G\hbar/c^3)^{1/2} \sim 10^{-33}\,[{\rm cm}]$ はプランク長と呼ばれる．$l_{\rm pl}$ よりも小さなスケールでは $\delta g > 1$ であるので，そのような空間スケールでは重力の量子効果が無視できないことは明らかである．

以上の考察から，宇宙進化の全容を明らかにするために，重力の量子化は必然である．宇宙創生の物理的理解はその後の進化を決めてしまうという意味できわめて重要な課題である．

重力を量子化する試みにはいくつかの流れが存在するが，大きく分けると二つある．一つは通常の量子化と同じ手続きによる（正準）量子化あるいは経路積分法．もう一つはすべての力の相互作用を統一すると同時に重力の量子化をも念頭とするまったく異なるアプローチを採用している超弦理論である．前者は時空自体を幾何学的に取り扱う一方，後者は重力を素粒子として扱う描像をとる．両者とも着実な進展はあるが，現在もなお発展途上段階にある．

本章では，高エネルギー現象にのみ関心があるので，以後，自然単位系（$c = \hbar = 1$）を原則として採用する．これは量子効果や相対論的効果が卓越する状況での自然な単位系である．

7.1.1 宇宙の波動関数とウィーラー‒ドウィット方程式

形式的な重力の正準量子化の手続きを，ここでは簡単のため閉じた一様等方宇宙に限って行う．そこでは重力の自由度がスケール因子 $a(t)$ だけであり，制限された計量空間という意味でミニスーパースペースと呼ばれている．以下では特に物質項として正の宇宙項 Λ のみを含む場合を考える．

時空の計量を

$$ds^2 = -N^2(t)\,dt^2 + a^2(t)\,d\Omega_3^2 \tag{7.5}$$

と書く．ここで $d\Omega_3^2$ は 3 次元単位球面の計量 $d\Omega_3^2 = d\chi^2 + \sin^2\chi(d\theta^2 + \sin^2\theta d\phi^2)$, $N(t)$ は時間座標の任意性を表し，t が宇宙時間の場合は $N = 1$ に対応している．空間は一様等方なので，その座標の任意性について考慮する必要はない．ここで，時間座標の任意性を残す理由は，力学的解析あるいは量子化手続き上の都合によっている．また，本節で登場する $a(t)$ は長さの次元を持ってい

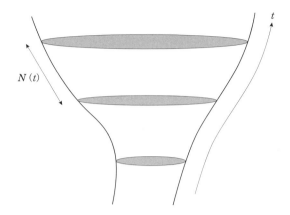

図 7.2　宇宙のダイナミクス．時間一定面と時間一定面間の微
小距離は $N(t)dt$.

ることに注意されたい．

　さて，量子化するためにはハミルトニアン H を求めよう．宇宙項で特徴づけ
られるホライズン半径 $\ell := \sqrt{3/\Lambda}$ を用いると，この系の作用関数は

$$S = \frac{1}{16\pi G} \int d^4 x (R - 2\Lambda) = \frac{3\pi}{4G} \int dt \left[Na - \frac{\dot{a}^2 a}{N} - \frac{1}{\ell^2} Na^3 \right] \tag{7.6}$$

となる．R は 4 次元のリッチ（Ricci）スカラーである．2 番目の等式で，時間
について部分積分を行っていることに注意する．この作用関数からラグランジア
ンは

$$L = \frac{3\pi}{4G} \left[Na - \frac{\dot{a}^2 a}{N} - \frac{1}{\ell^2} Na^3 \right] \tag{7.7}$$

であると読み取ることができる．N の時間についての微分をとった項が存在し
ないことに注意されたい．N による変分をとった後で $N = 1$ とすることで，方
程式

$$\dot{a}^2 + 1 - a^2/\ell^2 = 0 \tag{7.8}$$

を得る．これはアインシュタイン方程式の tt 成分に対応している．この式は a
の時間についての 1 階微分のみを含むため発展方程式ではなく，拘束条件である
（ハミルトニアン拘束条件）．一方でラグランジアンを a について変分をとれば，a

の時間についての 2 階の微分方程式，したがって発展方程式が得られる．この発展方程式を時間について 1 回積分すると，ハミルトニアン拘束条件が得られる．

次にハミルトニアン H を定義に従って求めると

$$H = \dot{a}p_a - L = -\frac{3\pi a}{4G}\left[\dot{a}^2 + 1 - \frac{a^2}{\ell^2}\right]. \tag{7.9}$$

ここで p_a は a に共役な運動量で，今の場合 $p_a = \partial L/\partial \dot{a} = -\frac{3\pi}{2G}\dot{a}a$ である．ただちにわかるように括弧の中は式 (7.8) の左辺と一致している．したがって，ハミルトニアンは自動的にゼロになる（$H = 0$）．よって以後，煩雑さを避けるため括弧の前の因子を落とすことにする．

通常量子化の手続きは正準共役な運動量 p_a を微分演算子に置き換えることでなされる．

$$p_a \longrightarrow -i\hbar\frac{\partial}{\partial a}. \tag{7.10}$$

このとき系はシュレディンガー（Schrödinger）方程式

$$\hat{H}(a)\psi(a) = \left[-\hbar^2\frac{d^2}{da^2} + \left(\frac{3\pi}{2G}\right)^2\left(a^2 - \ell^{-2}a^4\right)\right]\psi(a) = 0 \tag{7.11}$$

に支配される波動関数 $\psi(a)$ によって記述される．これがミニスーパースペースに対するウィーラー–ドゥイット（Wheeler–DeWitt）方程式である．$\psi(a)$ は宇宙の波動関数と呼ばれる．

この系は 1 次元量子力学系のエネルギーゼロの状態を求める問題と等価である．図 7.3 でこのシュレディンガー方程式のポテンシャル $U(a) = \frac{1}{2}\left(\frac{3\pi}{2G}\right)^2\left(a^2 - \ell^{-2}a^4\right)$ を描いておいた．a^2 は閉じた宇宙の曲率，a^4 は宇宙項からの寄与である．$a = 0$ から $a = \ell$ の間にポテンシャル障壁が存在する．

より一般には宇宙の波動関数は空間計量 $h_{ij}(x)$ の汎関数 $\psi[h_{ij}(x)]$ である．ありとあらゆる $h_{ij}(x)$ からなる空間をスーパースペースとよぶ．スーパースペースの各点は，ある空間計量 $h_{ij}(x)$ である．各々の計量は，異なるトポロジーをもってよいであろう．

このように形式的な量子化はできたものの，この波動関数は解釈問題，時間問題，規格化問題，境界値問題，発散問題などの原理的諸問題を抱えている．

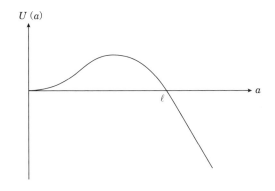

図 7.3 ウィーラー–ドゥイット方程式の "ポテンシャル" $U(a)$.

解釈問題

　量子力学はシュレディンガー方程式と観測過程を通した確率解釈の2本柱から成っている．通常量子力学において，観測しない間，系はシュレディンガー方程式に従って時間変化する．

　ここで観測によって，ある物理量を測定することを考える．実際の実験では，測定ごとに異なる値を測定することになる．観測値はさまざまな値をとるが，そのアンサンブル平均や分散は波動関数の絶対値の2乗で与えられる確率分布に従っていると考える．この確率解釈について通常いわゆるコペンハーゲン解釈が採用されている．そこでは古典的に振る舞う観測装置と量子系の二つの系を用意し，その間の相互作用によって古典値を得るとする．なぜさまざまな値をとりながら，その全体の集合が波動関数に従っているのか，観測系と量子系の相互作用の役割の詳細などは問わない．また波動関数が実体を記述していると解釈すると，観測ごとに波束の収縮が一瞬のうちにおこることになる．しかし，実際には波動関数が実体を表すのではなく，波束の収束は実体としては起きていないと考えるべきである．奇妙ではあるが，このような原理を一旦受け入れてしまえば，量子力学の正当性や有用性は数多くの実験からすでに検証済みである．

　さて，考察の対象として宇宙全体を考えてみよう．この場合，観測者自体も宇宙の中にいるので，観測装置と対象系の分離が自明でない．むしろ，分離は許されないと考えるのが自然であろう．このとき波動関数のコペンハーゲン解釈は成

り立たない．そこで多世界解釈が登場する．この解釈では古典系と量子系の分離
は必要ない．観測者も波動関数に従い，さまざまな状態をとるのである．すな
わち，この多世界解釈では対象系の物理量の値ごとに，観測者の状態が存在す
る．したがって，観測ごとに宇宙は分岐していくと解釈できる．結果として，こ
れはリンデ（Linde）の永遠にインフレーションをし続けるシナリオ（eternal
inflation）や佐藤・前田・佐々木・小玉らによる多重宇宙と共通する宇宙像を提
供する．

時間問題

　式（7.11）から明らかなように，この波動関数は時間に依存しない．これは物
質場がある場合も正しい．しかし，我々は物質に対して一般には時間に依存する
シュレディンガー方程式に従っていることを知っている．この問題を時間問題と
呼ぶことにしよう．これは重力理論のハミルトニアンがゼロとなっていることに
起因する．ゼロであることの理由を思い起こせば，波動関数が時間に依存しない
という事実は，時間の選び方に物理量が依存しないという事実に等しい．この意
味でこの事実はもっともらしい．それでは時間に依存するシュレディンガー方程
式はどのようにして得られるのであろうか？　この時間問題への標準的な妥協的
解決策は以下のようになる．

　まず，系全体の波動関数が時間に依らないことは認める．しかし，系の中の物
質は通常の時間発展を持つシュレディンガー方程式に従っていると期待したい．
そこで宇宙膨張に注目しよう．宇宙は膨張することで大きくなり，準古典的に振
る舞うであろう．そこでは宇宙自体を"時計"として扱うことが期待できる．こ
れをビレンキン（Vilenkin）のアイデアに沿って詳しくみてみることにする．

　宇宙が準古典的に振る舞う場合，系全体の波動関数は

$$\psi(a,q) = A(a)e^{iS(a)/\hbar}\chi(a,q) = \psi_0(a)\chi(a,q) \qquad (7.12)$$

と書くことができる．ここで q は物質場の量子的変数．簡単のため，準古典的
に振る舞うのは一様等方宇宙のみ，量子論的に振る舞うのは物質のみとする．
$\psi_0(a)$ は宇宙の準古典的な波動関数，$\chi(a,q)$ は準古典的な宇宙における物質の
波動関数である．微小パラメータを $\hbar$ とし，$S = O(\hbar^0)$, $U = O(\hbar^0)$ であるとす
る．この場合，形式的にウィーラー–ドゥイット方程式を

$$(-\hbar^2\nabla_a^2 + U(a) + H_q)\psi(a,q) = 0 \tag{7.13}$$

と書くことにする．ここで H_q は物質のハミルトニアンである．ここで，$\psi_0(a)$ は

$$(-\hbar^2\nabla_a^2 + U(a))\psi_0(a) = 0 \tag{7.14}$$

を満足している．まず，$\psi_0 = A(a)e^{iS(a)/\hbar}$ を式（7.13）に代入し，式（7.14）を用いると，$O(\hbar^0), O(\hbar)$ のオーダーでそれぞれ

$$(\nabla_a S)^2 + U = 0, \quad iA\nabla_a^2 S + 2i\nabla_a A\nabla_a S = 0 \tag{7.15}$$

が得られる．

ここで，$\dot{a} = 2\nabla_a S$ によって時間を導入しよう．ドット「˙」は手で導入した時間パラメーターによる微分を表す．$\nabla_a S$ はミニスーパースペースの運動量に対応している．$S(a)$ は解析力学での実現された作用関数，式（7.15）の1番目の式がハミルトン‒ヤコビ（Hamilton–Jacobi）方程式にそれぞれ対応する．一方で物質場に対応する波動関数 $\chi(a,q)$ は

$$2i\hbar\nabla_a S\nabla_a \chi - H_q\chi = 0 \tag{7.16}$$

に従う．先ほど導入した時間を用いると

$$i\hbar\partial_t\chi = H_q\chi \tag{7.17}$$

となり，物質に対するシュレディンガー方程式が得られる．したがって，実際に入れ物としての古典宇宙が物質の時間発展を記述していることがわかる．この議論の問題点の一つは，マクロ宇宙が準古典的に振る舞うとした仮定と出発点の波動関数の形（式（7.12））の妥当性の吟味である．

規格化問題

波動関数の絶対値の2乗は確率を与えるとするのが量子力学の掟である．この量に定量的意味を与えるためには，系のすべての状態の波動関数を知りつくし，規格化しておく必要がある．たとえば1次元の系で，各状態が n でラベルされている波動関数 $\psi_n(x)$ で記述されている場合，

$$\sum_n \int dx |\psi_n(x)|^2 = 1 \tag{7.18}$$

を課す．これを宇宙の波動関数に課す場合，スーパースペース全体について波動
関数の絶対値の和をとる必要がある．しかし，スーパースペースの構造について
の知識が乏しいため，和をとる際にどのような測度で足しあげればよいかわから
ない．そのため，宇宙の波動関数に普通の意味で確率解釈を適用することができ
ない．傾向を見る程度のかなり粗い洞察のみに留まるのが実情である．

その他に，発散問題，境界条件問題があげられるが，次節で取り上げる．

現在，量子宇宙論の研究の流れはループ量子重力へと続いている．新たな変数
の導入によって，重力の正準理論を再構築し量子化を行う．このとき，波動関数
の物理的状態はループに沿った重力に対応するゲージ場の積分で表現される．こ
の定式化にも克服しなければならない問題が山積みではあるが，正当な路線の一
つである．

7.2　トンネル波動関数と無境界条件仮説

波動関数を求めるには境界条件が必要である．一様等方宇宙の場合，物理的
変数がスケール因子 $a(t)$ のみの一次元系に単純化されるが，問題となるのが
境界条件である．宇宙自体の境界条件を定める確かな指導原理はいまのところ
わかっていないが，代表的な提案として以下の二つの境界条件があげられる．
一つはビレンキンによって提案されたトンネル波動関数，もう一つはハートル
（J. Hartle）とホーキング（S. Hawking）による無境界条件仮説である．後者は
ユークリッド化した時空におけるファインマンの経路積分によって定式化され
る．宇宙が量子論的に生成される描像という点では，いずれの境界条件も同じで
あるが，定量的な点で大きな差異が生じる．

無境界条件（ハートル–ホーキング波動関数）

ハートルとホーキングは重力の量子化をユークリッド空間における経路積分を
用いて定式化した．経路積分による量子化はファインマンによって通常の物質に
対して定式化され，正準量子化と等価であることが証明されている．古典論では，
粒子の初期状態を決めると一意的に運動がきまる．量子力学では，いろいろな経
路をとりえるが，各々 $e^{iS/h}$ で与えられる重みがかかる．具体的に遷移確率は

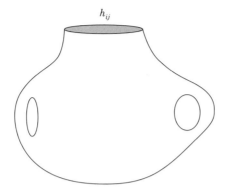

h_{ij}

図 **7.4** ユークリッド化した時空における経路積分. 可能なすべての経路について和をとる.

$$\langle x_f, t_f | x_i, t_i \rangle = \int_{x(t_i)=x_i}^{x(t_f)=x_f} [dx] e^{iS[x]} \tag{7.19}$$

で与えられる.

経路積分を宇宙に適用する際に, 問題になるのは境界条件である. そこでハートルとホーキングは次のような提案を行った. 「波動関数 $\psi[h_{ij}]$ は, ユークリッド化した時空の h_{ij} 以外では境界を持たないコンパクトな時空について足しあげることで計算される」(図 7.4).

$$\psi[h_{ij}] = \int_g [dg] e^{-S_{\mathrm{E}}[g_{\mathrm{E}}]}. \tag{7.20}$$

ここで $S_{\mathrm{E}}[g_{\mathrm{E}}]$ はユークリッド化した作用関数, g_{E} はユークリッド化した計量を表す. ユークリッド化とは時間座標を虚数にするような数学的操作をさす ($t \to -i\tau$). ここで τ は虚時間と呼ばれる. ユークリッド化は場の量子論において, 有限の値を出す定石である. ユークリッド化した場合, 時空の正則な経路の中でも特に, トポロジーの変化を伴うようなものまで考慮できる. 無論, 経路積分で得られる波動関数もまたウィーラー–ドゥイット方程式を満足している.

彼らの提案に沿って, 7.1.1 節の系に適用すると, ドジッター (de Sitter) 時空のユークリッド化した時空が経路積分に最も寄与することがわかる (ドジッターインスタントン, 図 7.5 参照). ユークリッド化されたドジッター時空は 4

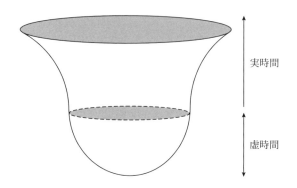

実時間

虚時間

図 **7.5**　ドジッターインスタントン. 量子的な宇宙創生.

次元球面である. その計量は

$$ds_{\mathrm{E}}^2 = g_{\mathrm{E}\mu\nu}dx^\mu dx^\nu = d\tau^2 + \sin^2(H\tau)d\Omega_3^2 \tag{7.21}$$

と与えられる. そこではユークリッド計量のため, 時間と空間の概念が等価となり, 宇宙の始まりを議論することに意味がなくなる. 実空間で見ると, 宇宙はある瞬間に量子論的に有限のサイズで生成され, その後膨張に転じたと考えられる. この波動関数で予言される宇宙の生成確率は

$$P \sim e^{-S_{\mathrm{E}}} \sim e^{\frac{3\pi}{G\Lambda}} \tag{7.22}$$

のように評価される. ここで S_{E} が上の 4 次元球面の体積 $V_4 = 8\pi^2\ell^4/3$ を用いて $S_{\mathrm{E}} := -iS(t \to -i\tau) = -\dfrac{\Lambda}{8\pi G}V_4$ と書けることを用いた. 今の場合アインシュタイン方程式からリッチスカラーが $R = 4\Lambda$ と計算されることに注意されたい.

　この結果にはいくつかの問題が指摘されている. たとえば, $\Lambda = 0$ で確率が発散しているため, その予言性に信頼性がないように思われる. この原因の一つとして, 式 (7.7) の右辺第二項から示唆されるように重力のラグランジアンの運動エネルギー項の前の符号が負になっていることがあげられる. 通常の物質の場合, 運動エネルギー項は正であり下限値が保証されるが, 重力の場合その保証がない. この問題への解決策がいくつか提案されているが決定的なものはない.

　ポテンシャル障壁を抜け出したところの波動関数を解析接続によって求めるこ

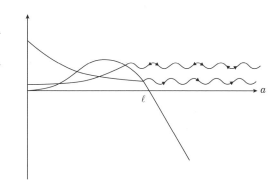

図 7.6 二つの波動関数の様子. トンネル波動関数は, $a = 0$ でピークを持ち, ポテンシャル障壁中では減衰し右向きの進行波に接続している. ハートル–ホーキングの波動関数は, 右向きと左向きの進行波の重ね合わせになっている.

とができる. その結果, 膨張宇宙を表す波動関数と収縮宇宙を表す波動関数の重ね合わせからなっていることがわかっている (図 7.6).

トンネル波動関数

宇宙が $a = 0$ から始まったと考えると, ポテンシャルの形から, $a = 0$ から $a = \ell$ にトンネル効果で遷移するシナリオが考えられる. ビレンキンは $a \to \infty$ で外向きの波動関数 (膨張宇宙) のみが存在する場合を仮定した (図 7.6). 通常の量子力学におけるトンネル確率を評価する際に課される境界条件である. またその準古典解が膨張宇宙に対応しているという意味で自然な提案であると考えられる. ここでは WKB 近似を使って, 通常の量子力学の解の構成に従って議論できる.

その結果トンネル確率は

$$T = \exp\left\{ -2 \int_0^\ell |p_a(a')| da' \right\} = e^{-\frac{3\pi}{G\Lambda}} \tag{7.23}$$

で与えられる. ここで $p_a = -(3\pi/2G)\dot{a}a = -(3\pi/2G)\sqrt{1-(a/\ell)^2}\,a$ となることを用いている.

ハートル–ホーキングの結果との違いは, 指数関数の肩の符合である. 彼ら

の結果とは対照的に，Λ の依存性をみると，その値が大きいほど確率は高くなる*2．したがって，宇宙項の値の大きい宇宙ほど生成されやすくなる．インフレーションを引き起こすスカラー場 ϕ を導入した場合にもトンネル確率の評価は可能で，結果は Λ を $8\pi GV(\phi)$ で置き換えたもので与えられる．これは宇宙の創生直後にインフレーションが起きる可能性が高いことを意味している．

このトンネル波動関数の経路積分による定式化も可能である．

$$\psi[h_{ij}] = \int [dg]e^{iS}. \tag{7.24}$$

ここでは，ローレンツ計量のとりうる可能な配位について和をとるとする．ただし，ポテンシャル障壁内では，ローレンツ計量の経路が存在しないため，解析接続で経路を構成する．さらに，ローレンツ計量ではゲロッチ（R. Geroch）によって特異点が存在しない限り，宇宙のトポロジーの変化は許されないことが示されている．したがって，この経路積分ではトポロジーの変わるような経路について，作用が有限である範囲内で特異点の存在を許すことにしている．

これまで境界条件に対する代表的な二つの提案をみてきたが，ビレンキンの提案の方が有力のように思われる．いずれにせよ，生成確率の詳細を抜きにすれば，宇宙が量子的にある有限のサイズで生成され，その後古典的な宇宙として進化するという大枠の描像は共通する予言である．

7.3　超弦理論と高次元宇宙論

これまで正準量子化あるいは経路積分の手続きに則って時空自体の量子化の試みについて紹介してきた．一方で弱い力，強い力，電磁気力といった重力以外の力を一挙に統一する試みも行われている．その動機付けになっているのは，それらの相互作用がゲージ理論という共通の枠組みで記述されているところにある．特に，電磁気力と弱い力に対して実験で検証されている統一理論が存在する（ワインバーグ–サラム理論，電弱統一理論ともいう）．また，高エネルギーで強い力が他の結合定数と一致するという理論結果に後押しされて，電弱統一理論との統

---

*2 これは，Λ が大きくなるとトンネルの確率が大きくなるので，トンネルしやすくなり，Λ の大きな宇宙ほど現れる確率が大きくなるということ．

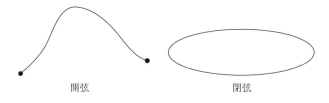

図 **7.7** 超弦理論の基本要素：開弦と閉弦．

一理論も提出されている（大統一理論）．さらに，重力との統一も積極的に研究
が進められている．そのすべての相互作用を統一する最も有力な理論として超弦
理論があげられる．点粒子ではなく，弦を基本単位としたのは，重力場の量子理
論特有の発散問題を回避するためである．超弦理論では，粒子は弦の振動の仕
方で分類される．大まかには閉弦は重力を，開弦は物質をあらわしている（図
7.7）．ただし，そこでは背景時空の存在を前提とし，重力も他の力と同様に粒子
として取り扱われる．

　超弦理論が量子的に制御可能な理論であるためには，次元が 10 次元でなけれ
ばならない．次元が理論の無矛盾性から決まるということは驚くべき事実であ
る．一方で我々の現在の宇宙は 4 次元で十分記述されることを知っている．こ
れはなんらかの機構で余分な 6 次元（余剰次元）が，観測に抵触しない程度に小
さくなっている必要があることを意味する（コンパクト化の問題）．

　摂動論的定式化に基づいた超弦理論では 5 種類の理論に分類される．さらに，
これらの理論間には双対性と呼ばれる対称性が存在し，それを通じてすべての理
論がお互いに関係している．しかし，4 次元時空の再現という意味ではコンパク
ト化を特定できていないのが現状である．この点については，後で詳しくみるこ
とにする．

　また近年の超弦理論の進展で明らかになってきたのは，ブレーンという広がっ
た構造物の存在である．ブレーンは薄膜（メーンブレーン）の略語である．弦は
空間的には 1 次元である一方，ブレーンは 1 よりも大きな空間次元に広がって
いる．特に，開弦の端点の集合として定義されるブレーン（D ブレーン，図 7.8）
の存在の指摘後，飛躍的に研究が進展し，宇宙論への大きな影響を与えるにい
たっている．

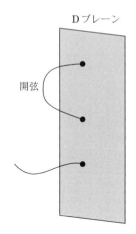

図 **7.8** D ブレーン．開弦の端点はブレーンに張り付いている．

　興味深い点の一つは D ブレーンに張り付いた開弦・閉弦双対性からの帰結で
あろう．図 7.9 のように，円筒状のひもが D ブレーンに張り付いている状況を
考えてみよう．開弦の視点でみると，開弦は閉じたループを描いているため，各
断面は場の 1 次元低い時空面上の量子補正項に対応している．一方，閉弦の視点
では，閉弦が放出されている過程と解釈できる．この二つの視点はいずれも正し
い．したがって，重力子の放出は量子場と等価であることを示唆する．この対応
関係は「高次元の重力理論と 1 次元低い時空における量子場の理論は等価であ
る」ことを主張する．
　まず，高次元時空の特性を簡単な模型を用いて考察を行ってみよう．高次元理
論は 4 次元的な観測者からの視点でどのような解釈が得られるのであろうか．
簡単のために 5 次元の質量ゼロのスカラー場を例にとって，コンパクト化で現れ
るカルーツァ–クライン（Kaluza–Klein）モードの説明を行う．質量ゼロのスカ
ラー場 ϕ の作用関数は

$$S = -\frac{1}{2} \int d^5 x (\nabla \phi)^2. \tag{7.25}$$

背景時空として 5 次元ミンコフスキー時空を考える．

$$ds^2 = dy^2 + \eta_{\mu\nu} dx^\mu dx^\nu. \tag{7.26}$$

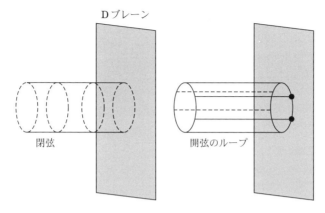

図 7.9 D ブレーンに張り付いている開弦. 端点はブレーン上でループを描いている. 閉弦の放出とも解釈できる.

この座標では y を余剰次元とし, 周期 L でコンパクト化する. この場合, スカラー場 ϕ は一般的に y 方向の基底モード $e^{i\frac{2\pi n}{L}y}$ によって展開される.

$$\phi(y, x) = \sum_n \phi_n(x) e^{i\frac{2\pi n}{L}y}. \tag{7.27}$$

これを作用関数に代入すると,

$$S = \sum_n \int d^4x \left[-\frac{1}{2}(\partial_\mu \phi_n)^2 - \frac{1}{2}\left(\frac{2\pi}{L}\right)^2 n^2 \phi_n^2 \right] \tag{7.28}$$

となる. この表式から明らかなように, 5 次元の質量ゼロスカラー場は質量 $m_n = \frac{2\pi}{L}n$ の 4 次元のスカラー場 ϕ_n の足し上げとして記述されている. $n = 0$ のモードは, 余剰次元方向の運動量を持たず, 4 次元方向に沿ったモードである. これをゼロモードと呼ぶ (図 7.10). $n \neq 0$ の場合, 余剰次元方向の運動量を持ったモードに対応し, カルーツァ–クラインモード, スペクトルはカルーツァ–クラインタワーと呼ばれている (図 7.10, 7.11). 上の設定では, 余剰次元の構造が一様であるとしている. この一様性によりスカラー場を y 方向についてフーリエ分解可能となっている (y 方向について解けている). 余剰次元に特別な位置は存在しないことに注意されたい.

　高次元宇宙論の深刻な問題の一つは, 余剰次元のコンパクト化の問題であろ

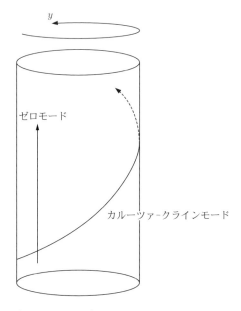

図 **7.10** コンパクト化. ゼロモードとカルーツァ–クラインモードの伝播.

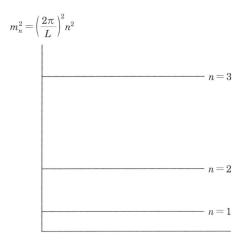

図 **7.11** コンパクト化によるエネルギースペクトル. カルーツァ–クラインタワー.

う．また，現在の観測から宇宙は加速膨張を行っていることがわかるが，この事実も同時に説明する必要がある．そこで，以下コンパクト化に関連した重要な事項2点について詳しくみていくことにする．

まず，高階反対称テンソル場による余剰次元のサイズの安定化をみることにしよう．余剰次元のサイズの安定化は宇宙論と矛盾がないために解決しなくてはいけない基本的な課題である．まず，余剰次元の半径に対応する物理的自由度があることに注意する．安定化されていない場合，その半径に特別な値は存在しないため，4次元でみた場合の半径という物理的自由度は質量ゼロの粒子に対応する．質量ゼロの粒子は，特別な機構が働かない限り，重力や物質と強く結合していると考えられ，実験や観測に抵触するであろう．そこで，余剰次元のサイズの安定化に対して，さまざまな提案がなされてきたが，超弦理論の低エネルギー理論である超重力理論の範囲内で成功している場合は高階反対称テンソルのフラックスによる安定化である．

超重力理論では高階反対称テンソルが基本要素として存在する．フラックスを余剰次元がつぶれるのをとめるように導入することによって安定化が起こる．簡単な模型として $D = p + q$ 次元時空に q 階反対称テンソル（フラックス）を考えてみることにする．

$$S = \int d^{p+q}x \sqrt{-g} \left[\frac{1}{2} R - \frac{1}{4q!} F_{a_1 a_2 \cdots a_q} F^{a_1 a_2 \cdots a_q} \right]. \tag{7.29}$$

ここで，$F_{a_1 a_2 \cdots a_q}$ は q 階の反対称テンソル場である．$q = 2$ の場合は電磁場テンソルに対応する．余剰次元を q 次元球面にとると，時空全体に対して次のような計量をとることができる．

$$ds^2 = e^{\frac{2q}{p-2}\phi(x)} g_{\mu\nu}(x) dx^\mu dx^\nu + e^{2\phi(x)} L^2 d\Omega_q^2. \tag{7.30}$$

ここで $\phi(x)$ は余剰次元のサイズを表すスカラー関数，$d\Omega_q^2$ は q 次元単位球面の微小面積要素．2次元の場合，$d\Omega_2^2 = d\theta^2 + \sin^2\theta d\varphi^2$ である．L は長さの次元をもつ定数．

作用を変分することでアインシュタイン方程式とマックスウェル方程式の類似の式が高階反対称テンソルに対して導出される．後者の解として，フラックスを余剰次元に被せたようなものが存在する．

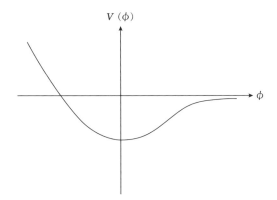

$V(\phi)$

ϕ

図 **7.12** 余剰次元の「半径」ϕ に対するポテンシャル $V(\phi)$.

$$F_{i_1 \cdots i_q} = f \varepsilon_{i_1 \cdots i_q}. \tag{7.31}$$

ここで $\varepsilon_{i_1 \cdots i_q}$ は q 次元球面の計量で作った完全反対称テンソルである．その他の成分はゼロとする．上記の計量とフラックスの解を代入することで，p 次元の有効理論を得ることができる．

$$S_p = \Omega_q L^q \int d^p x \sqrt{-g_p} \left[\frac{1}{2} R_p - \frac{q(p+q-2)}{2(p-2)} (\nabla \phi)^2 - V(\phi) \right]. \tag{7.32}$$

ここで R_p は $g_{\mu\nu}(x)$ から作ったリッチスカラー，∇_μ は $g_{\mu\nu}$ の共変微分，Ω_q は q 次元単位球面の面積である．$V(\phi)$ は

$$V(\phi) := \frac{f^2}{4} \left[e^{-2q \frac{p-1}{p-2} \phi(x)} - \frac{q(p-1)}{p+q-2} e^{-2 \frac{p+q-2}{p-2} \phi(x)} \right]. \tag{7.33}$$

このポテンシャルの第 1 項はフラックスから，第 2 項は余剰次元の曲率項からの寄与である．図 7.12 からも明らかなように，ポテンシャルには極小値が存在し，フラックスのおかげで余剰次元のサイズが安定化していることがわかる．ただし，$\phi = 0$ でポテンシャルが極小値をとるようにパラメータを調整している．すなわち，

$$f^2 = \frac{2(q-1)(p+q-2)}{(p-1)L^2}.$$

しかしながら，極小値でポテンシャルは負の値をとる．したがって，フラックスがある解の基底状態は負の宇宙項を持った時空になり，反ドジッター時空が我々の宇宙を表す時空として実現されることになる．平坦なミンコフスキー時空あるいは加速膨張を表すドジッター時空は得られない．

高次元超重力理論を 4 次元時空有効理論の観点で考察した場合，加速膨張が得られないことがわかっている（ギボンス（Gibbons）の禁止定理）．これを簡単な例でみてみよう．まず時空全体の計量を

$$ds^2 = W^2(y)g_{\mu\nu}(x)dx^\mu dx^\nu + g_{mn}(y)dy^m dy^n \tag{7.34}$$

とし，$g_{\mu\nu}(x)$ を我々の宇宙（X）の計量，$g_{mn}(y)$ をコンパクト化した余剰次元空間（Y）の計量とする．ここでアインシュタイン方程式の左辺の高次元のリッチテンソルの (μ,ν) 成分は

$$R_{\mu\nu} = {}^X R_{\mu\nu} + \frac{1}{4}\frac{1}{W^2}{}^Y\nabla^2 W^4 g_{\mu\nu} \tag{7.35}$$

のように表現できることに注意する．ここで ${}^X R_{\mu\nu}$ は計量 $g_{\mu\nu}(x)$ から作ったリッチテンソル，${}^Y\nabla_a$ は $g_{mn}(y)$ から作った共変微分である．

余剰次元がコンパクトな場合，両辺に W^2 を掛けて，Y について体積積分をとると，右辺第 2 項は消えて寄与しない．特に，

$$\int_Y W^2(y)R_{00}(y,x) = {}^X R_{00}(x)\int_Y W^2(y) \tag{7.36}$$

を得る．添字の 0 は時間成分を表している．したがって，高次元のアインシュタイン方程式が強いエネルギー条件 $R_{00} \geqq 0$ を満足している場合，4 次元時空の強いエネルギー条件 ${}^X R_{00} \geqq 0$ も自動的に満足されることになる．一方で加速膨張宇宙では ${}^X R_{00} \simeq -3\ddot{a}/a$（一様等方宇宙の場合，$a$ はスケール因子）は負の値を持つことが要求されるが，ここでは満足できていない．したがって，一般的に加速膨張宇宙を再現するのは難しい．この困難を回避する方法として，式（7.34）のような計量の分解ができない場合，余剰次元がコンパクトでないような場合，余剰次元に特異な構造が存在する場合などを考えることがあげられる．

そもそも，動的なドジッター時空は超対称性との相性が悪い．超対称とはボーズ粒子とフェルミ粒子の入れ替えの対称性であるが，時空の対称性と関係があ

る．ドジッター時空を実現するためには，なんらかの形で超対称性を破る必要がある．最近，ブレーンの存在によって超対称性を破ることでドジッター時空の構成を行う研究が注目を浴びている．たとえば，先ほどの反対称場を使ったコンパクト化の理論において，余剰次元にブレーンを置くことによって，エネルギーの底上げを行い，極小値を負から正に持ち上げることができると期待されている．また，初期宇宙でのインフレーションを起こすことも議論されている．無論，いつでも手で宇宙項をアインシュタイン方程式の右辺に勝手に付け加えることができるが，その起源がブレーンのエネルギーと特定できている点が重要である．

　ここでは余剰次元について簡単な模型を見てきた．しかし，実際には余剰次元の形やブレーンの配置にはバラエティーがあるため，10^{500} もの真空，即ちポテンシャルの極小値があると考えられている．真空毎に物理法則は異なり，それぞれの真空間の移動も起きるであろうと考えられる．この様子は弦理論ランドスケープと呼ばれている．複雑な起伏のあるポテンシャルにおける高いエネルギーの真空からより低いエネルギーの真空へ移動し続ける．当初超弦理論は我々の宇宙を記述する物理法則を統一する理論だとされていたが，多様な宇宙，多様な物理法則の出現を予言している．その中の一つが私たちの宇宙である，ということになる．

　超弦理論では，その定式化のために，背景時空の存在が大前提である．10 次元のミンコフスキー時空あるいは，反ドジッター時空上における超弦の量子化でもって摂動論的に構成されている．そのため，これまで高次元時空の構造の解析に焦点を当てられることがなかったが，近年の進展により，見直され始めてきている．実際に，4 次元と比べると高次元時空では豊富な構造を有していることがわかっている．たとえば，ブラックホールのトポロジーがそのよい例であろう．回転している場合，5 次元時空では S^3 だけでなくドーナツ状の $S^1 \times S^2$ の事象の地平面を持つブラックリング解が見つかっている．そのほか，時空の無限遠方における境界条件にもバラエティーがある．これらは初期宇宙で生成される原始ブラックホールの性質に影響を与える可能性がある．

　現在の観測から宇宙項の存在は確定しているといっても過言でない．超弦理論といえども現実を説明できなければ棄却される．宇宙項の起源は超弦理論のような基礎理論から説明されるべきであろう．

7.4 ブレーン宇宙論

　超弦理論の典型的なスケールがプランクスケールであるがゆえに，その直接的な実験検証は当分望めないものとこれまで考えられてきた．これはプランクスケール（10^{19} GeV）と電弱スケール（100 GeV）との間の 17 桁にも及ぶエネルギースケールの砂漠の存在による（ゲージ階層構造問題）．ところが，ブレーン等の登場でこれまで我々が描いてきた高次元時空とは異なり，実験検証可能なモデルが可能となったのである．そこでは D ブレーン等の性質が鍵を握る．D ブレーンの定義から開弦がブレーンに張り付いている．開弦が物質の自由度を表現していることを念頭におくと，極端な場合我々の宇宙は D ブレーンそのものということになる．このような現象を積極的に考えたのがアルカニハメド（N. Arkani-Hamed），ディモプーロス（K. Dimopoulos），ドゥバリ（G. Dvali）らである．我々の宇宙を高次元時空中のブレーンとすることによって，高次元のプランクスケールが電弱スケール程度の低エネルギーにまで下がり得る可能性が彼らによって指摘された．したがって，高次元時空ではエネルギーの砂漠は存在しないことになり，4 次元理論における砂漠は見かけ上のものと解釈される．

　どのようにして高次元のプランクスケールが低エネルギースケールまで下がるか詳細をみてみよう．そのために $D = n+4$ 次元時空の万有引力を考えてみる．ガウスの法則より，G_D を D 次元時空の重力定数とすると，重力ポテンシャルは

$$V(r) = -\frac{G_D}{r^{n+1}} \qquad (7.37)$$

で与えられる．さて，ここで全体の次元のうち n 次元部分をコンパクト化したとしよう．コンパクト化の典型的なサイズを L とし，それよりも大きなスケールでみると，重力は 4 次元的に振る舞うであろう．

$$V(r) = -\frac{G}{r}. \qquad (7.38)$$

$r \sim L$ ではそれぞれから $V(L) \sim -G_D/L^{n+1} \sim -G/L$ であるから，高次元の重力定数 G_D と 4 次元の重力定数 G の間に関係式を得る．

$$G_D \sim L^n G. \qquad (7.39)$$

自然体系では $G_D = 1/M_{(D)}^{n+2}$，$G = 1/M_{\mathrm{pl}}^2$ と書ける．ここで $M_{(D)}, M_{\mathrm{pl}}$ はそれ

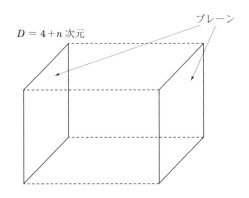

$D = 4 + n$ 次元

ブレーン

図 **7.13**　大余剰次元模型. 物質はブレーン上にのみ存在する.

それ D 次元時空，4 次元時空におけるプランク定数である．重力定数間の関係式を，プランク定数間の関係式に直すと

$$M_{\mathrm{pl}}^2 = L^n M_{(D)}^{n+2} \tag{7.40}$$

が得られる．

　この関係式から明らかなように，L のサイズを大きくとることによって $M_{(D)}$ の値を下げることができる．従来のコンパクト化の場合，前節でみたように，重力だけでなく物質に対しても，カルーツァ–クラインモードスペクトルが存在する．したがって，素粒子実験によって L への制限は決まり，$L \leqq 10^{-17}\,\mathrm{cm}$ という制限があった．

　しかし，ブレーンワールド的な模型の場合，物質のカルーツァ–クラインスペクトルは存在しないので，素粒子実験からの L への直接的な制限はない．L への制限は重力実験のみから課される．現在，逆 2 乗則の検証は $10^{-3}\,\mathrm{cm}$ 程度以上で行われている．よって，L が $10^{-3}\,\mathrm{cm}$ 以下であれば，実験と矛盾はない．これを素直に受け止めると，実験からは余剰次元のサイズが $10^{-3}\,\mathrm{cm}$ まで許されることになる．今の模型で $M_{(D)} \sim \mathrm{TeV}$ とすると，$L < 10^{-3}\,\mathrm{cm}$ であるためには式（7.40）より次元に対して制限 $n \geqq 2$ が課される．その他，宇宙物理学的な制限からさらに厳しい制限が課される可能性もある．$10^{-3}\,\mathrm{cm}$ と大きなサイズの余剰次元も可能となるため，大余剰次元模型と呼ばれている（図 7.13）．

　この模型で特筆すべき点は地上実験でミニブラックホールの生成が可能なこと

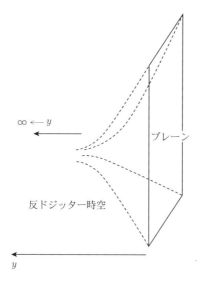

図 **7.14** ランドール‐サンドラム余剰次元模型. ブレーンの自
己重力で余剰次元が湾曲している.

である. ブラックホールが形成されるためには, 物質をその全質量で決まるシュ
ワルツシルト半径 $2GM/c^2$ 内に押し込める必要がある. 4 次元時空では, 粒子
の典型的なサイズはそのシュワルツシルト半径を比べると桁違いに大きい. した
がって, 4 次元時空においてブラックホールをつくることは実質不可能である.
しかし, ブレーンワールドの場合小さなスケールで高次元的に振る舞う. よっ
て, シュワルツシルト半径が 4 次元の場合と比較すると大きくなるため, 粒子の
大きさよりも大きくなることがある.

　ブレーン宇宙論の最も単純な模型はランドール (L. Randall) とサンドラム
(R. Sundrum) によって 1999 年に提唱されたものであろう. この模型では全体
の時空の次元は 5, したがって余剰次元は一つと考える.

　5 次元時空全体は負の宇宙項の場合の反ドジッター時空である. 反ドジッター
時空は余剰次元 (空間) 方向にインフレーションしている解ともみなせる. 簡
単のため 1 枚のランドール‐サンドラム (RS) 模型を考えることにする (図
7.14). このとき 5 次元時空全体の計量は

$$ds^2 = dy^2 + e^{-2|y|/\ell}\eta_{\mu\nu}dx^\mu dx^\nu \tag{7.41}$$

で与えられる．$\eta_{\mu\nu}$ は 4 次元のミンコフスキー時空の計量である．$|y| \to \infty$ に向かって因子 $e^{-2|y|/\ell}$ は指数関数的に振る舞う．ここで，計量の y 方向の 1 階微分が $y = 0$ で不連続になるが，これは $y = 0$ に無限に薄いブレーンがあるためである．余剰次元の曲がり方は，このブレーンの自己重力によって決まっている．今の場合 ℓ を反ドジッター時空の曲率半径，σ をブレーン張力とすると

$$\ell^{-1} = \frac{1}{6}\kappa^2\sigma \tag{7.42}$$

となっている．これをみるためには，5 次元のアインシュタイン方程式に戻る必要がある．アインシュタイン方程式には計量を座標で 2 階微分したものが含まれている．特に，$\partial_y^2 g_{\mu\nu}$ といった形を項を含んでいる．

　一方，$y = 0$ に無限に薄いブレーンを置いているため，5 次元のエネルギー運動量テンソルは $T_{ab} \sim -\sigma\delta(y)$ で与えられる．したがって，アインシュタイン方程式から $\partial_y^2 g_{\mu\nu} \sim G_{(5)}\sigma\delta(y)g_{\mu\nu}$ となる．この両辺を $y = 0$ の前後で積分することで，計量の y 方向の 1 階微分の差がブレーン張力を用いて

$$\partial_y g_{\mu\nu}|_{y=+0} - \partial_y g_{\mu\nu}|_{y=-0} \sim G_{(5)}\sigma g_{\mu\nu} \tag{7.43}$$

のように決まることがわかる．RS 模型ではさらにブレーンの両側で対称であると仮定するため（Z_2 対称性），$\partial_y g_{\mu\nu}|_{y=+0} = -\partial_y g_{\mu\nu}|_{y=-0}$ となる．計量の傾きが符号を除いて両側で同じになる．すると $\partial_y g_{\mu\nu}|_{y=+0} = -\partial_y g_{\mu\nu}|_{y=-0} = \kappa^2\sigma g_{\mu\nu}$ のように両側からの値が決まる．今，計量の 1 階微分は $\ell^{-1}g_{\mu\nu}$ であるから，結局 $\ell^{-1} \sim \kappa^2\sigma$ が得られる．式（7.43）はイスラエル（Israel）の接続条件と呼ばれている．

　さて，次にブレーン上の線形化された重力理論を調べてみよう．そのためには，線形化された方程式をシュレディンガー方程式の形に変形すると都合がよい．計量として，反ドジッター時空に摂動 $h_{\mu\nu}$ を加えたものを考える．

$$ds^2 = dy^2 + e^{-2|y|/\ell}(\eta_{\mu\nu} + h_{\mu\nu})dx^\mu dx^\nu. \tag{7.44}$$

ここで $\eta^{\rho\sigma}\partial_\rho\partial_\sigma h_{\mu\nu} = -m^2 h_{\mu\nu}$ を満足しているとする．したがって，$h_{\mu\nu}$ は質量 m を持つカルーツァ-クラインモードに対応する．さらに，ゲージ条件 $h_\mu^\mu = \partial^\mu h_{\mu\nu} = 0$ を課し，$z = \ell e^{y/\ell}$，$\psi = e^{-3y/\ell}h_{\mu\nu}$ ととりかえることで線形化されたアインシュタイン方程式は

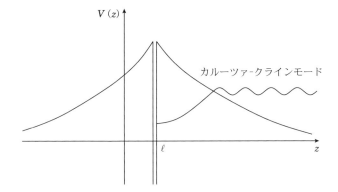

図 7.15 火山型ポテンシャル. 火口にゼロモードは捕獲されている.

$$\left(-\partial_z^2 + V(z)\right)\psi = m^2\psi \tag{7.45}$$

のようになる. ポテンシャル $V(z)$ は

$$V(z) = \frac{15}{4z^2} - \frac{3}{\ell}\delta(z-\ell) \tag{7.46}$$

となり, 図 7.15 のような火山型になる.

余剰次元方向に運動量を持たないゼロモードは $y=0$ の火山口に捕獲される. 重力の摂動のこのモードは 4 次元重力の摂動に対応している. また, 運動量を持つカルーツァ–クラインモードは図 7.15 のように振る舞い, 火山口ではその存在は抑制される. したがって, 長波長スケールではカルーツァ–クラインモードの効果は小さな補正項としてのみ入ってくる. たとえば, ブレーン上で質量 M を持つ粒子のつくるブレーン上のニュートンポテンシャルは

$$V(r) = -\frac{G_{(5)}\ell^{-1}M}{r}\left(1 + \frac{\ell^2}{2r^2}\right) \tag{7.47}$$

のように補正を受ける. この式より, 4 次元の重力定数 G と $G_{(5)}$ との関係が

$$G = G_{(5)}\ell^{-1} \tag{7.48}$$

と読み取ることができる. より一般には長波長スケールで線形化された 4 次元のアインシュタイン理論が得られることがわかっている.

　前節におけるコンパクト化された場合と異なる点は，カルーツァ–クライン
モードがコンパクト化されていないために連続スペクトルになっている点であ
る．また，この模型の興味深い点は，余剰次元方向をコンパクト化していないに
もかかわらず，長波長スケールで正しい 4 次元理論が得られることである．

　この模型の一般への拡張は幾何学的に射影することで得られる．カルーツァ–
クライン理論の場合と比べると，ブレーンの存在によって余剰次元が非自明に湾
曲しているため，本来時空全体を解いた後ではじめて 4 次元の有効理論が得られ
ることになる．しかし，幾何学的射影の手法は，この困難を上手に迂回して重要
な結論が得られるのである．

　まず，5 次元のリーマンテンソルを 4 次元超曲面に射影すると，4 次元のリー
マンテンソルと外的曲率で表現される．

$$^{(5)}R_{\mu\nu\alpha\beta} = {}^{(4)}R_{\mu\nu\alpha\beta} + K_{\mu\alpha}K_{\nu\beta} - K_{\mu\beta}K_{\nu\alpha}. \tag{7.49}$$

RS 模型のように，Z_2 対称性の要請から外的曲率 $K_{\mu\nu}$ はブレーン上に局在して
いる物質で完全に決まる．

$$K_{\mu\nu} = -\frac{1}{6}\kappa^2\sigma - \frac{\kappa^2}{2}\Big(T_{\mu\nu} - \frac{1}{3}q_{\mu\nu}T\Big). \tag{7.50}$$

ここで $T_{\mu\nu}$ はブレーン上に局在している物質の 4 次元的なエネルギー運動量テ
ンソル，$\kappa^2 = 8\pi G_{(5)}$，$q_{\mu\nu}$ はブレーン上の計量である．式（7.49）の縮約をと
り，5 次元アインシュタイン方程式と上記の接続条件を用いると

$$^{(4)}G_{\mu\nu} = -\Lambda_4 q_{\mu\nu} + 8\pi G T_{\mu\nu} + \pi_{\mu\nu} - E_{\mu\nu} \tag{7.51}$$

となる．ここで，$\Lambda_4 = \frac{1}{2}\kappa^2(\Lambda + \frac{1}{6}\kappa^2\sigma^2)$，$8\pi G = \frac{1}{6}\kappa^4\sigma$，$\pi_{\mu\nu} = -\frac{1}{4}T_{\mu\alpha}T_\nu^{\ \alpha} +$
$\frac{1}{12}TT_{\mu\nu} + \frac{1}{8}q_{\mu\nu}T_{\alpha\beta}T^{\alpha\beta} - \frac{1}{24}q_{\mu\nu}T^2$ である．Λ_4 はブレーン上の宇宙項に対応
していて，5 次元時空の宇宙項（Λ）とブレーンの張力（σ）の 2 乗の和で書けて
いる．RS 模型ではこの宇宙項がゼロの場合に対応していて，ブレーン上の時空
は宇宙項のない 4 次元ミンコフスキー時空である．G はニュートンの重力定数
に相当している．これらの項はすべて 4 次元上の量で書けているが，右辺の最後
の項 $E_{\mu\nu}$ は 5 次元ワイル（Weyl）テンソルの射影成分の一部 $^{(5)}C_{y\mu y\nu}$ で与え
られる．

ワイルテンソル $^{(5)}C_{abcd}$ は重力の自由度に対応しているので,この項のみが5次元からの影響を表していると考えられる.参考のために,反ドジッター時空やミンコフスキー時空のように対称性の高い時空に対してワイルテンソルはゼロであることに注意する.

$\pi_{\mu\nu}$ と $E_{\mu\nu}$ の寄与は低エネルギーあるいは長波長スケールで無視できるので,アインシュタイン方程式 $^{(4)}G_{\mu\nu} = -\Lambda_4 q_{\mu\nu} + 8\pi G T_{\mu\nu}$ に帰着される.特にブレーン上の宇宙項がゼロの場合,5次元時空の宇宙項 Λ と張力の間に関係式 $\ell = \dfrac{1}{6}\kappa^2\sigma$ が得られる.また,5次元の重力定数と4次元の重力定数の間に線形理論から得られた $G = G_{(5)}\ell^{-1}$ と同じ関係式が導かれる.

この基礎方程式の導出過程で仮定や近似は用いられていない.そのおかげで,宇宙模型やブラックホール時空などへの応用が可能である.まず真空のブラックホール解の場合を考えてみる.$T_{\mu\nu} = 0$ であるから,$\Lambda_4 = 0$ の場合を考えると,ブレーン上の方程式は,$^{(4)}G_{\mu\nu} = -E_{\mu\nu}$ となる.$E_{\mu\nu}$ が無視できるような場合は,真空のアインシュタイン方程式に帰着することがわかる.しかし,余剰次元が効いているような場合には,$E_{\mu\nu}$ を無視できない.この場合は,時空全体を解く必要がある.

次に宇宙模型について考察してみよう.この場合,時空全体を解くことなしに,一様等方宇宙の解を求めることができる.まず,一様等方宇宙の場合,式(7.51)の両辺に ∇^μ を作用させることによって,$\nabla^\mu E_{\mu\nu} = 0$ を示すことができる.また,$E_{\mu\nu}$ の定義から,そのトレース成分がゼロであることと合わせると,$-E_{\mu\nu}$ はあたかも放射流体のエネルギー運動量テンソルのように振る舞うことになる.したがって,一様等方宇宙の場合,スケール因子を a とすると $E_{00} = \mu/a^4$ となる.他の成分は,$E^\mu_\mu = 0$ を用いることによって $E^i_j = \dfrac{1}{3}\mu/a^4\delta^i_j$ ともとめられる.ここで μ はある定数である.

このように $E_{\mu\nu}$ を求めることができたので,式(7.51)の00成分からフリードマン方程式を得る.

$$H^2 = \frac{8\pi G}{3} - \frac{K}{a^2} + \frac{\Lambda_4}{3} + \frac{\kappa^4}{36}\rho^2 + \frac{\mu}{a^4}. \tag{7.52}$$

ρ^2 は $\pi_{\mu\nu}$ からの寄与である.5次元的解析から μ は5次元の反ドジッターブ

ラックホール時空の質量パラメータであることがわかっている．閉じた宇宙を考えた場合，ブレーンはブラックホールを囲みつつ運動を行う．ブレーンがブラックホールから遠ざかると，ブレーン上の宇宙では膨張が起こっている．宇宙膨張とブレーン運動がそのまま対応している．興味深いことは，余剰次元中のブラックホールがブレーン上では放射のようにみえることである．ただし，この放射はブレーン上には存在しないので，ブレーン上の物質との直接的な相互作用は存在しない．高次元重力を通じてのみ，ブレーン上の観測者によって認識される．宇宙模型の場合は，宇宙膨張を観測することによってのみ，この放射の存在を明らかにすることができる．そのためこの放射はしばしば暗黒放射と呼ばれる．この放射の存在が確認されれば，余剰次元にブラックホールが存在することを検証したことになる．5次元ブラックホールを4次元面上に投影してみると，放射のように見えるという事実自体興味深い結論である．

　ブレーン宇宙論は，低エネルギーでほぼ4次元のアインシュタイン理論によって記述されるため，現在の観測と矛盾なく成立できる．パラメータ ℓ と κ^2 への制限を緩めることで，いつでも矛盾のない模型を作ることができる．RS模型の発表以降，湾曲した余剰次元模型が超弦理論において積極的に取り入れられ，これまで困難とされてきた質量ゼロの自由度がすべて固定できるようなシナリオが出始めている．その枠組みの中で，インフレーション模型がさかんに議論されている．

参考文献

佐藤勝彦著『相対性理論』，岩波書店, 1996

佐藤文隆著『宇宙物理』，岩波書店, 2001

佐々木 節著『一般相対論』，産業図書, 1996

小玉英雄著『相対論的宇宙論』，丸善, 1991

坂井典佑著『素粒子物理学』，培風館, 1993

二間瀬敏史著『なっとくする宇宙論』，講談社, 1998

二間瀬敏史『宇宙物理学』，現代物理学「基礎シリーズ」9，朝倉書店, 2014

松原隆彦『宇宙論の物理（上・下）』，東京大学出版会, 2014

S. Dodelson, *Modern Cosmology*, Academic Press, 2003

E.W. Kolb & M.S. Turner, *The Early Universe*, Perseus Books, 1988

G. Boerner, *The Early Universe*, 4th-Edition, Springer, 2003

S. Weinberg, *COSMOLOGY*, Oxford University Press, 2008 （邦訳：小松英一郎訳
『ワインバーグの宇宙論（上・下）』，日本評論社, 2013）

インターネット天文学辞典，日本天文学会編，https://astro-dic.jp/
　天文・宇宙に関する 3000 以上の用語をわかりやすく解説．登録不要・無料．

索引

日本天文学会第 2 版化ワーキンググループ

茂山　俊和（代表）　岡村　定矩　熊谷紫麻見　桜井　隆　松尾　宏

日本天文学会創立 100 周年記念出版事業編集委員会

岡村　定矩（委員長）

家　正則　　池内　了　　井上　一　　小山　勝二　　桜井　隆

佐藤　勝彦　祖父江義明　野本　憲一　長谷川哲夫　福井　康雄

福島登志夫　二間瀬敏史　舞原　俊憲　水本　好彦　観山　正見

渡部　潤一

2 巻編集者	佐藤　勝彦	東京大学名誉教授，明星大学客員教授（責任者）
	二間瀬敏史	京都産業大学理学部
執　筆　者	川崎　雅裕	東京大学宇宙線研究所（4 章, 5.1–5.3 節, 5.5–5.7 節）
	佐々木　節	京都大学名誉教授，東京大学カブリ数物連携宇宙研究機構（2 章）
	佐藤　勝彦	東京大学名誉教授，明星大学客員教授（はじめに，1.1 節）
	白水　徹也	名古屋大学大学院多元数理科学研究科/素粒子宇宙起源研究所（7 章）
	二間瀬敏史	京都産業大学理学部（はじめに, 1.2, 1.3 節）
	横山　順一	東京大学大学院理学系研究科（3 章, 5.4 節, 6 章）

宇宙論I──宇宙のはじまり [第2版補訂版]

シリーズ現代の天文学　第2巻

発行日　2008年1月15日　第1版第1刷発行
　　　　2012年6月10日　第2版第1刷発行
　　　　2021年12月25日　第2版補訂版第1刷発行

編　者　佐藤勝彦・二間瀬敏史
発行所　株式会社日本評論社
　　　　170-8474 東京都豊島区南大塚 3-12-4
　　　　電話　03-3987-8621(販売)　03-3987-8599(編集)
印　刷　三美印刷株式会社
製　本　牧製本印刷株式会社
装　幀　妹尾浩也

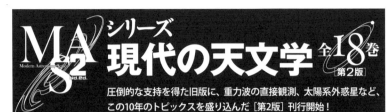

MA S² シリーズ
現代の天文学 全18巻［第2版］

Modern Astronomy Series 2nd.ed.

圧倒的な支持を得た旧版に、重力波の直接観測、太陽系外惑星など、
この10年のトピックスを盛り込んだ［第2版］刊行開始！

＊表示価格は税込

🐧 日本評論社